湛庐 CHEERS

HERE COMES EVERYBODY

21世纪进化论

A Hunter-Gatherer's Guide to the 21st Century

[美] 希瑟·海英 Heather Heying 布雷特·韦恩斯坦 Bret Weinstein 著

贾拥民 译

中国纺织出版社有限公司

- 敢于挑战权威的进化生物学家
- 广受欢迎的科学探索播客——“黑马播客”创始人
- 曾任美国常青州立学院进化生物学教授

敢于挑战权威的进化生物学家

希瑟·海英在洛杉矶长大，对一切新鲜事物——从大脑到昆虫、从文化到意识，都非常感兴趣。海英在加州大学圣克鲁斯分校获得了学士学位，并在密歇根大学获得了生物学博士学位。研究重点为马达加斯加毒蛙的进化生态学与性选择的进化。

与海英一样，布雷特·韦恩斯坦也是加州大学圣克鲁斯分校的生物学学士、密歇根大学生物学博士，研究重点为进化方面的权衡与适应性。二人在加州大学圣克鲁斯分校相识，之后结为夫妻。

夫妻二人都曾在美国常青州立学院担任长达15年的进化生物学教授，多年来一直从事进化生物学领域的研究，致力于揭示人类历史上大规模进化的意义，并期望为人类寻找一条理论上可以稳定前进的道路。

2019年至2021年，海英与韦恩斯坦在普林斯顿大学詹姆斯·麦迪逊项目做访问学者，并一起提出了有关意识进化适应的理论。

广受欢迎的科学探索播客——“黑马播客”创始人

离开美国常青州立学院后，海英与韦恩斯坦于2019年创办了“黑马播客”(Darkhorse podcast)，每周更新。

在播客节目中，二人讨论了广泛的社会话题，并从进化的角度进行了深入探讨，从意识的进化到疾病的进化，从文化的批判到户外活动的好处，均有所涉及。他们不仅告诉我们该如何科学地思考，还向我们展示了如何在尊重与爱的基础上提出不同的意见。

海英与韦恩斯坦希望从进化生物学家的角度，通过开放式的对话与探讨，将科学的思维与见解带给每一个人。他们认为，科学属于我们所有人，科学的工具应该尽可能地被每个人共享。

畅销书作者、《纽约时报》撰稿人

多年来，海英与韦恩斯坦经常就进化与文化等相关话题在《纽约时报》《华尔街日报》等媒体上发表文章，并多次受邀在美国国会、司法部、教育部等机构发表演讲。

海英的第一部著作《正相反的事物》(*Antipode*) 的主要内容是，她在马达加斯加进行的社会性进化的研究。

海英的第二部著作，也是与韦恩斯坦合著的第一本书——《21 世纪进化论》。本书是《纽约时报》畅销书，英文原版一经出版，便受到大量的关注，并引发了非常多的讨论。本书从进化生物学的角度探讨了人类成功与失败的根源，并将作者 20 多年的研究成果提炼成实用的原则，帮助人们应对 21 世纪我们所处的这个超新奇世界中的各种问题。在这个超新奇世界中，很多人觉得问题太多，不知道该怎么办，海英和韦恩斯坦通过进化的逻辑，给读者带来了慰藉与希望。

谨以此书献给

道格拉斯·W. 海英

和

哈里·鲁宾

—

他们那么早就那么清楚地看到了那么多东西!

你对“人类进化的真相”了解多少？

扫码鉴别正版图书
获取您的专属福利

- 阑尾是个退化的器官，对人体完全无益，应该尽早切除。这是对的吗？

  A. 对

  B. 错

- 将食物制熟后食用最大的好处是？

  A. 杀灭病原体和寄生虫

  B. 解除毒性

  C. 方便储存

  D. 获得更多能量

扫码获取全部测试题及答案，
一起了解人类进化的真相

- 以下影响睡眠的是：

  A. 月光

  B. 火光

  C. 电灯

  D. 以上全不对

扫描左侧二维码查看本书更多测试题

关于人类进化的新思考

卢宝荣
复旦大学希德学院院长、生命科学学院生态与进化生物学系教授

《21 世纪进化论》以全新的视角，为读者带来了进化生物学中许多不为人知的奥秘和创新观点，特别是涉及人类进化的内容。

本书作者以达尔文进化论为基础，跨越了 35 亿年生命进化大历史的时空，汇集众多生命进化历程中生动悲壮的故事，剖析了生命进化、人类进化、人类进化与环境响应，以及进化对整个生物界的巨大影响。

理解进化，必须看懂达尔文进化论的三个核心要素（见图 0-1）：1. **遗传变异**，包括突变和遗传重组等；2. **自然选择**，即严寒、干旱、饥饿等环境压力对生物淘汰或保留的影响；3. **适应**，生物因成功抵御外界变化而续存，即"适者生存，不适者淘汰"。三者相互作用，导致进化以一定的速度进行。

如图 0-1 所示，原有的生物体 1 在环境（1）的严酷生存竞争中生存

与繁衍；如果环境发生变化，变成环境（2），大多数生物体因不能适应自然选择而被淘汰，从而产生了遗传变异的个体，能经受住自然选择而适应并存续，进化成新的生物体 2；在新环境（3）中，变异、选择和适应过程又产生了新生物体 3，这样的过程会不断进行。

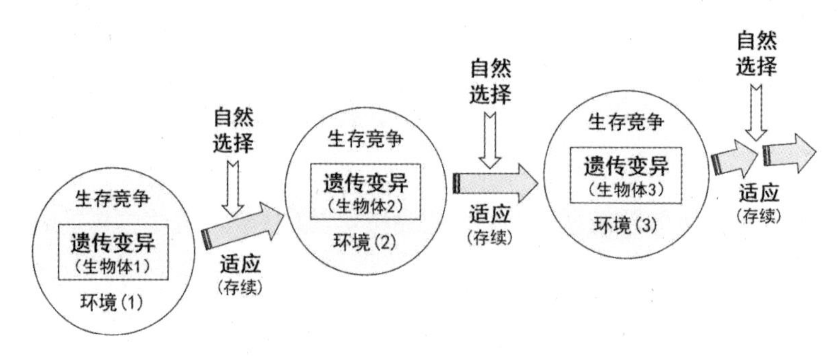

图 0-1　达尔文进化论的核心思想及过程

本书内容丰富，涉及领域广泛。作者以通俗而非专业的表达方式，展示了对 21 世纪进化论的深层次思考和新颖见解，包括人类的生态位和系统进化、进化中人类身体产生的变化、药物和食物的使用、影响睡眠的因子、性与性别、父母及亲子的关系、人类的童年、学校生活与成长、文化与意识等一系列有意思的话题。我无法全方位介绍本书的所有内容，只能分享其中的一些深度思考，以“窥一斑而知全豹”的方式，展现其风貌。

作者在本书的一开始就进入了对人类进化真相的深度审视。作为众生之一员，人类如何异军突起、脱颖而出，并以不一样的形式和变化速度，快速进化与发展，而且这种变化的速度越来越快，已经超越了人类自身的适应能力，未来会带来怎样的后果？是否会失控？对于人类自身的进化和社会变化不断加速，作者深表担忧：人类是否会在这样一个高速的变化中无法减速而最终走向灭亡？人类是否能够自我救赎？

快速回放生命进化的历程：35 亿年前，最原始的生命产生；20 亿年前，真核生物出现；2 亿年前，哺乳动物出现；3 000 万年前，猿类出现；600 万年前，古人类出现；200 万年前，人类开始了狩猎采集的生活方式；大约 1 万年前，人类开始驯化植物，人类社会进入农耕时代；200 年前，人类开始了工业革命；大约 60 年前，人类进入太空……

生命进化总是以数亿年、千万年、百万年为单位的速度缓慢向前，在人类发明并掌握了工具和技术之后，进化和发展猛然加速，变为以万年、百年为单位。生物进化对环境的影响，也在使用工具的人类产生之后不断加速。在狩猎采集时代，人类对环境影响甚微；农耕时代开启，人类对水和火的利用、开垦农田、大规模种植农作物，加大了对环境的影响；工业革命到来后，工厂的云集、农业的集约化等，给环境带来了巨大影响，甚至破坏，人类自身也深受其害。

作者担心人类快速进化和发展影响环境，而环境变化又反过来影响人类的存续。这样的恶性循环，就像在暗夜中急速行驶的列车，越来越快、方向未知，如果缺乏有效的制动机制，这辆列车就会失控并最终毁灭。

当然，作者在本书中更多是提出了有关人类进化的系列新思考、新见解。我们来分享其中的一些观点。

在人类进化的历程中，创新是人类有别于其他物种的特质，这也是人类能够快速进化和发展的重要原因。技术和科学的快速创新使人类不断进入更多全新领域。然而，创新是一把双刃剑！人类每一次迈向新的领域，地球就会随之而改变，人类在按照自己的意愿改变了地球的同时，也将许多其他生物推向灭绝的边缘。因此，人类必须善用自己的创新。

每个物种有自己最适合栖息和繁殖的特有空间——生态位。生物的“各就各位，各司其职”是自然界的普遍规律。然而，人类依靠自己创造的工具、发明的技术、掌握的超自然能力，在时空变换过程中，成功地塑造自己，占领了一个又一个生态位，极大扩展了自身的生存空间，而且还在各种特定空间内将自身能力发展到极致，这就打破了生态位的自然法则，带来无法预料的后果。

与其他物种不同，人类发明了取火与用火技能，创造出更容易消化、营养更丰富、更卫生的食物，让自己的生活变得更美好舒适。更重要的是，人类利用火打破了个体间的界限。人类在劳作之余，围坐在篝火旁进行思想交流、技能分享、创新经验传授，将个体意识融入集体意识，形成集体的思想和智慧。这种进化和发展模式，让人类不同于任何其他生命形式和物种，这种交流也让人类有意识地分享思想和交流创新，使个人的技能或技艺变成大家庭（或部落）的传统，最终变成可以传承的文化。

关于文化，作者提出了与传统进化观点不同的思想，认为基因并不是可遗传信息的唯一形式，文化与基因具有同步进化的趋势，文化也有义务去实现与基因相同的目标。文化的存在是为了服务于基因，就像许多技能是通过一代一代的文化而传承下来，与基因有着异曲同工之妙。作者还提出了“欧米伽原则”，并利用最新的表观遗传学在分子水平上调节基因表达的机制，解释了基因和文化等表观遗传现象密不可分、通过共同进化来推进基因进化的机制。

此外，作者还对“丰饶主义”的错误观念进行了批驳。丰饶主义是指认为世界的资源取之不尽、人类的智慧用之不竭、当代人可以消费后代人的资源、我们可以消费其他地域资源等没有“权衡”观念的错误观念。

同时，作者对人类快乐进化过程中出现许多疾病的困惑、药物滥用带来的诸多问题、人类的食物以及食物的食用方式与人类文明的进程，以及那些粗暴地将进化论的思想应用于人类社会的做法进行了批判，他们认为“社会达尔文主义”是对达尔文思想可悲的误读和错用。本书对现代进化论的深度思考和全新见解比比皆是。

总之，《21 世纪进化论》有许多创新的思想和对人类未来的期许，读者可以在阅读这本书的过程中细细品味和欣赏。

推荐序二

重新理解进化论：我们如何避开那些坏的未来，走向好的未来

周炜
CCV 创世伙伴资本创始人

做为一个物理电子专业毕业的创新科技创业者和早期投资人，我对世界的理解是以物理学为基础的。恰如埃隆·马斯克所说，这个世界上有很多人会违反法律，但是从来没见过有人能够违反物理学定律。

而随着我对这个世界的了解越来越多，我对进化论的兴趣也越来越浓厚。我开始形成新的世界观：这个宇宙是被物理学和进化论共同统治的。进化论绝对不仅仅是关于生命演化的科学概念，进化论的思想可以帮助我们理解这个世界中除物理学之外的几乎一切发展的事物。而对我们这些创新科技创业者和投资人来说，进化论的思维框架尤其具有价值。它可以帮助我们理解技术、行业、企业，以及组织结构和组织文化的生老病死、演化变异。创业者希望用最新的技术来改变世界，创建基业长青的企业；投资人希望能投资对未来最有价值、最能实现科技向善的创新科技，希望催

生未来的传奇企业。而什么样的技术方向才是真正长远、有价值并且是对人类和世界长期有正面价值的，什么样的企业文化和组织结构能经历时间的考验，能够在时间的长河中不停地演化，更加适应环境，不断自我更新、自我革命，始终占据最佳生态位，则是人类需要不停思考的问题。同时，对技术的发展失控最终反噬人类的担忧也始终存在。如何避免这种反噬，避免人类成为自身成功的受害者这个问题，在近些年成了一个重要的话题。

《21 世纪进化论》这本书并不是一本传统的进化论书籍。本书基于进化论的思维框架和基础，帮助我们把进化论的思维应用于更加广泛的领域，并且提出了很多非常值得思考的问题。我尤其喜欢书中第 1 章关于"人类生态位"、第 3 章关于"古老的身体，现代的世界"、第 4 章关于"还原论的错误"、第 12 章关于"文化与意识"，以及第 13 章关于"第四边疆"的内容。我也对第 9 章中"不要让无生命物体照看你的孩子"的话题非常感兴趣。而本书提到的人类通过既是通才又是专家的策略打破了生态位的局限、创新在人类进化中扮演的角色、丰饶主义带来的错误，以及对古老问题的新解决方案的谨慎原则和切斯特顿栅栏原则的讨论都非常发人深省。对我们这些技术激进派来说，这些问题可能更加重要。

人类正处在一个自身进化发展极其重要的拐点时刻。这个时刻可能和人类 7 万年前走出非洲并且产生了复杂语言沟通能力的那个重要时刻一样重要。现代智人进化出复杂语言沟通能力，可能是最终产生复杂协作能力并最终占据这个蓝色星球生态位最重要位置的最关键节点。而我们目前面临的人类活动带来的剧烈环境变化，以及人工智能和机器人技术的飞速发展对人类社会、文化和人类自身价值自我认知的巨大挑战，太空探索的再次出发开启的新的星际大航海时代和人类会成为多行星物种的机遇，元宇宙概念带来的对人类可能彻底进入内观虚拟世界而失去探索欲望的担心，最后结合过去三年现代人类没有经历过的疫情对全球人类生活的全面影响，都集中爆发在 21 世纪的过去 10 年。这样密集的重大机遇与极端挑战的集中出现，似乎预示着人类这一单一星球物种的演化正在面临一个从量变到质变的时代的到来。也许我们会面临如同寒武纪物种大爆发那样的一个人类和星球物种新时代的到来，但也有可能面临如同地球生命演化史中多次出现的物种大灭绝时代的到来。无论是哪种可能性的未来，我们都可以借用我钟爱的科幻小说领域的一句名言：科幻作家努力穷举所有可能的未来，我们的工作是尽一切可能选择和推动世界避开那些坏的未来，走向那些好的未来。

正如本书作者所说，本书要讨论的，不仅仅是人类这个物种如何可能会毁灭自己赖以生存的整个世界，还要讨论人类发现和创造的世界之美，以及我们应该怎样做才能拯救它。支撑本书的一个无可辩驳的进化真相是，人类非常擅长应对变化和适应未知事物，人类天生就是探索者和创新者。正是这同一种冲动，既造成了现代社会的种种麻烦，也是拯救现代社会的唯一希望。

推荐序三

隐藏的智慧

吴晨
《经济学人·商论》执行总编辑

工业革命开启了全人类飞速发展的时代，破旧立新、人定胜天、发展主义和科技万能主义成为主流思潮，然而，《21世纪进化论》的两位作者对此提出了不同的观点。一方面，他们强调人类的文化和基因在过去20万年的共同进化中所封装的智慧，或许在现代人看来不合时宜，却具备帮助我们理解复杂系统时所需的"隐藏的智慧"；另一方面，他们呼吁我们正视工业革命所开启的200年剧变只是人类发展史上的一瞬，要警惕丰饶的人造景观给我们带来的局限和盲点。

如果从1870年上一轮全球化开启到2010年这一轮全球化的末尾来计算，在这超过一个世纪的140年中，全球经济发展是惊人的：人均GDP是最初的近8倍，人口数量也变为最初的近8倍，全球经济呈爆炸式增长。经济发展这一主题几乎成为我们对于这段历史的最熟悉的唯一记忆。对地球上的大多数人而言，这意味着稀缺已经成为被遗忘的记忆，丰饶塑造了我们的世界观。

不过需要警惕的是，放在人类发展 20 万年的历史长河中看，短期的丰饶并不一定指向长期的繁荣。**本书特别提醒我们，未来人类的发展并不只有经济增长一途。与科学发展、GDP 为纲的发展模式相比，自然共生的可持续发展更可能带来长期繁荣。**

乌卡时代（VUCA），即充满易变性（volatile）、不确定性（uncertain）、复杂性（complex）、模糊性（ambiguous）的时代，很多人疲于奔命，陷入了应接不暇的焦虑之中。乌卡时代的核心特征是不确定性和复杂性。面对“未知的未知”（即无法通过过去推导出来的不确定性），面对大自然的复杂生态，我们需要抱持一定的敬畏之心，同时保持不断探索的能力。封装的“古老智慧”是人类与自然共生的长期策略，可以给人以定力。回归自然，与自然互动，培养成长所需要的勇气和好奇心，培养对意外事件和未知事物的开放态度，鼓励思想的碰撞，才能在自由探索中不断创新。

需要把本书置于一个更宽广的框架中去审视。用经济发展的尺度来审视过去 200 年工业革命之后的资本主义大发展，不难发现与此前“人类文明三千年”中经济在一个很小的范围内持续波动相比，人类终于跳出了生物界任何一个物种都要面临的生存约束——马尔萨斯陷阱，取得了空前的物质文明进步。人类得以发展到全球 80 亿人口的规模，人们的平均生活水平也不断增长。《精要主义》（*Essentialism*）则从反面去追问现代人的物质需求到底有多少。它所提出的一个人应该把所有家当装在两个皮箱里的构想，代表了对消费主义这种第二次世界大战后美国经济主导的发展模式的否定。硅谷创业的胜利，让“新镀金社会”充斥着一种“科技万能主义”的思潮。面对各种社会问题，科技万能主义者的口头禅是 There's an app for it（为其打造一款应用）。以追求百岁人生为例，“人定胜天”的硅谷创业者认为现在只要能活得够长，就能达到死亡的“逃逸速度”，科学的飞速发展会使“永生”成为可能。人工智能的拥趸则认为，无论是通过脑机接口，亦或是硅基文明（基于芯片的人工智能）取代碳基文明（人类和其他生物体），奇点的到来将意味着文明的剧变。

这些思潮都代表了工业革命之后现代性对人类社会的彻底重塑，却也让跳出现代、科技、发展的框架，从自然、进化、共生的视角重新审视人类自身、人类社会以及人类与地球的关系，变得更加重要。这不仅因为自然的复杂性超乎我们想象，也因为物质文明的发展背后其实隐藏着巨大的、常常为人类所忽略的代价。

在乌卡时代，如何在传统和变化之间做出取舍？

乌卡时代，剧变让先天与后天之间的界限变得日益模糊。虽然基因适应环境的进化和文化适应环境的变化之间是密不可分的，但因为外部环境的剧变一边凸显基因变化的缓慢，另一边凸显人类掌握了全新技术之后的开创性改变的巨大能力，会让我们产生了一系列错觉。而这样的错觉一方面让人类在复杂的地球环境面前变得过于自大，另一方面让资本家通过滥用人类无法很好地克制的欲望来牟利。

当今时代，基因和文化之间的不同步，引发了一系列尖锐的冲突。一类尖锐的冲突就是，人类的直觉与资本对人类直觉的滥用之间的冲突。人类基因仍然保留着在一些在并不丰裕、经常饥饿的时代所累积下来的“肌肉反应”，而这种直觉式的反应根本无法应对剧变的新环境，经常被滥用。

人类对糖的迷恋促成了工业加工食品和垃圾食品的大规模生产，也导致肥胖症、糖尿病和心血管疾病成为现代社会最主要的长期疾病。人类的成瘾行为，无论是对烟草还是对社交媒体，给了资本家滥用一些人大脑的条件反射牟利的机会。

另一类尖锐的冲突则表现为科学（可衡量维度的进步）与自然之间的冲突。认为西医的治疗方法都是科学的，希望用简单的方式治愈复杂的病症，却容易忽略人体作为一个整体的复杂性和多样性。很多人认为很多所谓的育儿专科宣扬的育儿方法是科学的，但不要忘了，现代学校也是工业革命的产物，而“工业化”传授知识的模式反而可能阻碍人们自由探索智慧之路，而如果一部分育儿变成了外包的商业行为，那么家庭和亲情在儿童成长中的纽带作用会被削弱；把复杂的环境简化，人为地给孩子以一种过度安全的环境，规避必要的风险，又可能让下一代人在过度呵护中丧失应对小错误的历练机会，变得更加脆弱。

这些矛盾冲突本身也突显了基因与文化共同进化过程中人类面临的新难题。

当外部环境相对稳定、缺乏变化时，文化作为代代相传继承下来的智慧，能够确保人类保持持续的繁荣。当外部环境发生巨大变化时，作为思想进化的产物——文化，也会变得不合时宜（遑论缓慢进化的基因），这时候需要更加活跃的思想市场。乌卡时代是人类历史上变化最快的时代，迫切需要按照以前从未见过的规模推动思想的解放和碰撞。这时，意识变得混乱，因为环境的变化导致更多意识涌现，它们相互之间不断拉扯。因此我们需要停下来思索，审视人类祖先的智慧，思考哪些文化具有长期价值，不应该被一棒子打死。

这就让挖掘文化隐藏的智慧变得十分重要。

文化与基因的共同进化，需要理解其隐藏的价值

进化是一种长期的适应性策略。无论是基因的进化还是文化传统的绵延，其背后都贯彻了一种长期性，一种在长期试错过程中积累下来的经验。但在工业化所释放出来的现代性面前，这种长期性被丰饶主义所取代，对此，我们需要保持警觉。

不能用单一的、简单的指标来衡量社会的发展和进步。人类不断拓展地球上的生存空间，不断推动经济增长，这些是可持续的吗？其代价到底有多大？发展论带来的新颖和奇特，又掩盖了多少更为重要、更为持久的价值？本书作者显然希望恢复一定程度的前工业化时代的价值观，至少用一种同情的态度看待文化和传统。

文化是长期的、传承的、保守的、不易改变的。在现代人看来，有些文化可能是食古不化甚至迷信腐朽的，但在真正全面理解其价值之前，作者认为最好不要贸然否定它。拉长时间尺度，我们就会发现文化是一种适应性产物，即进化的产物，代表了古老的智慧，一代又一代传承下来，帮助人们形成应对问题的思维框架。当然，在剧变的时代，这种古老的智慧也会变得不合时宜，甚至很容易被击溃、被驳倒、被全盘否定。但千万不要低估这种文化和传统所蕴含的隐藏的智慧。

什么样的文明具备隐藏的智慧？答案是兼具以下三个维度的文化：复杂性、变化性和持久性。在介绍复杂性时，本书一再强调采用“切斯特顿栅栏原则”，即谨慎对待那些尚未完全了解的系统，不要轻易改动。对于复杂且没有完全了解的东西，不要一棒子打死。变化性是指每个个体都可

能产生不同的反应。持久性是指，长期进化的产物背后一定有适用性的价值。兼具三者的文化是大智慧，任何成本高昂且长期存在的文化特征都应该被视为具有适应性。

本书通过两个有趣的例子展示了共同进化的基因和文化背后隐藏的价值，随着我们理解的深入才能理解古老智慧。

一个常见的例子是过度卫生带来的悖论。为什么到印度连刷牙都需要用纯净水，就是为了避免肠道感染，即拉肚子。可是从另一个角度来讲，拉肚子是人在复杂（不是那么干净的）环境——人类数万年来生活场景的常态中的正常反应。而恰恰因为人会拉肚子，才应该保留阑尾这一器官。一种假说认为，阑尾为人类肠道中的菌群提供了一个庇护所（菌群与人类共生，为人类带来的好处，现在已得到充分证明），在人通过拉肚子清理肠道之后，庇护所里残留的菌群可以再度繁殖，而避免因为肠道菌群失调带来的麻烦。换句话说，阑尾具备人类进化中的隐藏的价值，貌似无用的废物，在随着我们对人体这一复杂系统的理解，它隐藏的作用终于被我们发现。

阑尾的例子让我们再次意识到敬畏自然的重要性，强调复杂系统背后隐藏着许多我们尚未破解的智慧，与其割除，不如去思考其“适应性”的消失背后的深层次原因，比如过度卫生所带来的问题。而过度卫生本身又是现代性悖论的一个隐喻，减少细菌本身就蕴含着现代人对自然的误读。

就好像过度呵护孩子，规避他们在成长环境中可能遇到的一切风险，也是反自然的。

另一个例子则体现了传承文化中隐藏的智慧。

在贫穷的马达加斯加，为什么人们热衷于豪奢的庆祝，背后的假说是，这是人类在波动性环境周期变化中的一种适应术。如果在丰饶的年份，当地人就放开胆子生育——物种最根本的需求是繁殖，那么在后续的灾年就必然导致出现吃不饱肚子的饥荒。为了避免这种苦难的发生，最好的选择是在一个丰收的年份把超额的收获在豪奢的派对上“浪费”掉。这种应对周期的传统基于当地农业产出存在一个较低水平的波动这一大前提，所形成的自我保护机制。在支持“进步论”（经济发展论）的人眼中，这种做法可能一文不值，却仍然有其商业道理在。玛雅人在丰饶的年份修建金字塔，每次修建一部分，也是因为公共建筑在贫瘠的年份不会跟普通人抢食物。这两个例子背后的深层次原因是相同的。

丰饶时期貌似浪费的悖论，在现代人看起来匪夷所思，但其背后其实是一种“可持续发展”的思想：均衡发展，不透支资源的长期发展思路，从而实现人与自然的和谐发展。

貌似无用的器官可能隐藏着复杂系统长期运转不可或缺的功能，看上去不合时宜的旧思想也可能隐藏着长期可持续发展所需要的思路，遗留下来的古老现象中可能存在着**不易觉察的长期策略，这就是隐藏的价值**。

面向未来，我们需要重温常识

“人定胜天”的乐观主义常常让我们无视自然界中一直存在的常识和规律。当我们陷入“既要、又要、还要”的陷阱中时，几则常识特别值得重温。

首先是取舍思维，在很多时候我们都需要权衡，不能“既要又要”。因为很多情况下，我们根本做不到“既要又要”：一方面是由于资源限制，做了 A 就很难投入资源做 B，另一方面是因为设计局限，既能最敏捷又能规模最大化是不现实的，鱼和熊掌不可得兼。例如，你不可能要求企业既是反应最快的公司，又是最大的蓝筹公司，规模化生产所需要的官僚体系与敏捷应变所需要的灵活团队之间有着本质的冲突。无论企业还是社会，不承认权衡可能会导致灾难性后果。

如果我们观察自然，就会发现任何进化出来的特征，无论是生理特征的还是文化特征，都是某种权衡的结果。农耕时代，人类的能力虽然已经超越其他生物，却仍会受自然承载率的限制。人类的长期发展就需要避免人口过度增长所导致的资源不足，也就是要警惕马尔萨斯陷阱。马达加斯加人的丰收盛宴和玛雅人的巨大寺庙，就是避免落入马尔萨斯陷阱而做出的权衡。同样，任何为了求偶而进化出的炫耀产品，无论是孔雀开屏时展示的绚丽羽毛还是麋鹿雄壮的鹿角，都对应着极高的成本。

当然，发展论者可能会认为，马尔萨斯陷阱是农耕社会的问题，而工业文明所释放出来的巨大生产力，让人类可以在人口激增的同时大幅度提升个体的生活质量。这时，我们需要从几个方面重新审视隐藏的价值。

第一，我们要思考这种发展模式的代价是什么：是资源的加速耗费？生态的破坏？还是气候加速变暖在未来可能到来的一系列灾难？

第二，我们要理解收益递减、非意图后果和负外部性。现代性的一大盲点是衡量可以衡量的，而忽略无法衡量的东西。GDP 为纲，就是衡量经济增长这一可衡量的数据，其代价可能是严重的工业污染、农业化肥和杀虫剂的滥用、城镇化导致植被退化等，更不用说因为化石能源的广泛使用带来的气候变暖。

收益递减、非意图后果和负外部性都是这一盲点的展现。当做出决策的个体不必承担这些决策的全部成本时，就会出现负外部性。例如，只衡量经济发展而不衡量环保成本时，环境破坏就成为谁都不需要负责的负外部性。

非意图后果也是我们忽略复杂系统所产生的严重后果，弄乱一个不完全了解的古老系统就可能会产生一系列无法预见的问题。比如在一个地方推广一种农作物，虽然从表面上，通过精耕细作，作物产量会大幅增加，但也可能因为缺乏生态多样性导致本地农作物的抗病虫害能力大大减弱。19 世纪导致几百万人爱尔兰人死亡的爱尔兰大饥荒，起因就是英国统治者在爱尔兰广泛推广特殊品种的土豆种植，从而导致了这种非意图后果。当马铃薯晚疫病在爱尔兰蔓延开来，导致土豆严重歉收的时候，大饥荒就很难避免了。

最严重的盲点是收益递减，也就是一根筋地追求单一可衡量目标，本身就会出问题。如果我们一直固执地追求一个静态目标，就需要投入越来越多的资源才能实现这一目标，而收益却越来越少，这时我们就极大地限制了其他目标的实现。这一规律在商业活动中一再出现，因为外部环境在变化，如果策略一成不变，其结果一定是成本不断激增。

第三，我们需要深刻理解复杂性，也要理解个体的多样性。

任何试图化简为繁、一劳永逸的解决方式，或者说突出某个问题而忽略了其他问题的方式，都是不可能长久的。为了保护牙齿而在自来水里加氟，结果却导致儿童大脑发育问题。向工业加工的食物中添加化学物质，以获得更长的保质期，也会导致长期的健康问题。这些都需要我们去审视。此外，整体并不是局部的简单相加，**整体往往大于局部之和**，这也是为什么富含氨基酸的小药丸取代不了健康饮食。

对待复杂的问题，没有简单的答案。要切记隐藏的成本。

第四，需要强调回归自然，自由探索的重要性。

现代性的悖论在于，我们认为现代的方式是唯一的方式，而忽略了人类积累古老智慧的方法——通过在自然界中不断地探索和试错。回归自然，而不是待在现代性所构建的场域中，无论是现代的学校、工厂、办公室、家庭还是虚拟空间，有助于我们锻炼探索和创新的能力。

一方面，人是在与环境的互动中进化的。亲近自然，在自然中移动得越多，对世界的感知就可能越全面、越完整、越准确。相比于人造的景观，自然是结果不确定的环境，会不断激发人们去探索。在数字时代，我们感叹，因为手机导航，人们连看懂地图的能力都丧失了；也因为手机中有太多方便的应用，规划从景点到餐厅的全部路线，我们在陌生的城市邂逅的机会都变得很少见了。回归自然，其核心是回归“第一性原理”，放弃任何会导致人的能力退化的工具。

另一方面，我们需要培养勇气与好奇心，教会年轻人在新想法或新数据出现时积极地、自信地评估世界。所有这些都需要摆脱教科书式抽象文本，需要走进复杂而多样化的自然界。当然，也只有走进自然之后，才会珍视地球生态多样性带给人类的价值，而不堕入唯增长论的发展陷阱或者科学万能主义的陷阱之中。

最重要的是，这样的自由探索能够推动人们朝着反脆弱的方向进化。反脆弱是当受到伤害或压力时能力增强的状态。通过承担可管理的风险、突破原有的界限、培养对意外事件和未知事物的开放态度，我们才能变得越来越强大。

这恰恰是本书提出的“矫枉过正”观点的意义所在。它给我们最大的警醒在于，不要迷失在现代性的丰饶假象之中，而忘记了人与自然和谐共生所积累的智慧。

马克斯·韦伯（Max Weber）曾说：“物质利益可能驱动火车沿轨道前行……思想却是扳道工。”我们不要忽略，“隐藏的智慧”才是人类繁荣的长期策略所在。

A HUNTER-GATHERER'S GUIDE TO THE 21ST CENTURY

目　录

引 言

人类进化的真相

1994 年，我们在哥斯达黎加萨拉皮基（Sarapiquí）地区的一个小型野外观测站度过了研究生期间的第一个暑假。当时，希瑟正在潜心研究箭毒蛙，而我（布雷特）则专注于筑帐蝠。每天早上，我们两个人都要在雨林中从事长时间的野外工作。那里满眼都是绿色，整个环境葱郁而阴暗。

那年 7 月某一天下午发生的事情，我们至今还记得很清楚。一对金刚鹦鹉从我们的头顶掠过。河里的水很凉，清澈见底；河岸边都是树，幽兰遍地。这一河净水，洗去了一天的炎热和疲劳。通常，在如此美好的一个下午，我们会先穿过那条通往首都的铺好的大道，再走上一条较小的土路，然后穿过横跨萨拉皮基河的钢铁大桥，从桥下面的河滩下河游泳。

不过那一天，我们在桥上驻足欣赏美景：河流在林墙之间蜿蜒流过，巨嘴鸟在树林间来回飞翔，远处隐隐传来吼猴的吼叫。一个我们不认识的当地人走到我们跟前并开始与我们交谈。

“你们要去游泳吗？”他指着我们要去的河滩问道。

“是的。”我们答道。

“今天山里面下雨了。”他用手指着南面的山脉说道。这条河就发源于那些山脉。我们点了点头。那天早些时候，我们在野外观测站里就看到过，山上有雷雨云在翻卷。“今天山里面下雨了。”他又说了一遍。

“但是这里并没有下雨啊。”我微笑着说道，由于并不熟悉当地语言，我们与他的交流并不顺畅。当时站在桥上的我们，一心只想快点去游泳。

“今天山里面下雨了！”男人第三次这样说道，而且用了更强烈的语气。我俩对望一眼，觉得有些莫名其妙。也许我们该走了，我们只想快点下河去游泳。太阳现在正直直地照射着我们，天气热得要命。

“知道了，待会儿见。”我们向他挥挥手，然后继续前行。很快就来到了离河水只有不到 15 米的地方。

“但是这条河……”那个人对我们大声说道，他显然有些急了。

“这条河怎么了？”我们不解地问他。

“你们好好看看这条河。”他指着河水说。我们往下看。那条河看上去与平时没什么两样，河水干净澄澈，一如既往地欢快地流动着……

“等一等！”我突然说，“那是一个漩涡吗？那里以前没有漩涡的。”我们再一次看向了那人，眼中满是疑惑。他又指了指南面。

“今天山里下了很大的雨，”他又望着河水说，“现在仔细看看河水吧。”

就在我们的视线转过去的那一刻，河水在以肉眼可见的速度快速上涨。它剧烈地流动、翻滚着，颜色也完全变了。几分钟前还显得非常平静、呈现暗绿色的清澈河水，变成了一片白茫茫的混沌之物，然后猛烈地卷起了大量淤泥。很快，更多其他东西被卷入其中。

我们三个人站在那里看着，目瞪口呆。河水涨速惊人，短短几分钟就上涨了好几米。河滩很快就消失在湍流中。如果河滩上面有人，那么现在肯定已经被河水卷走了。各种碎屑被水流裹挟着急速而下，其中包括一些断树。那个新出现的漩涡吞没了近旁的东西，随即又将它们甩向钢桥。

男人转过身，继续沿着他来的路走去。他是当地的一位农民，但是我们不知道他来自哪个村子，也不知道他怎么知道我们打算下河游泳。如果我们真的下了水，那么很可能现在已经一命呜呼了。

“请等一下！”我叫住了他，然后马上意识到，我们其实没有什么东西可以表达感激之情。除了身上穿的衣服，我们什么都没带。“谢谢你，”我们对他说，“真的非常感谢！”我脱下衬衫，递给他。

“真的要送给我吗？”当我将衬衫递给他时，那人问道。

“没错！”我肯定地说道。

“谢谢你。”他说着接过了衬衫，“祝你们好运！下水游泳前一定要留意山里有没有下雨。”说完他就离开了。

在那一天之前，我们已经在那条河边住了整整一个月，几乎每天都在河里游泳，有时还是和当地人一起游。但突然之间，我们觉得自己就只是陌生的外地人。我们犯了一个大错——我们只不过是在那条河里游过几次泳，仅凭这种经历就误认为自己已经拥有了真正了解这个地方的全部智慧。我们怎么会错得这么离谱呢？

对于以往任何其他时代的人来说，以下情况通常都是很难想象的：你是本地人，却对那个地方不够了解。在某些罕见事件发生时，这种了解或许能够救你一命。但是，出于各种各样的原因，现代人很难理解自己的知识体系中存在的这种空白。最显而易见的原因是，现代人的生活，已经不再像以前的人类那样，依赖于内部成员之间有紧密联系的共同体，以及对当地的地形、地势的透彻把握了。由于现代人从一个地方迁居到另一个地方的成本很低，也非常方便，所以很多人已经习惯不在同一个地方待上很长时间的生活方式了。我们的生活方式是“个人主义化”的、易变的。对此，我们似乎从未感到奇怪，这完全是因为我们既未能看到也根本无法想象，在我们现在所生活的世界之外，其实还有另外的可能——我们生活在一个极度丰裕、选择机会无处不在的世界里，我们严重依赖一个全球化的系统，尽管它过于复杂、不可理解，但是每个人都觉得自己非常安全。

直到不再如此为止。

事实是，安全往往只是表象。超市会出售危险有害的商品；仅仅是一次可怕的诊断结果，就会完全暴露过于关注症状和利润的医疗保健系统的弱点；经济衰退会加速社会保障网的瓦解；对不公正现象的合理担忧，可能成为暴力和无政府状态的推手，而那些所谓的公民领袖，提供的往往并不是解决方案而只是精神鸦片。

对于我们今天面临的种种问题，相较于专家们的认知，实际情况要显得更为复杂。咨询对象不同，你得到的答案也不同。有的专家可能会告诉你，我们现在生活在人类历史上最好、最繁荣的时期；而一些专家则会告诉你，我们正在经历人类历史上最糟糕、最危险的时期。该相信哪一方呢？你所能知道的就是，一切都变得太快了，你似乎怎么都跟不上目前的势态。

在过去的几百年里，技术、医学、教育等方面的发展，加快了我们面对的环境的变化速度，包括地理、社会和人际关系环境，全都在快速改变。其中有些变化是非常积极的，但这几乎不值一提。有一些变化看起来是积极的，但是它们带来的后果可能极其严重，一旦成为现实，我们甚至很难对它们进行概念化处理。所有这些，都塑造了我们现在生活于其中的后工业化，以及注重高科技发展、以进步为导向的文化。这种文化至少部分解释了我们所面临的集体困境，从政治动荡到卫生保健体系和社会制度的崩溃。

对于当今世界，一种最好、最全面的描述是，这是一个“超新奇”（hyper-novel）世界。正如我们将在本书中证明的那样，人类原本是非常适应变化的，并做好了迎接变化的准备。但是，在当今世界，变化的速度是如此之快，人类的大脑、身体和社会系统永远无法做到与变化同步。数百万年来，人类一直习惯于朋友与大家庭这样的社会关系模式，但是到了今天，许多人甚至根本不知道住了多年的邻居的名字。一些最基本的认知，比如关于两性关系的根本事实，也被越来越多的人认为是谎言。我们不得不努力适应在一个瞬息万变的社会中谋生的现实，但是这种努力所导致的认知失调，正在把我们变成无法“自食其力”的人。

归结为一句话：这一切甚至可能会要了我们的命！

在一定意义上，我们写这本书的目的，就是希望将那个陌生人告诉我们的信息推广到生活的方方面面：**当山里下雨时，务必远离河流。**

许多专家试图解释我们现在正面临的文化解体现象，但是他们大多数人都未能给出一个全面的解释。一个全面的解释，不但需要检视我们的现在，而且要回顾我们的过去，也就是回顾人类的整个进化史，并且要同时展望未来。我们两个人都是进化生物学家，不仅在性选择和社会性的进化等领域做过很多实证研究，还对博弈、衰老和道德的进化等问题进行过理论探讨。后来我们结婚了，组建了一个幸福的家庭，并且经常一起到世界各地进行野外研究。十多年前，当我们两人都还是大学教授时，我们就开始构思这本书了。当然，我们的工作离不开前人打下的基础，我们是站在许多巨人的肩膀上开展自己的研究的，其中既包括我们的导师和同事，还有许多我们无缘谋面的先辈智者。但是，我们确实构建了一个不同于以往任何课程的全新课程体系。我们开辟了新的道路，并对各种模式——无论新旧，都提出了独到的见解。我们也逐渐对选修我们课程的本科生有了很好的了解，他们经常会提出一些跨领域的问题，比如说：我应该吃什么？为什么约会这么难？我们怎样才能创造一个更加公正和自由的社会？我们经常和学生们围绕这些话题展开讨论，无论对话场所是在教室或实验室中，还是在丛林深处的篝火旁，贯穿这些对话的不变核心永远是**逻辑、进化和科学。**

科学作为一种探索世界的方式，一直在归纳和演绎之间摇摆不定。我们观察到各种模式之后，提出解释并进行检验，即看看它们对我们还不知道的事物的预测能力究竟怎么样。因此，如果我们进行的科学研究是正确的，那么我们构建的关于这个世界的模型就可以实现如下三个目标：**第一，能够比以前的模型提出更多的预测；第二，所需的假设更少；第三，各个模型相互适应，能够合并成一个无缝连接的整体。**

本书的最终目标是，利用一系列这样的模型，对可见宇宙达成唯一且一致的解释。这种解释应该没有分歧，而且无须借助任何信仰层面的东西，就能够在每一个尺度上准确描述每一个模式。当然，这个目标基本上是无法完全实现的，但是各种迹象表明我们可以朝着这个方向努力。尽管作为现代人，我们在某些特定情况下已经可以偶尔“瞥见”这个终点了，但实际上我们还远远没有达到已知的极限。

或者换一种说法。也许，我们在某些领域比在其他领域更接近这个最终目标。例如，在物理学领域，我们似乎已经非常接近提出一个万有理论（theory of everything）这一目标了。[1]这里所说的“万有理论”，实际上是指一个由那些复杂性最低、最基本层面上的解释组成的完整模型。然而，随着我们在复杂性标尺上不断向上移动，事物将会变得越来越不可预测。在接近这个“堆栈”①的顶部时，我们将会抵达生物学领域。目前在那个领域，即便是最简单的活细胞，我们对它内部的过程也远称不上完全了解。而从细胞开始，一切还会变得越来越复杂。细胞以相互协调的方式发挥作用，一层层地构成由不同结构组成的有机体，在这个过程中，各种“化合物”的神秘程度不断递增。后来，动物出现了，不可预测性在动物身上再一次出现了跃升，因为动物的行动是由复杂的神经反馈回路控制的，它们自己会对世界进行调查和预测；然后，随着动物变得社会化并开始融汇它们对世界的“理解”，以及分工的出现，这种不可预测性再一次跃升。难道不是吗？我们在试图了解自己的时候，也正是最有可能被难住的时候。智人（Homo sapiens）身上充满了难解的奥秘，事实上，令我们不解的，正是将人类与其他生物区分开来的那些事物所产生的各种各样的悖论。

我们为什么会笑、会哭、会做梦？我们为什么要哀悼死者？我们为什

① 堆栈是计算机科学领域重要的数据结构，应用于多种数值计算领域。——编者注

么要编造一些根本就不存在的"人"的故事？我们为什么要唱歌、谈恋爱、参军？如果一切都与生存繁衍有关，我们为什么要花这么多年去做这桩事情？我们为什么在选择与谁一起做这件事时如此挑剔？我们为什么有时会选择打破或颠覆我们自己的认知……这张人类之谜的清单永远没有尽头。

本书将解决上面列出的一些问题，不过同时，我们也会有意绕过其他一些问题。因为我们在本书中的主要目标不是简单地回答某些问题，而是向读者介绍一个强大的科学框架，它能够帮助人类了解自己。这个框架是我们经过数十年的研究和教学实践才开发出来的。它不是读者在任何其他地方都可以轻易找到的一个框架，因为我们一直坚持尽可能从各种第一性原理（first principles）出发对它进行完善。

第一性原理是指那些不能通过任何其他假设推导出来的假设。它们是基础性的，就像数学中的公理一样，因此从第一性原理出发进行思考，是推导真理的一个无比强大的机制。只要你喜欢的是事实而不是虚构，那么这种方法绝对值得掌握。

第一性原理思维有非常多的好处，其中之一是它可以帮助人们避免陷入自然主义谬误（naturalistic fallacy）。[2] 所谓"自然主义谬误"，指的是这样一种观念，即认为事物的自然属性"是什么"就"应该是什么"，认为自然的事物就是好的。我们在本书中阐述的框架能够帮助人类避开自然主义谬误的一些陷阱。这个框架的目标是让人类更加充分地了解自己，从而至少可以保护自己免受自我伤害。本书将探讨当前人类社会最普遍存在的一些问题，并将在阐述时摒弃具有太多局限性且会产生分歧的观点，以及通过进化理论不加批判地进行客观的剖析。我们希望本书可以帮助你看透现代世界的喧嚣，成为一个更好的问题解决者。

大约在距今 20 万年前，现代智人就已经出现在地球上，他们是地球长达 35 亿年的生物适应性进化的产物。从大多数方面来看，人类其实是一个相当“一般”的物种。人类的各种形态学和生理学特征，虽然分开看待时似乎无比神奇、令人震惊，但与人类最近的“亲戚”相比并没有太多的特别之处。尽管如此，人类还是以独特的方式改变了地球，并对地球构成了严重威胁——尽管我们的生存仍然完全依赖于它。

对于眼前这本书，我们或许可以换一个书名，比如《21 世纪：后工业时代人类指南》，或《农学家指南》《猴子指南》《哺乳动物指南》《鱼类指南》等。每一个书名都代表了人类进化史上我们业已适应的某个阶段。重要的是，我们身上一直扛着来自这个进化过程的“进化包袱”，或者用专业术语来说，是我们的进化适应环境（Environment of Evolutionary Adaptedness）。在本书中，我们将会花相当多的篇幅讨论人类各种各样的进化适应环境，也就是说，不仅仅会讨论“狩猎采集者”的进化适应环境，例如，从事狩猎采集的人类祖先长期生活的非洲草原、林地和海岸，而且还要讨论人类所适应的许多其他进化适应环境。首先，“我们”作为早期的四足动物出现在陆地上；后来，成了会给后代哺乳的有毛皮的哺乳动物；然后，拥有了像猴子那样灵巧的双手和不凡的视力；再后来，作为农民，我们自己种植和收获食物；最后到现在，我们身为后工业主义者，必须与数百万互不相识的其他人一同生活。

我们之所以决定在英文书名中使用 hunter-gatherer（狩猎采集者）一词，是因为人类最近的祖先花了数百万年的时间才适应了狩猎采集者这个生态位。这也正是这么多人都把人类进化的这个特殊阶段加以“浪漫化”的原因。但是需要强调的是，不是只有狩猎采集者的生活方式是重要的，哺乳动物的“生活方式”，或者农耕者的生活方式也一样重要。我们不仅仅作为狩猎采集者表现出了适应性，在很久之前，“我们”也适应了成为鱼；更近一些，又适应了成为灵长目动物；以及最近，我们还适应了成为后工业主义者。所有这些都是人类进化史的一部分。

如果想真正理解当今这个时代的最大问题，那么上面这种最广泛的视角就是必不可少的，因为人类这个物种的变化速度已经超过了其自身目前的适应能力。人类正在以前所未有的、不断加速的速度制造着新问题，这导致我们百病丛生，包括身体上的、心理上的、社交上的以及环境上的。如果不能想出有效的办法，解决加速涌现的新奇性所导致的问题，人类就可能会走向灭亡，即成为人类自身成功的受害者。

因此，本书要讨论的，不仅仅是人类这个物种如何可能会毁灭自己赖以生存的整个世界，还要讨论人类发现和创造的世界之美，以及我们应该怎样做才能拯救它。**支撑本书的一个无可辩驳的进化真相是，人类非常擅长应对变化和适应未知事物，人类天生就是探索者和创新者。正是这同一种冲动，既造成了现代社会的种种麻烦，也是拯救现代社会的唯一希望。**

第 1 章

人类生态位

A HUNTER-
GATHERER'S GUIDE TO
THE 21ST CENTURY

那是最昌明的时世，那是最衰微的时世；

那是睿智开化的岁月，那是混沌蒙昧的岁月；

那是信仰笃诚的年代，那是疑云重重的年代；

那是阳光灿烂的季节，那是长夜晦暗的季节；

那是欣欣向荣的春天，那是死气沉沉的冬天；

我们眼前无所不有，我们眼前一无所有。

狄更斯《双城记》的开头（1859 年出版）

同年，达尔文出版了《物种起源》

白令陆桥是一片充满机遇的土地，是一片广袤无垠的大草原。白令陆桥的总面积相当于加利福尼亚州的 4 倍，它东接美国阿拉斯加州，西接俄罗斯，构成了亚洲和美洲之间的通道，但是它绝不仅仅是一座临时的陆桥。来到这里的人并不全都是匆匆过客，尽管海平面一直在上升，在人们脚下拍打着海岸的海水也似乎在催促人们尽快离去。白令陆桥当然也从来不只是一片死气沉沉的草原。虽然要在那里讨生活很是艰难，但是几千年来，白令陆桥还是养活了不少决心把家安在那里的人。[1]

来到白令陆桥的这些人，无论是从基因上看，还是从生理上看，都已经是不折不扣是现代人了。他们从亚洲远道而来。由于在很长的一段时间内，白令陆桥的东部边缘都存在冰障，于是他们定居在那里，繁衍生息。随着地球的变暖，冰层开始融化了，海平面随之上升，白令陆桥逐渐消失了。原来的家园变成了海岸线。他们怎么办？去哪里安家才好？

毫无疑问，肯定有一部分白令人向西回到了亚洲，他们所有人的祖先都来自那里，在他们的神话和集体记忆中，那片土地可能仍然充满生机。或许就在同一时期，又有一批刚从亚洲来到白令陆桥的人，这些新来者会带来关于他们的西部家园的最新故事。

随着白令陆桥的海平面上升，其中一些白令人决定向东迁移，从而进入了一块人类以前从未涉足的土地。就这样，他们成了最早的一批"美洲人"。很可能，这些白令人是乘船穿越了西海岸一带的北部海域到达北美洲的。[2] 当时，冰盖仍然还在那里，但是海岸上很可能已经出现了一些无冰的地块，那也是当地动物聚居的地方，可能起到了踏板的作用。也就是说，这些地块成了那些最早的美洲人的踏板。[3]

学界现在一般估计，这件事情发生在距今 1.5 万年前[4]，而且，很有可能还要更早一些。这取决于那片冰盖在当时的形状。也许，这些最早的美洲人要一路向南，直到抵达今天美国华盛顿州奥林匹亚市的所在地之后，才算真正登上了大陆，因为冰川就是在那里结束的。在奥林匹亚市以南和以东，是一大片广袤无垠、千姿百态的陆地，它的面积之大、地貌的多样性之丰富，都是那些新美洲人无法想象的。到处都是美丽的风景，到处都是茂盛的植物和美味且令人着迷的动物，就是没有人。那完全是一片处女地，等着人类去开发。

当然，这绝对是一个非常冒险的举动。事实上，整件事的风险高得令人难以置信。没有哪个选择可以肯定地说是好的选择。迁回亚洲？那里已经被人占据，那些人对新来者一定不会非常友好。还是向东，到一片无人知晓的土地上去？抑或留在原地，与白令陆桥一起渐渐消失在海中？当然，幸存下来的那些人肯定没有选择留在原地，于是归根到底还是二选一。回到你以前有所了解的那个地方？那个地方，是你的祖先曾经考虑过然后又放弃的，现在也已经变成了一个充满着竞争者的地方了。或者，你下定决心去探索一个全新的世界？这两者都是合理的选择，它们承载着不同的风险，各有优缺点。现代世界里的每一个选择，也都有类似的特点。

白令人的后裔来到美洲之后，就与“旧世界”的其他人类完全隔离开来了。他们是在人类发明书面语言、农业在地球上出现之前来到这里的。由于与旧世界隔绝，他们无法从自己的“亲戚”那里“输入”任何东西，所以他们不得不从头开始自行创造这些东西。他们留下来的各支后裔，将会发现好几百条新的“成为人的道路”，并在几千年的时间里不断繁衍——据估计，在西班牙征服者将旧世界和新世界以暴力方式重新连接起来之前，在美洲定居的当地土著人口数量已经达到了 5 000 万～ 1 亿。

当然，我们现在仍然不能确切地说出，旧世界前往新世界的旅程最早是从什么时候开始的。还有一种可能性是，人们到达美洲的时间比我们前面说的还要早，也许他们从一开始就没有在白令陆桥建立过永久的家园，而是在乘着船顺时针环绕太平洋航行时“跳上了岸”。[5] 不过，可以肯定的是，新世界向最早来到美洲的那一批人发起了他们以前从未见过的挑战。因而，本书讲述的这个白令人来到美洲“发展”的故事，即便它的真实性只在隐喻层面上成立，也仍然对我们讨论“成为人的道路”有很大的指导意义。对于当今人类所处的境况，它也可以作为一个恰当（尽管不那么完整）的类比。因为在当今世界，我们也发现自己正身处一片“衰败之地”。

同样，我们也必须去探寻新的机会来拯救自己。而且，我们也不知道这种探寻到底会给我们带来什么结果。

这些早期的美洲人很快就发现，自己身处的这片土地，充满了意想不到的危险和机遇。他们虽然拥有从祖先那里传承而来的知识，但是这种知识越来越无法发挥生活指南的作用了，因此要在这个新世界中前行，他们必须克服巨大的挑战。最终，他们取得了惊人的成功。我们现在要问的问题是：他们是怎样做到这一点的？这也是对现代人的境况最具启发意义的一个问题。读者会发现，在很大程度上，这个问题的答案是在我们试图理解“是什么让人成为人”的过程中逐渐浮现的。

这些最早的美洲人来到美洲后，很快就繁衍了好多代。然后，有一天晚上，他们饥肠辘辘地围坐在篝火边，因为浆果的采摘季已经过去了，鹿也变得稀少了。其中有一个人，我们不妨叫他贝姆，他曾经不止一次看到熊捉鱼吃的场景，于是他向大家提出了这样一个问题：我们为什么不考虑一下捕些鱼来吃呢？[6]不过，贝姆自己对鱼的了解并不算多，在这一方面，他的知识不如苏丰富。苏已经在河边待了很多天了，她一直在观察鱼，了解鱼的“一举一动”。只不过在此之前，苏从未告诉别人自己掌握了不少关于鱼的知识，而且她自己也不知道这种知识对他们这群人有什么价值。在另一方面，苏也不如戈尔，戈尔拥有成为一名“工程师”的潜能。反过来，在尝试结绳织网这方面，戈尔的才能又远远比不上洛克……当这些各自都拥有独特才能和洞察力的人围坐在篝火旁，开始讨论一个共同的问题时，创新的火花迅速蔓延开来。

事实上，人类这个物种绝大多数最好的、最重要的和最强大的想法，都是这样产生的。它们是两个因素共同作用的结果：首先是一群人，他们拥有虽然不同但是可以相互融合的才能和见解，同时他们的知识盲区则是互不重叠的；其次是一个允许新奇性、鼓励创新的政治结构。就这样，在连接新旧两个大陆的“门槛”上，一群持有不同见解的人，包括“观察员”“工程师”“能工巧匠”“信息整合者”等，围坐在熊熊燃烧的篝火旁，聚在一起研究或重新学习如何从河流中捕捞鲑鱼、哪些植物的球茎是安全可吃的、怎样才能将它们识别出来，以及如何用树木来制造栖身之所等。在这群人中，还有“火焰守护人”，他们是负责将传统一代代传承下去的人（即日后将会讲述这些故事的人）——也许那时，鲑鱼洄游不再经过这里，因而人们不得不迁居他处，也许那时，所有创新者都已经离开。

那么，贝姆、苏、戈尔和洛克这些人，到底做了些什么呢？他们所做的事情，就是**创新**。没错，他们正在检验假说，创造叙事，制造材料，孕育传统。他们正走在“成为人”的道路上。

人类生态位的悖论

生活在 21 世纪的人类，正面临着与最早进入新世界的那些白令人相似的机遇和困境。技术和科学的快速创新，使人类能够越来越多地进入以前无法想象的全新领域。但是，有一点与当初的白令人不同，那就是，我们现在已经没有退路了，我们没有办法重新回到“祖先的”土地上去，因为我们的所作所为已经影响了整个地球。我们今天在全球范围内进行狩猎、采集、耕种和加工制造，我们每迈出一步，地球就会随之改变。人类在按照自己的意愿改变全球景观的同时，也将其他许多生物推向了崩溃和灭绝的边缘。

有一些人在回顾人类这个物种以往的成功经历之后，例如，白令人的成功经历，就会立即提出如下假设：人类可以引导自然、控制自然。但是这是一个错误的假设。实际上，人类无法控制自然，不仅现在不能，以后也永远不能（至少在地球上是这样）。而且说到底，正是这样一种错误的假设导致了我们今天面临的诸多问题。要想纠正这个错误，唯一的途径是透彻了解我们之所以为人的真实本质——我们是什么、我们可能成为什么，进而明确我们应如何让这方面的智慧服务于全人类的利益。

人类这个物种长着大大的脑袋，用双足直立行走，善于社交且十分健谈。我们能够制造工具、耕种土地、创作神话故事、发明各种“魔法”。随着时空变换，我们一次又一次成功地重塑了自己，占据了一个又一个栖息地。

物种是由许多事物来定义的——形态和功能、基因和发育，以及该物种与其他物种的关系等。然而，最重要的也许是，物种是由各自的生态位定义的，而生态位就是指物种通过与环境互动找到的、在环境中生存下去的特定方式。那么，鉴于人类极其丰富的经历和无比广泛的地理分布，人类的生态位究竟是什么呢？

随着人类这个物种的进化，我们似乎已经摆脱了一条基本的自然法则，即“万事通必无事精”（the jack-of-all-trades is the master of none）。一般来说，任何一个物种，要想在任何一个生态位中占据主导地位，通常都必须实现“专业化”，即牺牲广度和通用性。正是这种对专业化的需要，阻碍了真正的万事通的出现。这个法则非常普遍，它在各种书籍中整整被引用了四个多世纪。早在1592年，就有人用这句话对从演员摇身一变成为剧作家的威廉·莎士比亚大加抨击。[7]万事通必无事精法则应用的范围非常广泛，从工程界到体育界，再到生态科学领域，都可以见到这种说法。至少在这个意义上，物种就像工具：它们要做的工作越多，做出的东西就越粗糙。

然而不知为何，人类这个物种到今天不仅成为几乎所有可以想象到的行业的行家里手，也成了地球上几乎每一个栖息地的主人。人类的生态位几乎是无限的，而且，每当发现一条边界，我们就几乎立即会开始对它提出“挑战”，就好像我们从不相信会存在最终边界似的。

而且，我们还不能说智人这种能力仅仅是一个例外。事实上，人类确实极其出色。[8] 人类的适应性、独创性和开发能力无与伦比，经过数十万年的进化的锤炼，人类已经能够在一切事物上实现专业化了。我们享受着成为专家的竞争优势，同时又无须付出一般物种通常因缺乏广度而必须付出的代价。

这就是人类生态位的悖论。[9]

在科学研究中，悖论就像是藏宝图上的 × 标记，它告诉我们应该在哪里深挖下去。人类专业化的、无与伦比的广度就是这样一个悖论。它无疑也是“这里蕴藏着一个极其巨大的宝库”的标志，只不过不是财富的宝库，而是工具的宝库。只要解开了这个人类悖论，我们就可以构建一个概念框架，而有了这个概念框架，我们就能够理解自身，从而有目的地、有技巧地驾驭自己的生活。本书解开了人类悖论，并描述了我们在那里发现的各种工具。事实上，本书就是应用这些工具完成的作品。

篝火，思想的熔炉

在前面讨论最早一批美洲人的时候，我们就已经提到了这个宝库中的一件工具，尽管它乍看时似乎根本不是工具。这个工具就是篝火。

人类使用火的历史悠久。我们用火来照明和取暖、加热食物以增加其营养价值，并用火来吓阻捕食者。我们还利用火将原木烧空以制造独木舟、把林地变为耕种用地、让金属变软或变硬。我们还发现了火的一个更加重要的用途：我们燃起了篝火，而篝火则是思想的熔炉。篝火旁，是我们讨论浆果、河流和鱼类的地方，也是我们分享经验、交谈、欢笑、哭泣、思考挑战和庆祝成功的地方。各种各样的想法从这个熔炉中涌现，正是这些想法使人类变成了真正意义上的超级物种，一个超越了宇宙的一般法则、引发了悖论的物种。

数千年来，围坐在篝火或壁炉旁的人之间展开的思想交流，从来都不仅仅是简单的交谈。那是具有不同经验、才能和洞察力的个体的聚集点。这种心智的融汇是人类成功的根源。一个人有多聪明并不那么重要，一个人知道多少也没那么重要。几乎在所有情况下，当许多心智融汇到一起之后，整体总是大于部分之和。对于人类面临的各种问题——从哪些植物的球茎是安全的、可以食用的，到如何捕捉兔子，再到如何创造一个能够保证人类免受生存威胁的世界并实现机会平等，我们需要的不仅仅是孤立地进行抗争的个体。如果想在未来世界中生存下去，我们就需要有大量个体同时“接入”，“并行”工作。以这种方式将不同心智联合起来，就能够成百上千倍地提高人类解决问题的能力。

正如人类打破了其他有机体未能打破的生态位之间的界限一样，人类也打破了个体之间的界限，而其他任何物种都从来没有如此彻底地打破过这种界限。如前文所述，关于不同的生态位，人类是一个通才型物种，拥有无数通常可以叫作专家的个体。某个古代美洲人可能在寻路方面表现得非常出色，但是在保持火种长燃不熄方面表现得很糟糕；某个现代人可能在攀岩方面极其“高能”，而在整理档案文件时却很无能，或者在计算方面非常出色，但在烤面包时完全不知如何下手。然而，从整个物种角度而言，人类在所有这些方面都非常出色。正是个体之间的联系使得个体能够超越自身的限制，因此一个人通常能够在专注发展自己的专业的同时，通过其他人的专业劳动来维持很好的生活水准。

也正是在个人心智的融汇中，我们有意识地创新和分享想法，然后再以文化的形式将其中最好的、与当下要解决的问题最相关的那些想法具体化。几千年来，围绕着我们共同的“篝火”，这种“魔法”一直在发挥着作用。

当然，文化与意识是我们将在本书第 12 章深入探讨的主题，它们之间存在着矛盾对立，但是人类同时需要它们两者。

有意识的思想是指那些可以传达给他人的思想。因此，我们将意识定义为**“用于交换的、已经‘打好包’的那部分认知”**。下这样一个定义绝不是玩弄词语技巧。我们并没有选择一个看似能够使一个棘手的问题变得简单的定义。而我们选择的这个定义，正好体现了人们用“有意识”来对“思想”加以描述时的根本用意。

以这种方式理解意识，我们就不难发现如下真相：假设个体意识是率先进化的，或者说，假设个体意识是意识的最基本形式，是没有意义的。恰恰相反，人类的个体意识可能是与集体意识同时进化的，并且这一点很可能要一直等到人类进化的后期才能完全被认识到。理解另一个人心里在想什么的能力，在心理学中被称为心智理论（theory of mind），是非常有用的。我们在许多其他物种中都可以观察到这种能力的雏形，而在具有较高协作性的少数物种中可以发现它在许多方面都已经有了相当广泛的表现，如大象、齿鲸类动物（如海豚）、乌鸦，当然还有各种非人类灵长目动物。当然，**在地球上所有曾经存在过的物种中，人类才是最能够了解彼此的想法的物种，因为只有人类才可以做到如下这一点：只要你愿意，就可以将自己的认知产品以惊人的精确度清晰无误地“转交”给他人。**当我们想把复杂的抽象概念从一个个体传递给另一个个体的时候，我们只须让两个个体之间的空气发生振动即可，也就是交流。这种日常交流其实不亚于一种魔法，尽管它通常是在我们完全没有留意到的情况下发生的。

而要想让心智理论发挥作用，人们就必须先在自己的头脑中模拟另一个人。这就是说，我如果想要通过在我自己的想法与我所理解的你的想法之间进行比较而获益，那么我就需要使你和我都拥有某种主观体验，即将两者用某种单一“通货”加以整合。共享意识（shared consciousness）是在人与人之间形成的一个无形的空间，然后，各种概念在那里被提出来并在共同“培育”下逐渐成熟。当然，每个参与者都会从各自特有的视角看待这个空间，就像某个物理事件的每一个见证者都有不同的、具备相对优势的观察点位一样，但是空间本身无疑是“集体财产”。

不妨想象有这样两个群体，均由一些同样聪明的个体组成。在第一个群体中，个体不仅要表明自己的想法，还必须回应和修正他人的想法，然后制订战略和计划，决定如何采取行动，从而让每个人都在自己的专业领域里做出相应的贡献。而第二个群体则由另一类个体组成，他们虽然各自有很多很好的想法，却没有能力理解他人的想法。不难想到，当这两个群体相互竞争时，结果其实早已注定，真正意义上的竞争其实根本不会出现。

即便是最基本的集体意识，例如，狼群在围猎时，狼个体之间可能存在着某种共享意识，也能为狼群带来极其惊人的优势。狮群也是如此，整个狮群的能力远大于所有狮子个体的能力总和。集体意识作为一种进化创新，与其他进化创新全然不同，因为它为认知涌现铺平了道路。

文化，还是意识

意识对问题求解有很大的价值，但是在执行解决方案的时候似乎并非如此。体操运动员、艺术大师和战士的成功，都取决于他们能首先有意识地透彻理解自己发现的东西，然后学会如何不必经过深思熟虑就可以直接应用这些东西。[10] 这也就是说，变革性的见解和想法必须超越“意识层”，进入“诀窍层”，即知道如何把事情做成的层面。当一个人非常专注地做着某件事时，虽然他的意识心智并不缺席，但是作为一个旁观者，意识心智会避开，以免扰乱“心流”。于是，人们的行动就会变成习惯性的、直觉性的。在个人层面，我们会把这种情况称作技能或技艺。而在家庭或部落层面，这种习惯就会成为传统，有效地代代相传。传统进一步发展下去，就形成了文化。

因此，智人会在文化和意识之间摇摆不定。当面临的是仅凭先前的理解不足以应对的问题时，我们会变得有意识。我们怎样才能在这片新土地上养活自己？遇到这样的问题时，我们就会将思想接入一个“共享的问题求解空间”，并向他人分享自己所知道的东西。接着，我们开始“并行处理”，构建假说，提供观察证据，提出挑战，直到得出一个新的答案，一个仅凭个体几乎无法得到的解决方案。然后，我们会在现实世界中对这个解决方案进行测试，如果结果不错，那么我们就会对它进行改进，并进入更自动、更不需要深思熟虑的那一层。这就是文化。文化在它已经适应的环境中的应用，相当于一个种群中的个体处于“心流”状态。

这个由文化和意识组成的模型有许多重要的含义。在日子好过的时候，人们应该更不愿意挑战祖先留下的智慧，即他们的文化。换句话说，人们应该会比较保守。而当事情进展不顺利的时候，人们应该更愿意承担变化带来的风险，在这种情况下，他们应该是相对来说更“进步”的，或者说是更自由的。

当然，在将这个模型应用于现代社会之前，还有许多东西要先说清楚，因为出于各种各样的原因，对于当今世界到底是好是坏，人们目前的看法并不一致。直到泰坦尼克号撞上冰山的前一刻，那艘船仍然是人类伟大成就的一个不可思议的证据。然而片刻之后，它就变成了人类因为傲慢自大而酿成大祸的纪念碑。很多事，只有在事后回想起来时，我们才会发现当灾难发生时去做一些于事无补的改变有多荒谬，就像在船下沉之际重新摆放椅子。在通常情况下，没有冰山，因此对于要求意识应该比文化更具显著性的那种时刻的前后，也没有非常明确的界限。

人类打破界限

- 既是通才又是专家，从而打破了生态位界限。
- 在文化和意识之间摇摆不定，从而打破了人际界限。

2008 年的经济危机、“深水地平线”海上钻井平台漏油事件和福岛第一核电站灾难都是“文明级别”的失序现象。这种失序至今没有正式的名称，在这里我们姑且称之为“傻瓜的蠢行”（sucker's folly）：短期利益持续集中化的趋势不仅掩盖了风险和长期成本，而且即便是在净收益为负时也能推动人们接受它们。[11] 这些事件证明，我们在文化上故步自封的同时加速走向了灾难，并且远离了集体意识，因为我们被周围环境中的丰裕假象所营造的虚假的安全感迷惑了。我们越早认识到这一点，将“航船”转回安全航线的概率就越大。在第 13 章中，我们还会回到这个难题上来。

至此，对于我们在前面提出的那个问题，即人类的生态位究竟是什么，答案就呼之欲出了：人类其实是没有生态位的，至少在“生态位”这个术语的标准意义上肯定没有。由于人类精通另一个完全不同的游戏，因而摆脱了这种范式。人类已经发现如何通过在文化和意识之间摇摆，在需要时更换自己的“软件”。在这个意义上，**人类生态位指的就是生态位转换。**

是的，人类在每一个行业都是“大师”。如果把人类比作机器，那么人类作为一个整体就应该是那种与许多软件都兼容的机器。因纽特猎人对北极地区了如指掌，但是到了卡拉哈迪（Kalahari）沙漠或亚马孙地区就没有多少突出的生存技能了。只要有合适的工具和软件，人类作为一个整体就可以做到擅长任何事情。通过分工，人类在几乎所有事务上都能够培养出专家，但是，具体到每一个个体则不然，个体要么必须将自己限定于某个专业领域，要么尝试成为一个“通才”并承担随之而来的代价。

然而关键在于，随着世界变得越来越复杂，对通才的需求也在不断增长。我们现在急需那种能够理解横跨了多个领域的事物，并能够在不同领域之间建立起联系的人。也就是说，我们不仅需要生物学家和物理学家，还需要生物物理学家，我们需要那种能够自如地转换专业领域，并发现他们从以前的行业中携带过来的工具在新行业中也很有用处的人。我们现在必须想办法鼓励通才的涌现。我们认为，要做到这一点，一个关键途径是鼓励更多人仔细地、细致地、透彻地理解进化是什么，它造就了我们什么，以及我们如何才能对抗它的某些目标。我们两人写这本书的目的就在于此。为此，让我们首先在本章的剩余部分对进化论进行一些“更新”。我们在这里提出的对进化论的修正，为更加深入地了解进化，了解人类自身、人类的文化和人类这个物种开辟了道路。

适应性与血统

适应性进化提高了生物对环境的适合度（fitness），这一点早就众所周知了。然而问题是，由于急于把进化生物学变成一门“实证科学”，生物学家在定义“适合度”的时候，会优先考虑它是不是更便于测量。结果，生物学家给适合度下了一个几乎与繁殖（reproduction）相同的定义。与许多最终归于失败的假设一样，认为适合度几乎等同于繁殖成功率这种假设，一开始似乎也非常成功。事实上，好几代生物学家的研究都是在简单地假设这两者就是同一个事物的基础上进行的，而且他们都取得了非常大的进展。在其他条件相同的情况下，更适合环境的生物往往能够生下更多后代，在这种情况下，生物学家拥有极好的概念工具来分析导致这种结果的进化过程。然而，当其他所有条件并不相同时，当拥有更多后代的生物为了追求短期生育力而“走捷径”时，又会发生什么呢？在这种情况下，生物学家解读故事的能力就会受到很大限制。如果适合度造成的损害很快就会显现出来，比如一只动物生下了太多后代，然而它的所有后代都没能熬过那个冬天，我们可能会认为，从进化意义上来说它失败了。然而，如果它的后代兴旺的情况持续了相当长一段时间，比如一直持续到下一次严重干旱或下一个冰期，那么持上述假设的生物学家很有可能会将我们对“成功”的分析弄得一团糟。

适合度确实往往与繁殖有关，但是它始终与存续有关。一个成功的种群可能会随着时间的流逝而经历兴衰起落，但是一个成功的种群绝不可以灭绝。灭绝就是失败，存续就是成功，个体的繁殖只是存续方程中的一个因素而已。

但是，存续的含义到底是什么呢？我们追求的是物种存续吗？我们要不要分别计算物种内部每个种群的存续？我们应该对单个个体的后代进行计数吗？从逻辑上说，存续的概念必定包括了所有这些内容，而且不止这些。

适应性进化发生在个体争夺资源的时候。每一个个体都会开创一个“血统系”（一条血脉），其后代持续存在的时间长短是衡量其适合度的一个很好的代理变量（proxy）。比如，假设在再次进入冰期后，贝姆的后代全部死亡了，而同时苏的后代则找到了进入下一个间冰期的道路，那么后者的适合度就更高，不管我们能否准确地衡量两者的适合度之间的差异，结果都已经表明了一切。

但是问题在于，贝姆和苏这两个人，不仅是未来的血统系的起点，他们每个人同时也是许多同时存在的、相互重叠的血统系的成员，这些血统系都可以追溯到一大群祖先那里，而且对于那些祖先而言，我们这些描述也同样适用。因此，如果适合度是关于存续的，那么提出如下问题就是非常适当的：现在说的存续，到底是指什么东西的存续？

在这里，我们必须先克服试图去度量一切事物的强迫症。适应性进化，提高生物对环境的适合度的过程，是同时关乎所有层次血统系的。因此，适应性进化的结构是一种“分形”，我们可以用“世系”（lineage）这个术语来概括它。

一个个体及其所有后代构成了一个世系，一个物种就是从该物种最近的共同祖先传下来的一个世系。对于哺乳动物、脊椎动物、动物等更大的进化枝而言，我们可以从世系的角度来看待，这时世系就是那些进化枝上“最近的共同祖先”的后代。作为进化生物学家，我们的研究就是要弄清楚，适应性进化如何通过同时发生在所有层次的世系上的自然选择而发挥作用。在本书中，我们将从如下前提出发进行分析：不同世系之间是相互竞争的，而且自然选择更青睐那些更适合其长期环境的世系。这种分析会为我们阐明人性的悖论提供很多有益的结果，但是仅凭它是远远不够的。我们还必须认识到，与传统的进化论观点不同，基因并不是可遗传信息的唯一形式。

文化本身也在进化。此外，文化还与基因组同步进化，而且文化还“有义务”去实现相同的目标。例如，我们并不需要清晰地确定，雌性筑巢或雄性虚张声势等典型的求偶行为在何种程度上是通过文化（还是通过基因）来传递的，因为传播模式本身并没有说明这些模式的意义。无论是文化传递，还是基因传递，抑或是两者的混合，从一长串“祖先”那里遗传下来的性别角色，都是一系列进化问题的生物学解决方案。简而言之，这些解决方案都是适应性的，其功能是促进并确保本世系在未来能够存续。

对于许多人来说，这一点也许很难接受；但是事实就是，**文化的存在是为基因服务的。**长期存在的文化特征就像眼睛、树叶或触手一样具有适应性。

在 21 世纪，几乎每个人都能接受“进化创造了人类的四肢、肝脏、头发和心脏”这样的观点。然而，当我们用进化论来解释行为或文化时，仍然会遭到许多人的强烈反对。[12] 这种反对其实没有什么道理，因为即便对许多科学家来说，他们之所以持这种立场，是因为这样一种信念：如果某些问题的答案可能会很“丑陋”，那么就不应该提出这些问题。这种信念导致人们在意识形态的驱使下对思想和研究计划进行审查，而且这种审查严重减缓了我们加深对我们是谁以及为什么会如此的理解速度。

在进化产生的各种事物中，有许多确实是相当丑陋的。然而，进化还产生了更多非常美好的事物：母亲为她的孩子做出的牺牲、持久的浪漫爱情、文明国家对国民的关怀（无论国民是老是幼，也无论他们是否健康）。关键是，人们普遍缺乏对“进化而来的事物”意味着什么的理解，这种情况可以解释一些人的担忧。

许多人担心，如果某个事物是进化而来的，那么它就必定是不可改变的。如果确实是这样，那么万一某个可怕的事物是进化的产物，我们对它就完全无能为力了，只能被迫永远承受进化命运的残酷折磨了。幸运的是，这种恐惧本身是错误的。有一些进化而来的事物似乎是不会变化的，例如，一个人有两条腿、一颗心脏和一个容量很大的大脑。但是，个体之间的差异也是进化而来的，并且在很大程度上取决于我们与环境的相互作用：我们的腿有多长？心脏有多强健？大脑中的神经元之间的连接有多紧密？同样，承认女性往往比男性更讨人喜欢、更容易焦虑这些进化事实，既不是对任何个体的评判，也不意味着不可改变的命运。而且，个体与种群不同。[13] 我们是种群的个体成员，男性或女性、婴儿潮一代或千禧一代、美洲人或澳大利亚人，不同的种群之间存在着真正意义上的心理差异，但是个体之间的相似多于差异。这种差异是多层进化力量相互作用的结果。此外，人类有能力直接相互联系并改变文化，无论这种改变是好是坏，情况都是如此。

考虑到人们往往将文化进化和基因进化概念混为一谈，我们构建了一个简单的模型，用来帮助读者理解起作用的各种力量的层级性。我们将这个模型称为欧米伽原则（Omega principle）。

欧米伽原则

表观遗传（epigenetic）意味着遗传是发生在“基因组之上”的。我们两人都是在 20 世纪 90 年代初读大学期间第一次接触“表观遗传”这个术语的。当时，进化生物学家偶尔会利用它将文化置于严格的进化环境中来讨论。

之所以要说文化位于基因组“之上”，是因为文化塑造了基因组的表达方式。基因描述了构建“身体”的蛋白质和构建过程。而在那些拥有文化的生物当中，文化对“身体”将去向何方、将做些什么有着极大影响。在这个意义上，文化可以说是基因组表达的“调节器”或“调节因子”。

近几十年来，表观遗传这个术语又获得了一种不同的含义。现在，这个术语似乎专指那些直接在分子水平上调节基因组表达的机制，即在表达某些特征的同时抑制其他特征，从而创造使“身体”具有连贯一致的形态和功能的基因表达模式。这些调节机制是我们了解多细胞生命的关键，科学家其实也才刚刚开始了解它们。如果没有了这些机制，那么具有给定基因组的所有细胞都将会是相似的，细胞的任何大型集合都只能作为一个未分化的细胞群存在。只有通过对基因表达进行严格表观遗传上的调节，我们现在观察到的这些由彼此高度协调且明显可相互区分的多细胞组织组成的动物或植物，才有可能存在。

虽然表观遗传这个术语的含义已经经历了一个非常彻底的转变（从描述遗传行为转变为只描述分子“开关”），但我们还是可以提出一个强有力的论证，即从分类上看，表观遗传现象实际上包括两种类型的调节器：表观遗传这个术语在狭义上就是指分子开关，而在广义上则指分子开关再加上遗传行为。

分子开关和遗传行为都属于表观遗传，这就意味着，基因表达的分子调节器和文化调节器是由单一的进化规则控制的。

我们不妨以一位高原牧民为例来说明。作为特定文化的传承者，他的行为会受到文化的限制。他的细胞则会根据基因表达的遗传模式呈现不同的形态并“做出”不同的事情。我们当然会认为这位牧民的基因组中的基因与调节这些基因表达的分子调节器之间是敌对关系，但那是没有任何意义的。如果这位牧民身体健康，那么他的细胞就很好地履行了为他这个生物体的进化服务的“职责”，他的基因的分子调节器通过进化提高了他的适合度。他的眼睛是由多种以特定方式分布的细胞组成的，既能看到危险又能发现机会。他看到的危险是对他的进化适合度的威胁，而发现机会则构成了他可以增强适合度的途径。或者换句话说，基因和它们的分子调节器对于要完成的“任务”是“意见一致”的，两者并没有表现出关系紧张的迹象。那么，这些基因以及它们的分子调节器要完成的“任务”到底是什么呢？这显然是一个进化任务，将牧民基因的副本深深植入未来，恒久留传。任何有推理能力的人都不会反对这一点。

但是，一旦将考虑的对象转移到这位牧民的文化上来，许多原本显得很理智的人就再也看不到这种关系了。这位牧民所坚持的性别角色立场很可能已经在他的世系中延续了数千年，但是科学界的普遍断言仍然是，这类文化模式不太可能是进化的，它们“只可能是由文化塑造的”，就好像文化是一个与进化相竞争的概念一样。

这个问题的源头是理查德·道金斯（Richard Dawkins）① 在1976年版《自私的基因》（*The Selfish Gene*）一书中首次提出“模因进化”（memetic evolution）这一概念。道金斯在描述模因（meme）时，犯下了一个致命的错误，尽管这个概念为严格的达尔文式文化适应性研究奠定了基础。道金斯将人类文化描述为一种新型的“原始汤”（primeval soup）[14]。他认为，在这种原始汤中，文化特征是直接像基因那样自我传递的，而不是作为进化而来的基因组的工具，发挥着增强基因组适应性的作用。

这种误解从未得到妥善的化解。直到今天，它所造成的“先天还是后天”问题的混淆仍然在阻碍科学研究和社会进步。许多人喜欢问，某个特定的特征是先天如此还是后天造就的，但是这个问题本身就是如下这种错误的二分法的体现：一方面是先天、基因和进化，另一方面是后天和环

① 继《自私的基因》之后，理查德·道金斯又推出一部经典之作——《基因之河》，深入阐释基因从何而来，又将走向何方。该书中文简体字版已由湛庐引进、浙江人民出版社出版。——编者注

境。事实上，所有这一切，都是进化的结果。

为什么如同分子调节器那样，文化只能作为一种提高适合度的工具而为基因服务呢？关键在于**权衡逻辑**（logic of trade-offs）。这是一个贯穿本书始终的概念。

从基因组的角度来看，文化绝不是“免费”的。事实上，再没有什么东西比文化更加成本高昂了。学习文化需要容量很大的大脑，大脑运行起来非常耗费能量，而文化在传播的过程中很容易出错。而且，人类文化中包含的许多规定，往往会阻碍或禁止人们利用某些特定“机会”去提高适合度，即不得杀人、偷窃、妒忌等。要是将基因组拟人化，那么我们完全可以说，如果文化没有为基因组付出的极高代价带来相应的回报，那么基因组就完全有理由“伤心恼怒”。文化似乎一直在“浪费”时间、精力和资源，基因组本来是可以很好地利用这些时间、精力和资源的。据此，人们可能会产生这样的印象：文化寄生于基因组之上并侵害了基因组。

但是，处于掌控者地位的是基因组。“文化能力”在鸟类和哺乳动物那里就已经普遍存在了。随着时间的推移，通过基因组进化，文化得到阐释、增强和扩展，这一点在人类这个全世界分布最广、生态上最占优势的物种身上表现得淋漓尽致。这些事实告诉我们，无论文化“做”了什么，都不会以损害遗传适合度为代价。相反，文化通过各种途径极大地提高了适合度。如果文化没有任何作用，那么被文化改变了表达方式的那些基因要么会灭绝，要么必定会进化成像橡树一样对文化全然免疫的状态。

我们在课堂上讲授进化论时，已经将我们对遗传现象与表观遗传现象之间关系的理解总结成了欧米伽原则，它包含两个要素。[15]

欧米伽原则

- 表观遗传调节器，如文化，更加灵活、适应速度更快。在这个意义上，表观遗传调节器优于基因。
- 表观遗传调节器，如文化，其进化是为基因组服务的。

我们之所以选择使用符号 Ω（欧米伽），目的是希望唤起大家对另一个符号 π 的记忆，以此来显示这种关系的“义务性”本质。文化的各种适应性元素与基因不是相互独立的，它们之间的关系就像圆的直径与周长一样。

根据欧米伽原则，我们马上可以推导出一个强有力的观点：任何成本高昂且长期存在的文化特征（例如，在某个世系中传承了数千年的那些传统），都应该被视为具有适应性。

在这本书中，我们将通过上述进化镜头讨论这类文化特征，比如从丰收节盛宴到金字塔的建成。我们将应用第一性原理来推断是什么让人类变得如此特别，以及为什么当今时代的新奇性会使得人类在精神上、身体上和社交上都处于亚健康状态。当然在应用这些原理之前，我们要先发现它们，而要想发现它们，我们必须找到相关的线索。因此在第 2 章中，我们将先回到人类自身的久远历史中去，观察人类在历史上曾经“拥有过”的各种“形态”，分析代表人类祖先创新行动成果的一系列系统和能力，并探索是哪些人类共性将所有人团结在一起的。

第 2 章

人类的进化树

A HUNTER-GATHERER'S GUIDE TO THE 21ST CENTURY

地球上存在着好几个“人类宇宙”。[1]

所有人类社会都有语言。我们可以区分自我和他人，可以区分作为主体的自我（我为他做饭）和作为客体的自我（他为我做饭）。我们会做出各种各样的既普遍又微妙的面部表情，包括快乐、悲伤、愤怒、恐惧、惊讶、厌恶、蔑视等。我们不仅会使用工具，还会用工具来制造更多工具。

我们住在能够遮风挡雨的栖身之所，同时生活在群体中。我们通常与家人一起生活，成人帮助儿童学会如何社交，而孩子们则观察长辈并模仿他们。我们还通过反复试错来学习。

我们有各自的身份地位，要受到血缘关系、年龄、性别以及其他方面规则的约束。我们遵从关于继承的规则，从属于某一等级。我们之间存在着分工。互惠性（对等性）对于人类来说很重要，无论是在积极的意义上，例如，帮助邻居建房并举行庆祝活动①、交换礼物，还是在消极的意义上，例如，对感知到的伤害进行报复。当然，我们都还要进行各种各样的交易。

我们预测和筹划未来，或者至少尝试这样去做。我们有法律，有领导

① 这里的“帮助邻居建房并举行庆祝活动”，原文是 barn raising，在 18 世纪至 19 世纪的北美农村，一户人家搭建谷仓时，众多邻居都会前来帮忙，大家合力将巨大的木材举起来，建成后会举行庆祝活动。中国农村早年间也有类似的习俗，称为“上大梁”。——译者注

者，尽管这两者都可能会随情境而变化，或者只是短期存在。我们有世俗仪式、宗教习俗以及性道德。我们赞赏热情好客和慷慨大方。我们有自己的美学观点，并且会将其应用于我们的身体、头发和环境。我们知道如何跳舞和创作音乐，我们也会玩耍。

人类是花了非常长的时间才成为今天这个样子的。只要你深入研究过这个星球上的生命历史，就会发现人类这些共性是在长达数亿年的时间里出现的。一旦你理解了这一点，你就会明白为什么变化，尤其是快速变化，并不一定是好事了。

生命之光的第一次出现

距今35亿年前（或许有几亿年的误差），生命之光第一次出现在地球上。那个有机体是这个星球上所有生命的共同祖先。正是因为它，我们才能站在这里，尽管我们现在的样子已经与它大不相同。

第一个单细胞生物没有细胞核，它没有性别。它可能是通过将阳光转化为食物来自行制造所需能量的，就像现代的植物那样，也可能是通过将氨或二氧化碳等无机分子转化为食物从而获得能量的。随着历史的展开，随着时间的推移，我们的祖先离当今人类越来越近，也越来越像我们。

到了距今20亿年前，“我们”用来复制自身的材料已经包裹在细胞核中了，这就使得DNA实现了自组织，然后再在适当时细心地“解包”，就可以触发一系列级联性事件了。许多复杂性都隐藏在事件发生的时序和编码当中，以及各种事物的“打包”方式当中。事实证明，有效地进行“打包”的能力非常重要，重要性要远远超过手提箱和集装箱。早在那个时代，“我们”就已经发展出了很多分工方式，细胞内的细胞器已经分化，承担各不相同的细胞功能，微管和运动蛋白则开始将细胞物质输送到细胞各处。

现在，“我们”拥有了带细胞核的细胞，成为真核生物，但仍然是作为单细胞而独自生活的。过了很久以后，这些独立的细胞开始更加永久性地相互连接起来，彼此合作，于是形成了多细胞个体，而不仅仅是聚集在一起的细胞群。[2] 跨细胞的专业化出现了。细胞内的各个细胞器在很早以前就实现了专业化，叶绿体用于光合作用，线粒体用于“发电”等，但是那种专业化仅发生在细胞内部。现在，由于有了多细胞生物，生命就升级了。

每一个了解“我们”悠久进化史的人，都可以找到他心目中最重要的转变，这些转变对进化史中未来的某件事情的发生可能非常重要。也许，你认为大脑、血液或骨骼的出现，是所有后来的创新所依赖的进化转变。所有这些进化转变，除了最早的那一个之外，都取决于此前已经创造出的条件，所以它们任何一个都不是注定如此的，并非只能以我们现在所知道的形式存在。一开始，一些能够自己生产能量的生物进化出来。有了它们，那些需要利用其他生物生产的能量的生物才有可能进化出来，比如像人类这样的异养生物，必须利用植物和其他会进行光合作用的生物的能量才能生存。“我们”进化为异养生物的特殊方式使得“我们”成为一种能够吸收其他生物能量的生物，但这个过程并不是必然出现的。

生物体，包括人类，都需要呼吸空气、吸收营养、排泄废物、繁衍后代。有机体越大，对其他东西的需求也就越大，比如说，在身体内部移动物体的管道系统，用于收集、解释和处理信息等的一个或多个控制中心。

距今6亿多年前，“我们”变成了多细胞个体，从那些利用太阳制造能量的生物那里“窃取”能量，也就是说，“我们”变成了动物。

性一直在“我们”的世系中进化，并且从未消失。在进化过程中，有些特征似乎是时断时续的。例如，鸟类进化出了飞行能力，然后，进化过程在有些鸟类身上发生了逆转，它们失去了这种能力，企鹅、几维鸟、鸵鸟等就是这样。[3] 又比如，蛇的四肢退化了，而四肢是蛇以及人类的祖先在数千万年的进化过程中进化出来的。即便是眼睛这一人类最重要的感觉器官，在很多洞穴鱼类中也已不复存在，因为它们生活在一片漆黑的水域中，眼睛不但无益反而有害。仅仅在墨西哥洞穴鱼类中，就有数十种不同的无眼形态种群，尽管它们生活的地方距离生活在地表的近亲其实相当近。[4]

其他很多特征则一旦进化出来就一直存续至今，这个事实本身就足以表明它们应该拥有普适价值。例如，任何曾经进化出骨质化内骨骼的生物，都没有形成不需要利用这种结构的生活方式。这个观察结论同样适用于神经元和心脏。性的进化，即有性繁殖的进化，尽管其进化过程仍然不是特别清晰，但我们几乎可以肯定它也属于这种情况。在我们目前所知的范围内，地球上只有一个真核生物世系曾经进化出有性繁殖并在后来又退化掉，那就是蛭形轮虫。[5] 这种生物有几个非同寻常的地方，包括它们能够在极端干燥的环境中和极强的电离辐射下存活。[6] 但是，人类所属的世系则从未间断过有性繁殖，至少已经延续了整整5亿年。[7]

在多细胞动物的早期进化史中，一些世系分支出了固着形态（sessile form），即固定在某个地方生活；另一世系则分支出了移动形态（mobile form)，即在特定的环境中漫游，寻找需要的东西，同时避开捕猎者（见图 2-1）。我们这个世系的大多数成员都是双侧对称的，身体分为左右两侧，以中心线为回折点，任何一侧都几乎是另一侧的完美镜像。昆虫有左右之分，脊椎动物也是如此，但我们与并不是双侧对称的海星的关系，比我们与昆虫的关系更近。这就表明，即便是像双侧对称这种明显有用的特征，也并不是普遍存在的——成年海星显然放弃了双侧对称，转而选择了径向对称。[8]

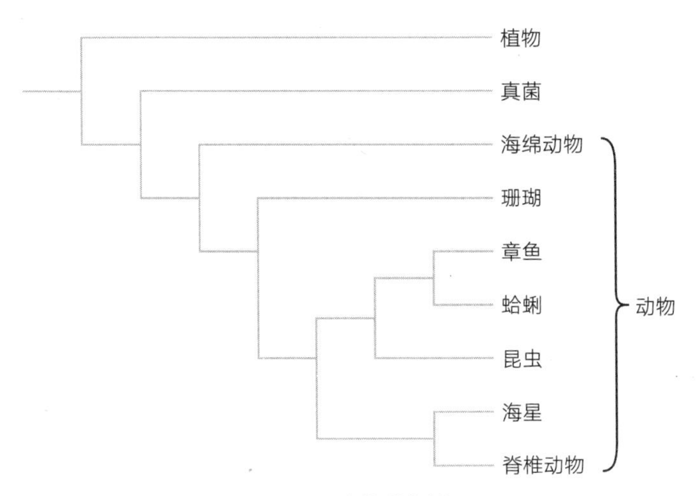

图 2-1　生物进化树

注：这棵进化树反映了我们目前对几个现存的分类群（extant taxa）之间关系的理解。[9] 当然，许多分类群都没有包括在内，但是进化树的本质在于，将任何一种分类群排除在外，都不会使进化树变得不正确，它只会变得不那么完整。

当然，这棵进化树并没有表明脊椎动物比同一棵进化树上的其他任何生物“进化程度更高”。不过，这棵进化树确实表明了以下几点含义（还有其他一些含义没有在此列出）：

- 脊椎动物与海星之间的关系，比其与该进化树上其他生物的关系更近。
- 蛤蜊和章鱼是这棵进化树上彼此关系最近的近亲，昆虫也与它们有相当近的关系。动物与真菌之间的关系比动物与植物之间的关系更近。

从鱼进化到哺乳动物

距今5亿年前，“我们”身体内部的活动也开始组织起来了，进化出了具有集中化处理能力的心脏和大脑，而在此之前，动物具有多个泵送血液和给血液加压的中心，以及多个神经处理中心。由于有了大脑来统一组织信息，“我们”得以进一步发展出更多感知世界的方式。

很快——当然这是就地质时间尺度而言，“我们”变成了有头类动物（Craniates），即有大脑的动物。“我们”小心地保护着头盖内部珍贵的大脑。由于骨头还没有进化出来，同时也没有颌骨，所以“我们”能做到的事情仍然相当有限。不过，有一种符合这种描述的动物一直存活到了现在，那就是七鳃鳗，它们在今天依然活得很好。我们非常感谢它们，作为早期有头类动物的现代代表，它们使今天的我们对那个进化阶段有了更清晰的理解。由于没有下颌骨和颅骨，七鳃鳗要用它们的小脑袋“努力思考”，找到宿主并吸附上去，以寄生的方式过完一生。

随后，牙齿和颌骨就进化出来了，事实很快证明，两者都是非常有用的。髓鞘也是如此，它覆盖在神经元的外面，使神经信号能够以更快的速度传输。有了髓鞘之后，“我们”的移动速度和感觉速度都变得更快了，思考能力也提高了。

到了距今4.4亿年前，许多鱼的身体外面都已经布满了一层外骨骼（鱼鳞），但是地球上还没有任何一种动物拥有内骨骼。鲨鱼、鳐鱼（鳐形目）和魟鱼（鳐目），可能就是这种虽有颌骨和牙齿但体内没有骨头的鱼类的后代。[10]鲨鱼是一种会令许多人做噩梦的凶猛动物，不过它们虽然吃人，自己并没有骨头。变强、变聪明、变成功的途径确实有很多。

在分子层面上，骨骼是牙齿的“近亲”。当骨骼以内部骨骼材料而非体外盔甲的形式出现，进而取代了之前的软骨时，“我们”也就变成了硬骨鱼类（Osteichthyes），即有硬骨的鱼。不过要记住，“我们”仍然是，而且永远是真核生物、动物、脊椎动物、有头类动物。群体成员资格永远不会消失，只不过，如果某个有机体的特征发生了足够多的变化，它就可能会试图伪装成其他东西。现在，“我们”是有核、异养、有脊椎、有大脑、有骨骼的鱼。是的，“我们”进化成了鱼。[11]

距今 3.8 亿年前，一些鱼在靠近陆地的浅水中又成功地前进了一步，变成了四足动物（Tetrapods），见图 2-2。

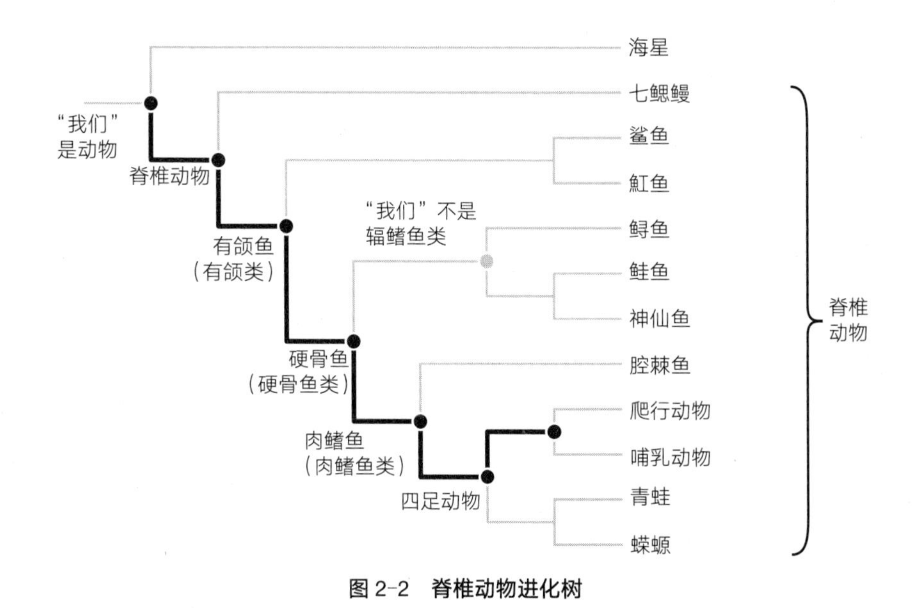

图 2-2　脊椎动物进化树

有一些鱼的鳍开始变得更像是四肢，它们的骨骼肌肉延伸成为手、脚、手指和脚趾。然而，迁移到陆地上是一件非常困难的事情，在陆地生活需要付出极大的努力。虽然对于那些有能力生存的动物来说，走上陆地意味着打开了一片充满希望的广阔空间，但是要做出的妥协和付出的代价也非常大。动物走上陆地之后，要支撑起自己的身体并保证自己不会被身体的重力压碎，再要适应光、声音和气味在空气中的传播方式，这些都与在水中的传播方式全然不同，它们必须解决在这个新世界遇到的全部问题。几乎每一个系统都需要重新组装。因此在很长一段时间里，“我们”始终与水保持着密切的联系，时不时回到水中浸泡以保护皮肤不受损害，并维持主要呼吸器官的功能，还要回到水里去繁殖。在此过程中，许多动物犯了错误，有些代价高昂，甚至带来了致命后果。所有的一切都可能变得完全不同。事后回想起来，我们祖先的有些“错误”其实可能是有利于生存的，或者在特定情况下，可能根本不是错误。这似乎是注定的，将由人类来发现自己的进化史并写下关于它的故事，而不是由海豚、大象或鹦鹉发现和反思它们的进化史，讲述另一个以不同方式展开的进化故事。当然，进化史更加不可能由关系更远的蜜蜂、章鱼或鸡油菌菇来讲述。

这些早期的四足动物是两栖动物，在条件允许的情况下会选择生活在靠近水的地方。那些远离水域前往陆地深处探险的个体无疑冒了非常大的风险，它们中的大多数肯定未能存活下来。它们都是勇往直前的探险家，其中大多数就像近现代的许多探险家一样，承担了得不到任何回报的风险。但它们当中的幸存者，最终发现了其他脊椎动物从来没有见识过的诱人景观和极其丰富的食物。因此，我们的两栖动物祖先散布在了这片炎热潮湿的土地上，地球上的第一批森林正在那里形成，而在许多潮湿的角落里，形体巨大的千足虫和蝎子肆意奔跑，到处游窜。

距今 3 亿年前，地球上现有的各大洲都是合在一起的，构成了一个被称为盘古大陆的陆地——它们就像拼图一样拼成了一个整体。盘古大陆是一个郁郁葱葱、温暖湿润的世界，拥有丰富的植物，生活着许多巨型昆虫。那时地球的两极甚至都没有冰。世界上出现了一种新的蛋。以前的蛋都是简单且易碎的，现今的鲑鱼、蝾螈、青蛙和比目鱼的蛋仍然是这种形态的。不同的是，新出现的这个蛋即羊膜蛋（amniotic egg），拥有很多个保护层和营养层，因此两栖动物就可以在远离水的地方繁衍后代了。最终，两栖动物的生存就不再需要那么多的水了。“我们”成了早期的爬行动物——羊膜动物（Amniotes）。当然，“我们”仍然是而且永远是鱼。

距今 3 亿年前，“我们”已经生活在陆地上了，具有肺，能够产下一种漂亮的新出现的“卵”。作为羊膜动物，“我们”是从早期爬行类动物（Reptiliomorphs）进化而来的（从广义上说，就是爬行动物），所以所有羊膜动物也都是爬行动物。爬行动物也要开枝散叶，就像其他进化枝一样。在“我们”作为羊膜动物的早期生活中，出现了一个分支，而它就出现在未来将进一步发展成为爬行动物的世系与未来将会发展成为哺乳动物的世系之间（见图 2-3）。

一些爬行动物失去了牙齿并长出了外壳，我们称它们为乌龟。另一些爬行动物发育出了分叉的舌头和成对的阴茎，我们称它们为蜥蜴。后来，有些蜥蜴失去了腿，在这些没有腿的蜥蜴中，有一支进化成了我们现在所说的蛇。不过，即便没有了腿，蛇也仍然是四足动物，因为它们的历史不会因为其形态发生了变化而改变。有些爬行动物则变成了恐龙，有些恐龙进一步演变成鸟类。没错，恐龙并没有灭绝。鸟类就是恐龙，而且鸟类也是鱼。

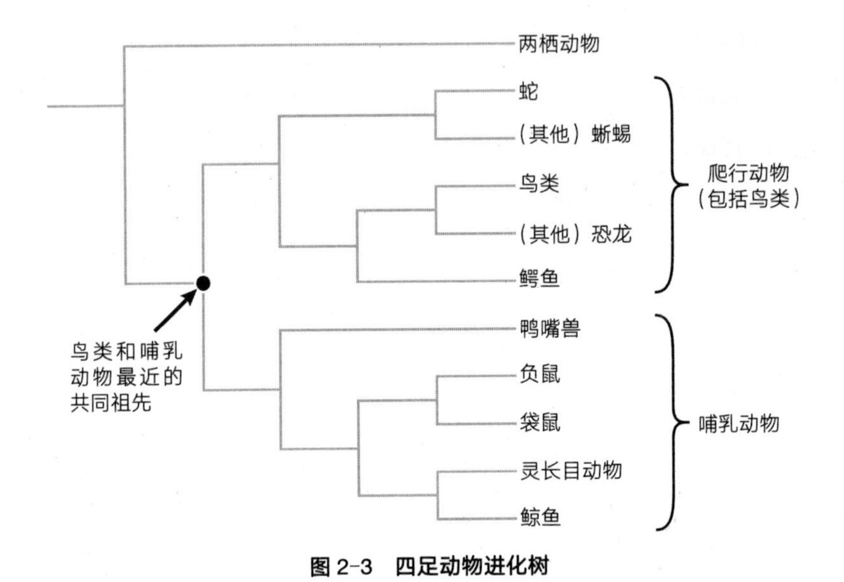

图 2-3　四足动物进化树

注：这里描绘的是四足动物之间的关系。在爬行动物中，如下三种关系值得特别注意：

- 蛇类是无足蜥蜴动物中最大的一个分支。
- 鸟类是 6 500 万年前没有灭绝的恐龙的唯一分支。
- 乌龟和陆龟都是非常明确的爬行动物，但是它们的近亲是谁仍然存在疑问，因此我们把它们排除在了这棵树之外。

鸟类和哺乳动物最近的共同祖先，位于爬行动物进化树的底部。就这个共同祖先本身而言，它匍匐于地，行走缓慢、冷血且没有社会性，同时在认知上也没有取得太大进展。但是，这个共同祖先将分支出两个世系，一是鸟类，二是哺乳动物。每一个世系都是相互独立地进化的，而且都没有得到来自另一个世系的输入，但它们后来都进化成热血的、活动时离地很高、行动快速、脑容量较大、有高度社会连接的生物。这是一条成本更加高昂的生存之道，由于是热血动物，而且有一个大脑袋，鸟类和哺乳动物必须解决这些特点背后的成本等问题。虽然它们是以各自特有的方式做到这一点的，但在我们看来，结果都不错。

与我们所知的其他动物相比，鸟类和哺乳动物的文化学习能力和社会复杂性要高得多。在我们所经历过的各个历史迭代中，热血动物且跑得很快这两个特征，似乎对文化的进化做出了特别大的贡献。许多种类的鸟都有很长的寿命，而且发育期也相当长，同时一夫一妻制的比例也很高，因而个体之间的纽带可以维系好几个繁殖季，甚至终生。许多“成双成对”的鸟在彼此交流时，二重唱衔接得非常紧密，以至于我们很难分辨出其实有不止一只鸟在唱歌。对于热切交谈中的人类夫妇，旁观者通常也会有类似的感受。

在四足动物进化树的底部，分化出了我们的祖先所属的一支，即哺乳动物。当然，哺乳动物之所以被称为哺乳动物，是因为进化出了乳腺这个基本特征。除了位于四足动物进化树底部的一些比较奇异的动物之外，如鸭嘴兽和针鼹，哺乳动物还有另外两个重要特征：一是有妊娠期，二是“活产”（live birth）。这两个特征意味着，父母对下一代的照顾，至少母亲一方的照顾，是不可或缺的。母亲和在子宫内的胚胎之间可以通过多种途径进行交流，主要是化学途径。出生后，尽管有些哺乳动物母亲仅提供乳汁——当然乳汁本身就已经提供了丰富的免疫、发育和营养物质了，大多数哺乳动物母亲还会保护和教导后代。重要的是，一旦解剖学和生理学上的特征要求父母给予后代一定的照料，这方面的更多需求就会随之而来。

不过，“我们”之所以是哺乳动物，并不仅仅是因为“我们”有乳腺、有毛皮、中耳有三块小骨头，更重要的是因为“我们”是近两亿年前在地球上四处漫游的第一只哺乳动物传了千万代之后留下的后代。[12] 第一只哺乳动物就已经有乳腺、毛皮和中耳的三块小骨头了。在一定程度上，只要观察到这些特征，我们就能够确定一种动物是哺乳动物。[13] 但是，使“我们"成为哺乳动物的，只能是"我们"的进化史、祖先，以及"我们"所属的世系，而不是"我们"可能拥有的某种特征。

从现代哺乳动物的标准来看，地球上第一只哺乳动物几乎可以肯定是一只在夜间活动而且算不上很聪明的小动物。它的皮毛能够帮助它保持温暖，它能够分泌乳汁，从而使幼崽可以获得安全且易得的营养。由于它的中耳有了那三块小骨头，它的听力比它的祖先要好得多。它的嗅觉可能也变敏锐了。数亿年来一直参与嗅觉功能（闻、嗅）的大脑区域，已经得到了扩大并整合进了新的功能：记忆、计划和场景构建。

哺乳动物的大脑其实是一组小巧而灵活的部件的集合，有些部件有时是在其他部件的视线之外运行的，不过，它们都是从更大结构的角度来实现整合和监督功能的。"我们"大脑的两个半球并不总是像现在这样可以明显区分的，但在当时已经完成了侧化，从而为身体左右两侧进行不对称的活动提供了条件。当然众所周知，哺乳动物大脑的两侧是通过一条厚厚的神经纤维束（胼胝体）连接起来的。从这一点来看，"我们"的大脑也很好地说明了各个部件的专业化和一体化之间的紧张关系。

第一只哺乳动物有一颗四腔心脏，这个器官可以将刚从肺部流过来的富含氧气的血液与在全身各处循环时已经耗尽了氧气的血液分开来。这样一来，它就有了一个更有效、更强大的心血管系统。哺乳动物能够保持体温恒定，它们是热血动物，热量产生于身体内部，而不是依赖外部来源，进化出了新的隔热体，并开始出现快速眼动睡眠。再一次强调，鸟类也独立地进化出了所有这些特征，但这些特征有时以不同的形式呈现，例如，鸟类有羽毛，哺乳动物有皮毛。

早期的哺乳动物还解决了一个自"我们"来到陆地生活以来就一直存

在的问题［也被称作承载者约束（carrier's constraint）］。在四足动物刚刚变为陆生动物的那些日子里，通过两侧扭动发力来让身体前行时，肺部会受到挤压，因此它们无法在运动的同时进行呼吸，这种特征直到今天仍然可以在蝾螈和蜥蜴身上观察到。这种两侧扭动发力的运动模式，为动物的运动速度，以及需要停下来休息之前可以前行的距离设定了一个上限。任何曾经在野外观察过蜥蜴的人都知道，它们的运动特点是：短时间内快速爆发，然后是一阵急促的呼吸。哺乳动物改变了运动时的摆动轴线，从而解决了这个问题。"我们"是上下摆动的，而不是左右摆动的。现在，我们可以在奔跑时自由自在地呼吸了。这是一个非常有用的技能。除此之外，还出现了一个新的哺乳动物特征，即横膈膜，这是位于"我们"肺部下方用于协调呼吸的一条大肌肉。于是，哺乳动物可以比其祖先走得更快、更远、更久了。当然，所有这些进步，都伴随着新陈代谢方面的成本，与同样大小的蜥蜴相比，哺乳动物需要更多的能量才能维持生命活动。

现在，"我们"的身体比以往更热了，运动速度也更快了，而且，"我们"的计算能力也随之提高了。早期哺乳动物的这些适应性，使它们的血液循环、呼吸、运动的效率变得更高，听力变得更好。同时，在哺乳动物进化史的早期，咀嚼食物和清除体内代谢废物（如尿液）的方式也都变得更有效率了。[14]

人类是这些发生在数千万年前的进化创新的受益者，当然，我们养的猫也是如此，狗和马以及松鼠、袋熊和狼獾，都是如此。

我们能够变成现在这个样子，经历了一系列必不可少的步骤，但是，如果历史可以重演，哪些步骤是进化出类似有意识生命所必需的呢？如果我们可以从头开始，即让“地球生命进化”这个实验再进行一遍，结果又会怎样呢？

在这类历史重演中，地球上出现的意识程度最高的生物最终仍然拥有四腔心脏、五指和向后与大脑相连的眼睛的概率可能会非常低。但是在这类历史的重演中，有意识的生命肯定会再一次出现，因为自然选择肯定会想出某种方法来弥补自己的不足之处，并创造能够展望未来的大脑，无论那种大脑具体是什么样子的，但选择本身并不能展望未来。

人类共同的祖先

6 500 万年前，希克苏鲁伯陨石（Chicxulub meteor）在尤卡坦半岛附近重重地撞上了地球。大撞击激起的漫天灰尘把太阳遮挡了很多年，光合作用停止了。同时在地球的另一侧，地球上最大的火山带之一，印度德干高原火山喷发了，也许受到了希克苏鲁伯陨石撞击的影响，它喷出的大量气体使得整个地球的气候发生了巨大变化。[15] 随后，地球上的生物大规模地灭绝了，包括所有的非鸟恐龙。在那之前的几千万年里，恐龙一直是地球上呼风唤雨的存在。

哺乳动物到底花了多长时间才开始实现多样化，最终形成了今天地球上 5 000 多种哺乳动物的繁盛局面？对于这个问题，学界仍然存在分歧。从数量上看，在今天的哺乳动物中，大约有 1/2 是啮齿类，有 1/4 是蝙蝠类，而其余 1/4 则包括了所有其他种类的哺乳动物，如海豚和袋鼠、象海豹和羚羊、犀牛和狐猴等。

早在恐龙仍然统治着地球的某个时候，灵长目动物就已经从哺乳动物的行列中脱颖而出了。[16] 与恐龙不同的是，我们的灵长目动物祖先在距今 6 500 万年前的那场大灭绝中幸存下来，今天地球上所有其他动物的祖先也是那场大灾难的幸存者（见图 2-4）。

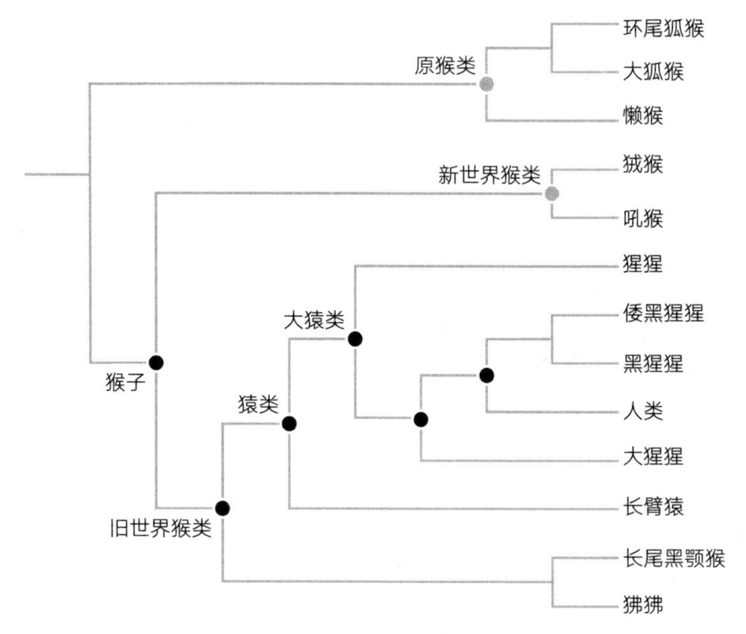

图 2-4　灵长目动物进化树

注：正如“我们”是动物、脊椎动物、有颌类动物、硬骨鱼类、肉鳍鱼类和四足动物一样,“我们”也是灵长目动物、猴子（广义）、旧世界猴类、猿类和大猿类动物。

1 亿年前，即远在希克苏鲁伯陨石撞击地球之前，人类的共同祖先就登场了，那是一种体型小巧、在夜间活动、栖息在树上的灵长目动物。[17] 它毛茸茸的，很是可爱，且以小家庭的形式群居生活。灵长目动物的敏捷性、灵巧性和社交能力都有了极大的提高。当然，灵长目动物依然是真核生物、动物、脊椎动物、有头类动物、硬骨鱼类动物、羊膜动物和哺乳动物，后来出现的、包含动物种类更少的类属对“我们”的描述更准确，但是这并不意味着“我们”属于更早出现的类属的说法是一个谎言。灵长目动物已经拥有了与其他手指相对的拇指和大脚趾，而且手指尖和脚趾尖上也有了指肚，并用指甲代替了爪子。这一切，都使“我们”的手脚变得更加灵巧，更适合精细动作。

“我们”这些早期灵长目动物还变成了优秀的登山者，因为“我们”的腿和手臂的末端长骨彼此之间已经不再粘连成一片了。攀爬能力提高的代价是，失去待在平坦地面上时的部分稳定性，因此“我们”更有理由吊在树上“闲逛”了。

作为灵长目动物，“我们”的视觉功能变强了，同时嗅觉则相应地有所弱化。“我们”的鼻子缩小了，而眼睛则变大了。灵长目动物的化学感官（嗅觉和味觉）的灵敏度不如其他哺乳动物。正如“我们”之前的哺乳动物的脑容量变得比它们祖先的脑容量更大一样，与其他哺乳动物相比，灵长目动物的脑容量也变得更大。与此同时，妊娠期也延长了，婴儿在出生前待在母亲体内的时间更长了。而同胎产仔数则明显下降，因此母亲同时要照料的孩子更少了。父母在子女出生后的“亲本投入”更大了：投入的时间更长、投入的资源更多。性发育则越来越晚，从而给了年轻的灵长目动物更多的时间来学习如何感受，如何思考以及如何做“人”。

广义上的猴子是灵长目动物的一个子集，它们身上延续了上面描述的趋势。“我们”几乎只在白天活动，同时更加依赖于视觉。“我们”的鼻子进一步缩小了，而眼睛则相对于颅骨变得更大了。

猴子通常一胎会生下一个或两个幼崽，而不是生下多个幼崽，因此母猴身上所有额外的乳头都消失了，因为用不到了——公猴身上的乳头则另当别论。由于需要同时照顾的幼崽更少，猴妈妈以及猴爸爸（更少见一些）会花更多的时间去陪伴每个幼崽，教它如何成为一只猴子。

有些动物有繁殖季节，在那期间每一个雌性个体都能生育；与此不同，猴子的繁殖周期因个体而异。只要条件合适，“我们”就会交配。人类则用如下说法来表达这个事实：“我们能够选择交配的时机。”当然，人类可以选择何时交配、与谁交配，同时，一些潜在的条件决定着女性能否成功受孕。而且，无论我们是否知道，这些条件一定与我们对于欲望和选择的感受有关。其中一些条件适用于整个种群，比如在饥荒时期，几乎没有人生育后代，因为大家都缺乏营养资源和生理资源，没有多余的资源用于孕育后代和养育他们长大。

但是，其他许多条件则是因个体而异的：你的身体已经准备好第一次受孕了吗？或者，如果你以前曾经怀过孕，你最小的孩子多大了？他已经断奶了吗？你身边有大一点的孩子可以帮你的忙吗？你有姐妹或者朋友可以依靠吗？你的首选伴侣在不在身边？如果存在统一的繁殖季节，那么所有个体的繁殖时间都应该是同步的，因此不同个体对这些问题的答案的差异就比较小；而且，当繁殖季节到来时，某个雄性个体也更容易独占若干雌性个体，完成繁殖活动。当繁殖周期变为因个体而异之后，雄性个体就很难独占雌性个体了，这就为雄性个体与雌性个体之间的另一种关系——一夫一妻制以及双亲照顾的出现奠定了基础。

距今 3 000 万～ 2 500 万年前，猿类由猴子进化而来。[18] 人类就是猿类动物。在今天，地球上还生活着其他一些猿类动物，其中包括长臂猿。大多数猿类动物研究专家都认为，长臂猿是现存猿类中最美丽的一种，它们生活在东南亚热带雨林中，通常栖息在树冠上。它们身上披着绚丽的长毛。

有些种类的长臂猿会在黎明和黄昏时分对着同类歌唱，目的可能是告诉对方自己所在的位置，不过也可能是传递信息（“这棵树上有美味的果实可以吃，快来！”），或是表示关心（“你有孩子了吗？”），或告知意图（“我现在要回家了，再见。”）。

猿类动物实现的一项重要的创新是“臂跃”，即用手臂抓握悬空身体摆荡，从一根树枝摆荡到另一根树枝上。“我们”才是真正的臂跃高手，在电视上经常可以看到的猴子在树上依靠手臂快速臂跃的卡通形象，但是那并不准确，它们在这方面的才能远远不如长臂猿或黑猩猩，甚至不如人类。

其他猿类动物，即所谓的类人猿，虽然不如长臂猿那么美丽，但是更聪明。猩猩和长臂猿一样，也生活在印度尼西亚的热带雨林中或者靠近雨林的地方。大猩猩、黑猩猩和倭黑猩猩的活动范围都只限于撒哈拉以南非洲地区。

距今600多万年前，[19]人类的祖先人属（Homo）与黑猩猩和倭黑猩猩的祖先灵长属（Pan），分道扬镳了。因此，黑猩猩和倭黑猩猩是今天人类最近的近亲。在现代人类踏上进化舞台之前，或者说，在现代黑猩猩或现代倭黑猩猩开始进化之前，还需要再等待数百万年的时间。但是，我们可以先考虑下面这个问题：人类和黑猩猩及倭黑猩猩最近的共同祖先，长什么样子？这是一个非常有意思的问题。不妨先想象一下，它是更像黑猩猩呢，还是更像倭黑猩猩？这也许是回答这个问题的一个可行思路。

17世纪的哲学家托马斯·霍布斯就曾经想象一种“更像黑猩猩的过去”，尽管他自己并没有明确意识到他正在这么做。霍布斯有一个论断非常著名，他宣称人类在“自然状态”（即不存在政府时）下度过的一生，注定是“孤独的、贫穷的、污秽的、野蛮的和短暂的”。[20]更晚近一些的时候，从弗洛伊德到史蒂芬·平克（Steven Pinker）[①]，一大批知识分子也同样认为，人类必须接受文明教化，才能将自己从最卑劣的本能中拯救出来。的确，黑猩猩更倾向于战争而不是和平，因此在它们的领地边缘，时不时会有激烈的战斗上演。相比之下，倭黑猩猩更倾向于和平而不是战斗，在领地边缘，它们更有可能与其他族群分享食物，而不是互相打斗。

但是，人类既参与战斗又追求和平。当陌生人出现在家门口时，我们是要拿起武器驱赶他们，还是张开双臂欢迎并邀请他们与我们分享食物？具体的做法在不同的文化和环境之间存在着很大差异。考虑到我们与黑猩猩和倭黑猩猩的亲缘关系完全相同，因此在试图理解人类自身的时候，我们不能只关注黑猩猩或倭黑猩猩，那样做是不对的。事实上，我们从它们双方身上都可以学到很多东西。

黑猩猩和倭黑猩猩是人类现存最近的近亲，它们都能通过面部表情和手势相互交流。然而，它们的脸部不像人类这样富有表现力，我们对肌肉的控制力更强，而且我们的眼睛里有眼白。它们有很多手势，可以表达非常丰富的含义，例如，一只黑猩猩可以用手势让其他黑猩猩跟自己一起走，指某个目标给那些黑猩猩看，或者让它们靠近一些。虽然黑猩猩也能发出一些声音，但受喉部的解剖结构限制，它们的话语能力是无法与人类的语言能力相提并论的。它们的手势和象声词必须与有形世界紧密地联系起来，而人类则不同，随着语言库的扩展，人类很快就能轻松地探索抽象世界了。

人类是长寿的，这意味着几代人可以同时生活在一起，因此我们不仅

---

① 关于史蒂芬·平克的更多观点，可参见《当下的启蒙》《心智探奇》《语言本能》《白板》《思想本质》等书。这些书的中文简体字版已由湛庐引进、浙江人民出版社出版。——编者注

可以向父母学习，还可以向祖父母学习。我们还拥有永久性的庞大社会群体、文化以及复杂的交流网络，我们能够互相倾诉，与别人分享自己的喜怒哀乐。而且，我们还拥有心智理论。仔细观察一下，在狒狒、鹦鹉、黑猩猩、大象、社交犬、鸦科动物（如乌鸦和松鸦）和海豚身上，可以看到人类之外的其他物种也具有这些特征的萌芽。然而，这些动物彼此之间并不都是近亲，所以我们可以推断，这一组“似人特征”必定是趋同进化和反复进化的结果。

300 万年前，北美洲和南美洲汇合到一起，形成了巴拿马地峡，同时断开了太平洋和大西洋之间的联系。在那个时候，还没有任何人族（hominins）能够靠近西半球，因此美洲的动植物群在完全不受人类干预的情况下进行“交流”：骆驼一路向南迁移，最终来到安第斯山脉，进化成美洲驼和羊驼；有袋动物则向北迁移，只不过大部分后来都灭绝了，只剩下一小部分负鼠作为整个新大陆有袋动物的代表。

在人类的祖先与灵长属分道扬镳之后的某个时刻，“我们”从树上下来，离开了森林。“我们”是在几千万年前进入森林的，那时“我们”还远远没有成为灵长目动物。大约就在“我们”走出森林的同时，现代人类的祖先用两条后腿站立，然后逐渐适应了这种状态，曾经可以抓握的大脚趾也逐渐退化。当“我们”在地面上再一次稳稳地站起来之后，骨盆形状和周围的肌肉组织也随之发生了变化。由于人类的这些祖先所生活的景观并不是同质的，因此站得更高可能会带来诸多好处，例如，视线不再被非洲草原上高大的草丛遮挡，经过浅水区域时呼吸也不会再受到影响等。[21] 这种新出现的两足直立行走的步态，在生物力学上有很大优势，能够大幅提高在陆地上行走的效率，因此两足直立行走很可能促成了多种新的食物获取方式的出现，例如，长途追踪狩猎和到浅水区域捕鱼。[22]

事实上，步态的这种变化，一而再再而三地为人类的祖先开辟了全新的生态位，进而打开了新世界的大门。双足直立行走解放了我们的手，使得我们可以很方便地随身携带很多东西，比如工具。[23] 乌鸦、黑猩猩和海豚也都以制造和使用工具而出名，但是它们没有办法把工具带到其他地方使用，这是一个非常大的限制。相比之下，人类不仅仅能够把工具带到其他地方，而且这不会影响我们在全世界迁移的能力。我们甚至可以边走路边使用工具，当然这要看具体使用的是什么工具。

此外，双足直立行走对人类全身都产生了级联效应，比如促成了人类声道的最终重组，在那之后，人类就能够发出比其他任何具有类似认知能力的动物更多的声音了。事实上，成为双足直立行走的动物，很可能就是获得语言能力的一个必要前提。[24]

到了距今 20 万年前，人类共同祖先的身体和大脑就已经与现代人的身体和大脑没有什么两样了。假设有一个远古智人突然从非洲大裂谷穿越到了现代，只要给他刮刮胡子、剪剪头发，再给他穿上现代人的服装，然后让他走在 21 世纪拥挤繁忙的街道上，可能没人会多看他一眼。当然，他肯定不明白周围发生的一切，这是因为虽然他的“硬件”已经与 21 世纪人类的“硬件”一样了，但是他的“软件”还不完全一样。20 万年前，这些解剖学意义上的“现代人”是狩猎采集者，他们以时聚时散的群体形式生活在非洲大草原、开阔的林地周围或海岸地带。他们以采集植物、狩猎和捡拾野生动物为生，在有些地方还以捕鱼为生。他们四处迁徙，从来不会长时间在一个地方停留。他们中的许多人每年都会定期迁徙，回到那些特别肥沃的草原上去，抓住时机猎杀那个季节在草原上觅食的哺乳动物，如角马和跳羚等。这些动物回到草原上的原因与狩猎采集者相同。

时至今日，仍然采用这种谋生方式的人类只剩下非常有限的几个种群了，包括侏儒部落姆布提人（Mbuti）、布须曼人（!Kung Bushmen）和哈扎人（Hadza）。这些早期人类的历史似乎很复杂，学者们提出了各种各样的假说和解释。早期人类的历史路径也许呈现一种网状结构：有可能，“我们”与其他人分开了，他们与“我们”很像，“我们”偶尔会回来，与他们一起繁衍后代。读者如果想了解更多的细节，例如，丹尼索瓦人（Denisovans）、尼安德特人（Neanderthals）① 的历史，以及弗洛雷斯岛上的霍比特人（Hobbits）的历史，不妨找一些相关著作看看，它们给出了更细致的描述。

人类进化史有一个明显趋势，那就是：早期人类为了控制环境而相互合作，然而，随着合作规模越来越大、环境越来越受控制，他们彼此成为对方最大的竞争对手。人类通过合作获得了生态优势，从而可以专注于与同类之间的竞争。人类会联合起来与第三方竞争，同时，人类群体间的竞争也变得越来越直接了。有关各方的策划越来越周密，延续的时间也越来越长，这种趋势发展到现代，最终使得竞争几乎无处不在。[25] 由于必须随时在应对前述两种挑战之间进行切换，即保证生态优势和参与社会竞争，人类逐渐进化成了探索新生态位的专家。是的，我们才是终极生态位切换者。到了距今 4 万年前，许多从事狩猎采集活动的人类种群在进行各种活动时，都变得更有合作精神和更富前瞻性。考古记录证明，正是从那个时候开始，人类开始让死者入土为安，开始打扮自己，包括使用可以给皮肤染色的材料，开始创作壁画（那是雕刻在岩石表面的 2D 艺术），以及开

① 如果你想弄清楚过去 10 万年间的人类进化史，可以阅读哈佛大学医学院教授大卫·赖克的作品《人类起源的故事》。该书中文简体字版已由湛庐引进、浙江人民出版社出版。——编者注

始从事“便携式”艺术活动（使用乐器）。[26] 相关的考古证据集中分布在欧亚大陆，不过尽管来自欧洲的古老洞穴艺术在数十年前就已经广为人知了，但是它们的形成年代并不比最近才在印度尼西亚发现的艺术遗迹更古老。[27] 而且，新的发现仍然层出不穷，其中许多完全颠覆了我们之前提出的关于人类何以如此特殊的假说。例如，考古学家认定，欧洲的一些距今 6.5 万年前的洞穴艺术是尼安德特人的作品，而非出自智人之手。[28]

欧洲最著名的洞穴艺术位于法国拉斯科（Lascaux），它创作于距今 1.7 万年前，在那个时候，白令人很可能已经成为美洲人了，而且应该已经遍布南北美洲了。

距今 1.2 万～1 万年前，人类开始耕种。距今 9 000 年前，永久性定居点已经开始形成。位于中东的杰里科（Jericho）可能是地球上的第一座城市。距今 8 000 年前，在今天厄瓜多尔境内安第斯山脉的乔布希（Chobshi），居住着一群人，他们栖身在浅浅的洞穴里，以狩猎为生。他们会合力排出漏斗状的队形，一起驱赶豚鼠、兔子和豪猪，并将它们逼落悬崖，然后再到崖底把它们的尸体取回来，用来制作食物和衣服。[29] 到了 3 000 年前，地球上的大部分景观都已经被人类活动改变了，他们是狩猎采集者、农民或牧民。[30]

700 多年前，欧洲许多人死于饥荒，不久之后，更多的人死于黑死病。在中国，人们生活在忽必烈的统治之下，他统治的帝国疆域比以往任何一个帝国都要辽阔。中美洲也有定居者，他们生活在“玛雅启蒙运动”（Mayan Enlightenment）的荣光之下。[31] 当时，在整个地球上，人类社会出现了多种多样的文化、政治制度和社会制度。大多数人对国境之外其他人的生活知之甚少，事实上，他们只认识他们的邻居。是的，700 多年前，只有极少数人能够与地球另一端的其他人建立联系、分享想法、食物和语言。而且，即便是那极少数人，他们之间的交流也受限于帆船和马匹的速度，他们当然不可能想到，人类日后能以接近光速的速度进行交流。

人类保留了进化史上的绝大多数创新，从大脑和骨骼，到农业和船只。我们呼吸空气并产生热量，有一颗强健的心脏，尽管有的时候它也会衰竭；我们有四肢和手脚，灵巧、敏捷且善于社交。我们直立行走，因此可以长距离搬运东西。我们一次最多只能生下几个孩子，孩子们不仅会向长辈学习，还会互相学习。我们的面部表情可能有助于彼此的团结，而语言却未必能达到这种效果。我们使用工具来制造更复杂的工具。

我们生活在群体中，并且有等级制度。我们参与互惠性活动，会交换礼物，同时也会报复。我们会通过合作与他人竞争。我们有法律和领袖，有传统仪式和宗教惯例。我们赞赏热情好客和慷慨大度的人。我们懂得欣赏自然之美和彼此之美。我们跳舞，唱歌。我们玩乐。

个体之间的差异令人着迷，但个体之间的相似才是我们成为人类的根本原因。

现在，我们应该对人类的深层历史有了比较深入的了解，对我们花了多久才最终“成为人”也心中有数了。接下来，我们将在此基础上着手探索各种现代创新了，同时也能更全面地理解古代历史的含义以及它是如何塑造我们与现代性的关系的。我们正在经历着全方位的变化，包括我们的身体、饮食和睡眠等。由于这些变化中的大多数都来得非常迅速和激烈，因此当我们发现它们造成了许多难以恢复的损害时，其实不应该太过惊讶（见图 2-5）。

时间轴

注意：所有年代均为近似值，各个年代所在行之间的“行间距”也是不精确的。

35 亿年前	生命出现
20 亿年前	“我们”是真核生物
6 亿年前	“我们”是动物
5 亿年前	“我们”是脊椎动物
3.8 亿年前	“我们”是四足动物
3 亿年前	“我们”是羊膜动物
2 亿年前	“我们”是哺乳动物
1 亿年前	“我们”是灵长目动物
3 000 万～2 500 万年前	“我们”是猿类动物
600 万年前	灵长属与人属分离
20 万年前	“我们”是人类
4 万年前	“我们”是艺术家
1.2 万～1 万年前	“我们”是农民
9 000 年前	“我们”是城市居民
150 年前	“我们”是工业家

图 2-5　人类进化树

第3章

古老的身体，现代的世界

A HUNTER-GATHERER'S GUIDE TO THE 21ST CENTURY

就在几十年前，南非布须曼人（也叫桑人）的大多数成员仍然是狩猎采集者。有意思的是，困扰西方人的各种视错觉对桑人似乎都没有什么影响。假设有两条首尾带有箭头的线段，并且它们的长度完全相同，只不过箭头指向相反的方向。在我们看来，这两条线段的“长度”是不同的，但事实并非如此。在大脑的帮助下，眼睛欺骗了我们。当我们这些生活在现代社会的人被要求估计哪条线段更长时，虽然这项任务很简单，但我们往往会给出错误答案。这就是众所周知的缪勒—莱尔错觉（Müller-Lyer Illusion，见图 3-1）。但是桑人不会犯这个简单的错误。[1]

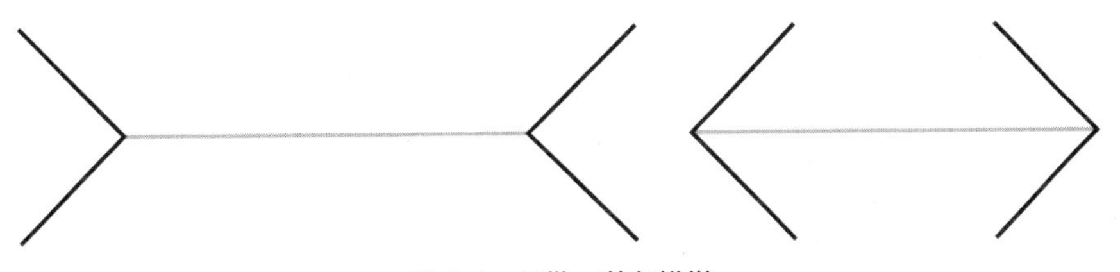

图 3-1　缪勒—莱尔错觉

如果你把一个刚出生的美国婴儿交给桑人抚养，那么当这个婴儿长大后，就不会像他的亲生父母那样受缪勒—莱尔错觉的困扰。同样，如果一个桑人婴儿在曼哈顿长大，那么他就会受视错觉影响。由此可知，就这种情况而言，感觉能力和生理机能的不同是由经验和环境的差异造成的，而不是由遗传差异造成的。

本书的大多数读者可能都生活在“怪异”（WEIRD）① 国家，也就是说，他们一般身处有着工业化经济基础的西方国家，受过高等教育，生活相对富足。这些国家都已经实现了工业化和民主化，民众的生活质量因此得以提高，但随着社会范围内变革的产生，工业化和民主化也带来了许多负面和不可预期的后果。对于大多数人而言，21 世纪这种“怪异”环境扩展了我们可以拥有的各种丰富多彩的体验，但我们并不知道这种“怪异”环境在多大程度上减少了其他体验，而这一点往往对我们很不利。为什么我们与桑人不同，会被几条再简单不过的线段愚弄？这与我们的“视域”变化有关：我们的家，干净、恒温且方方正正。正如剥夺小猫的某些视觉输入会使它们在成年后的视力降低一样，[2]恰恰是因为现代社会为我们提供了舒适和便利，我们正在丧失本已“怪异”的自我，导致自己的视觉能力下降了；又或者，视觉能力的这种变化就是为了“迎合”我们所生活的这种独特的方形环境。无论如何，现代性必定在非常深刻的基本层面上改变着我们，然而同样令人担忧的是，我们对此毫不知情。

但是，有一件事是我们可以确定的：关于人类的行为和心理，现有的模型通常是根据针对“怪异”国家本科生的实证研究总结出来的，它们也许能够准确解读“怪异”国家本科生的心理和行为，但它们本身并不一定能够较好地解释世界其他地方的人的行为和心理。

① WEIRD 即 Western（西方的）、Educated（受过教育的）、Industrialized（工业化的）、Rich（富有的）、Democratic（民主的）这 5 个单词的首字母。中文版之所以译为“怪异”国家，一方面是为了行文方便，另一方面是因为这样的国家充满了新奇性，从进化的视角来看，或者说在狩猎采集者看来，这些现象是“怪异”的。——译者注

事实上，现在情况已经很明显了：在人类体验的许多方面，真正的“离群者”反而是这些来自“怪异”国家的人。[3]这一发现有着非常重要的意义，远远不止我们容易被视错觉欺骗这么简单。不过，分析清楚为什么我们容易受这种视错觉影响，就可以帮助我们明确超新奇性的风险。很可能，随处可见的几何形状的房屋和游乐园等事物，构成了我们在幼儿时期所见的大部分事物，于是它们“校准”了我们的眼睛，使得我们比世界其他地方的人更容易受这种视错觉欺骗。我们通常认为理应存在的那些几何形状，它们之所以存在，很大程度上只是为了方便锯木厂加工木材，从而生产各种尺寸的规格材。

当大多数人所属的社会开始在锯木厂加工木材，当人们开始用锯木厂生产的规格材建造房屋时，都不会想到下面这个问题：就人类的经验和能力而言，这种变化可能会带来什么影响？规格材及其木工成品的边角形态是现代人类生活环境中出现的新特征，它怎样改变了我们对世界的感知？帮你重构看待世界的方式，以便你可以意识到这类问题（哪怕你不确定答案是什么），正是本书的目标之一。

这种木工成品的边角改变了人类的视觉习惯，成年欧洲人的乳糖酶持久性被认为是一种具有遗传性质的进化改变，那么接下来不妨对两者做个比较。

除了欧洲人之外，世界上大多数成年人都无法轻松自如地享用饮食中的乳糖，因为长大成人后，他们的身体就不再生成分解乳糖的乳糖酶了。乳糖是一种非常奇怪的糖，只存在于哺乳动物的乳汁中。而且，除了人类之外，没有任何其他哺乳动物在断奶后仍保留喝奶的习惯。即便是在人类当中，大多数亚洲人、美洲土著，以及许多非洲人在成年后也不再喝奶。

因此，我们需要解释的人类特征与其说是大多数人的“乳糖不耐受”，还不如说是成年之后仍能继续轻松自如地食用乳制品的那少数人的“乳糖酶持久性”。

在成年之后仍然能够食用乳制品，这种特征有多方面的适应性价值。具有欧洲血统的牧民驯养了好几种哺乳动物，他们从这些动物身上获得的价值是多种多样的，他们不仅获得了肉、毛皮等物，还获得了动物的乳汁。保存乳制品以备日后食用的烹饪技术的发明，例如，将动物的乳汁制成奶酪和酸奶保存起来，无疑进一步提高了成人食用乳制品的数量和频率。

此外，生活在高纬度地区的人，还可以从乳制品中的“乳糖加钙”营养组合中获得适应优势。我们都知道，维生素 D 在促进钙吸收方面有非常重要的作用，而钙本身则能促进骨骼生长、增加骨骼的强度，然而维生素 D 在极地地区很难获得。事实证明，乳糖是维生素 D 的一种功能性替代品，乳糖也可以促进钙吸收。因此，乳制品也可以预防佝偻病。

生活在沙漠地区的人，面临的最大生存风险之一是脱水，因此倘若他们能够消化乳汁，不仅能够摄入营养，而且能够补充水分。[4]

那么，欧洲牧民、斯堪的纳维亚人、撒哈拉人（如贝都因人）中存在的乳糖酶持久性，到底该如何解释？我们可以从多种维度给出解释，但这种现象归根结底是因为：与断奶后就不再经常食用乳制品的人相比，那些制作并经常食用乳制品的人及其后代中可以发现一种基因变异，从而能够让成年人很好地消化乳糖。[5]

即便一个日裔婴儿在法国长大成人，他也不太可能像法国本土出生的人那样享用奶油泡芙。同样，如果一个法裔婴儿在日本长大成人，虽然他的身体完全适应乳制品，但他可能没那么容易获得乳制品。乳糖酶持久性是在特定环境条件下产生的，而且已经进入了部分现代人的基因。这种基因变异在某些特定的环境中能够带来成功，但是在其他环境中则不一定。但无论你身处享用乳制品还是拒绝乳制品的现实环境中，你获得的体验都不会影响你消化乳糖的能力。

在发现了 DNA 的双螺旋结构之后，出现了一种将进化特征与遗传特征混为一谈的现象。人们开始交替使用“进化”和“遗传”这两个术语，而且随着时间的推移，谈论非遗传的进化变化变得越来越困难了。如果达尔文了解孟德尔对豌豆的研究，或者如果达尔文目睹了 DNA 的发现，那么当他看到人们提出的自然选择的适应机制时，应该会很高兴。但是我们相信，达尔文肯定不会假设这是唯一的一种机制。在流行文化中，将进化特征与遗传特征混为一谈的做法十分普遍，就像人们对待“先天与后天”时所持的“非此即彼”这种似是而非的观点一样。因此在这里我要再一次强调，必须牢牢记住欧米伽原则：基因和文化等表观遗传现象是密不可分的，它们共同进化以推动基因的进化。如果你问“某一特征到底是由先天因素还是后天因素所塑造”，这种问法也不能说全错，因为答案几乎总是“两者皆有”，或者说，因为这种分类方法本身就是有问题的。此外，当你真正理解了存在着一个共同的进化目标之后，你就会明白，与其纠结某个特征究竟是先天的还是后天的，倒不如弄清楚这个特征为什么会出现来得重要。

因此，先天与后天这种非此即彼的错误分类方法有很大的破坏性，它干扰了我们去更细致入微地理解“我们是什么”，以及塑造我们的进化的力量是什么。我们在那些“怪异”国家观察到的易受视错觉影响的变化，与欧洲人和贝都因人消化乳制品能力的变化具有同样的进化性。很容易看出后者具有遗传成分，但是我们没有任何理由认为前者也有遗传成分。然而，这两者同样是进化的结果。

既然住在到处都是木工成品的边角的房子里，就已经使我们更容易受特定类型视错觉的影响，[6]并且改变了我们的视觉能力，那么西方世界其他“怪异”的生活方式是否会导致我们付出更多代价呢？以前没有多少人想过这个问题。即便到了20世纪90年代，如果你告诉别人，上班时长时间坐在办公桌前不动可能会对心血管健康造成长期性的不良影响，或者增加患2型糖尿病的风险，对方可能会认为你是疯子。当然，现在情况已发生改变。[7]

木工成品的边角会使我们更容易受某些视错觉影响，久坐不动也会损害身体健康。那么，除臭剂和香水的大量使用，是不是也会对我们“嗅到”身体发出的信号的能力产生影响呢？到处都是钟表的生活又会对我们的时间感产生什么影响呢？乘坐飞机旅行对我们的空间感以及沉迷于互联网会对我们的效能感有什么影响呢？地图会对我们的方向感或学校会对我们的家庭感产生什么影响呢？当你能够提出类似的问题时，你就抓住了问题的本质。

当然，在本书中，我们从未打算证明人类应该放弃技术。在这个超新奇世界中，绝大多数问题的解决方案都不可能那么简单。而我们强调的是对预防原则（precautionary principle）的谨慎应用。

当面临创新问题时，预防原则要求我们考虑从事任何特定活动的风险，并建议我们在风险较高时谨慎行事。在系统结果不确定性很高的情况下，例如，当我们不清楚，如果打算使用规格材来建造房屋，或者决定用核裂变反应堆为电网供电可能产生什么负面影响时，如果一定要进行变革的话，预防原则就会建议我们缓慢推进对现有结构的变革。

换句话说，你能够做某事，并不代表你应该去做。

适应性与切斯特顿栅栏

上大学时，我（布雷特）的一个朋友患了阑尾炎。幸好，她在阑尾破裂前赶到了医院。这个可怕的事件，给我和我的朋友留下了创伤性记忆。我们中的许多人都听说过类似的故事。我们知道，每个人的阑尾都存在破裂的风险，那么该如何应对体内的这个“定时炸弹”呢？为什么人的身体会保留这个著名的退化器官呢？

20 世纪初，很多医生也在考虑同样的问题。他们中的许多人认为，不仅是阑尾，甚至整个大肠，对人类都是有害无益的，因此“切除它们会对人体健康有益”。[8] 这种结论极其前卫，他们认为，人的身体结构具有适应性，但我们的身体可能与后工业化社会带给我们的快速变化不相匹配。[9]

我们现在认为阑尾是一个退化器官。但是，“退化”通常只是“我们不清楚它的功能是什么”的另一种说法。阑尾难道真的是进化给我们留下的这样一个器官——只会带来成本，对健康有害，并且可以很容易地通过手术切除吗？

事实证明，答案是否定的。当然啦，这类问题的答案只能是否定的。

许多年前，我提出了由三个要素构成的评价量规（rubric），用于确定某个特征是否应被认定为一种适应性。这是一种保守的检验，因为它虽然能够正确地将某些特征识别为适应性，但同时可能无法把确实是适应性的一些其他特征正确“诊断”出来。用假设检验的专业术语来说就是，这个检验会导致漏报错误（假阴性），即第二类错误，但是不会导致误报错误（假阳性），即第一类错误。因此，在证明某个特征是一种适应性时，这种检验给出的是充分但非必要的证据。

适应性检验的三要素

如果一个特征满足以下三个条件，那么就可以假定它是一种适应性：

- 复杂性。
- 变化性，即具有随个体而异的能量成本或物质成本。
- 持久性，即在进化过程中持续存在。

以运动为例。游泳过程需要整合动物的解剖学、生理学和神经学等多个系统，因此我们可以认为它是复杂的；相比之下，根据定义，漂流正是浮游生物所做的事情，是相对简单的。虽然鲑鱼的游泳和浮游生物的漂流很可能都具有适应性，但是运用上面给出的适应性检验方法，并不能得出浮游生物的漂流也是一种适应这一结论，因为它不满足“复杂性”这一要素。要精确地定义复杂性、变化性和持久性，可能会费很多笔墨，但是我们可以将这三要素视为一个量规，而不是一个可量化的检验。

显然，有一些适应性特征不符合上述量规的严格标准。例如，北极熊皮毛中没有色素和裸鼹鼠掉毛，这两种特征都只涉及“节约成本”而没有“增加成本”。[10] 此外，当某个特征依据上述量规被判定为一种适应时，那么它大概就是适应。结合欧米伽原则，这意味着，当我们看到一种复杂的行为模式，比如说欣赏音乐或表现出幽默时，我们并不需要知道这些特征对基因的依赖程度，即可判断其是否为适应。即便某个特征是部分或完全在基因组之外传递的，我们在逻辑上也有理由推测其广义目的就是提高遗传适合度。

下面，我们尝试对人类阑尾进行上述检验。

阑尾只存在于少数哺乳动物体内，包括一些灵长目动物、啮齿动物和兔子。阑尾是大肠的一个外突部分，其中含有肠道微生物，这些微生物与我们是互惠关系。我们给予由这些微生物组成的肠道菌群“食宿”，它们则给予我们抵御传染病的能力，另外还有助于消化并促进免疫系统的发育。此外，阑尾与周围肠道的构成材料并不相同，阑尾还包含了免疫组织。[11] 它是不是很复杂？当然。阑尾的生长和维系还需要消耗能量和生理资源，并且在不同个体、不同物种之间，阑尾的大小和容量都有所不同。第二个要素也得到满足。此外，哺乳动物体内存在阑尾的历史已经超过 5 000 万年，于是第三个要素也成立。[12]

据此，我们可以认为，人类的阑尾是一种适应。

然而，得出“阑尾是一种适应”这个结论，并没有解决“这种适应为什么出现”这个问题。阑尾包含了免疫组织并积聚共生肠道生物群的事实，是我们了解它的功能的一个良好线索。研究者最近提出的一个假说是，阑尾是保护那些与我们共存的肠道菌群的一处“安全屋”。当我们患上胃肠道疾病时，身体必须通过腹泻来清除病原体，这时阑尾就能够为肠道菌群提供一个“家”。[13] 事实上，腹泻尽管是一种令人不快的体验，但通常来说也是一种适应性反应。当然，它也是有代价的，会导致脱水以及良性的、与身体互惠的肠道菌群的丧失。当身体战胜疾病之后，阑尾就可以使肠道内有益的菌群重新繁殖。

直到如今，所有人类都可能经常遭受腹泻这种疾病的折磨。大多数读者也许都清楚地记得，偶尔出现腹泻时的感受：腹中空空、筋疲力尽。这个事实极具启发意义。西方人很少患胃肠道疾病，以至于他们觉得腹泻很不寻常。相比之下，导致腹泻的各种疾病在非“怪异”世界中却极其常见，而且它们是导致当地民众特别是儿童死亡的一个重要原因。[14]

在“怪异”国家中，超过5%的人会在一生的某个阶段患上阑尾炎。如果不接受任何治疗，那么其中50%的患者将死去。[15]然而在非工业化国家，除了少数生活方式已经西化的地区之外，阑尾炎几乎不存在。[16]事实上，在腹泻仍然比较常见的那些地区，阑尾炎则更为罕见。人类社会进入21世纪之后，在工业化国家中，阑尾也许已经成为生命的一个负担时，对于那些接触病原体较多的人来说，它仍然具有一定的价值。

因此，阑尾炎是“怪异”世界特有的一种疾病，许多过敏症和自身免疫性疾病也是如此。迄今为止，越来越多的可靠证据在佐证“卫生假说”（hygiene hypothesis）。该假说认为，我们生活在越来越干净的环境中，因此能够接触到的微生物越来越少，结果，免疫系统准备不足，因此人体才会出现各种免疫调节问题，例如，各种过敏和自身免疫性疾病，甚至是癌症。[17]总之，卫生假说意味着，我们的免疫系统之所以未能以它们进化出来的方式运行，是因为我们对环境的清洁太过彻底了。

阑尾似乎与免疫系统面临同样的命运。由于腹泻是我们身体清除致病性肠道细菌的方式，所以随着腹泻不再频繁发作，阑尾从一个重要的有益细菌储存库，变成了一颗“定时炸弹”。

我们在这里不妨引用一个重要的比喻来说明，那就是“切斯特顿栅栏”（Chesterton's fence），该原则以哲学家和作家 G. K. 切斯特顿（G. K. Chesterton）的名字命名，他是第一个描述该原则的人。切斯特顿栅栏原则主张要谨慎对待那些尚未完全了解的系统，不要轻易进行改动。因此，它是一个与预防原则相关的概念。切斯特顿这样描述人们对于“竖立在路中央的栅栏或大门”的不同看法：

> 一些做派更“摩登”的改革者会兴高采烈地走到它跟前说:“我看不出这东西有什么用处啊，我们把它拆了吧。”对此，更聪明的改革者则会有力地回击:“如果你看不出它的用处，我是不会让你拆掉它的。静下来好好想想，如果你真正明白了它的用处，我才可能让你动手。”[18]

就在切斯特顿写下这段话的同时代，一些医生认为阑尾甚至大肠是对人体内部有限空间的一种浪费。如果切斯特顿栅栏原则表明，在你发现栅栏的一些功能之前，不应拆除栅栏，那么我们可以将阑尾和大肠称作“切斯特顿器官”。如果你留意一下现代人在没有充分了解功能的情况下试图摆脱的其他东西，就会发现，它们不仅有切斯特顿器官，还有“切斯特顿神灵”“切斯特顿母乳”“切斯特顿菜式”“切斯特顿游戏”等。

凡事皆须权衡

切斯特顿栅栏原则提醒我们，由人类创建或经过多代人选择留下的事物，可能具有一些隐藏的好处。20 世纪早期，当那些医生宣称阑尾和大肠不仅无用，而且实际上有害时，那些对达尔文的理论有很好理解或深明权衡之道的人，又或者兼具以上两种特点的人，本应及时做出批驳与导引。对于大肠的问题，无论人们在认知上存在多少分歧，但在把它切掉之前，先弄清楚它给人类带来了什么好处才是明智之举。

凡事皆须权衡。在任何一个给定的生物体中，都至少有数百甚至数千个不同的竞争性问题，那么你怎么知道该从哪里开始寻找权衡关系呢？事实上，任意两个特征都处于某种权衡关系中。权衡总是存在的，就像适应性景观上的峰一样，无论它们是否会被发现，情况都是如此。[19]

从广义上说，权衡可以分为两大类。[20]

第一类权衡是分配权衡（allocation trade-off）。这是最明显、研究得最充分且最著名的一类权衡。人们通常认为你所要讨论的就是分配权衡。因为生物学中的许多事物都具有零和性，即可以获取的资源是有限的，或者说饼的大小是不会改变的。于是，我们凭直觉就很容易推断，如果你是一头鹿，那么为了拥有一对更大的鹿角，你就必须放弃其他某样东西。你必须从别处借用一些东西才能获得一对更大的鹿角，这也许意味着骨密度会降低一些，或者你得用掉其他方面的身体储备。在某些情况下，也许你只要多吃一些就可以长出更大的鹿角，但这又带来了一个问题：如果事情这么简单，只需多吃一点就会给你带来这么大的好处，那么之前又是什么阻止了你这样做呢？假设某些事物限制了你的饮食，以至于你无法轻松地提高自己的食量，那么要想长出更大的鹿角，必定意味着要损失其他某样东西。

第二类权衡是设计约束（design constraint）。与分配权衡不同的是，设计约束对补充是不敏感的，这就是说，你不能简单地通过添加更多的东西来解决问题。例如，强壮是很有价值的，广义来说，它指的就是魁梧强壮、肌肉发达，然而运动效率也有很大的价值，但是你不能同时将这两者最大化。同样，你必须付出一定代价，而且这个问题无法通过投入更多资源来解决。同样，如果你是鸟、蝙蝠或飞机，你可以做到快速飞行或敏捷地飞行，如果你试图最大限度地同时提高这两者，你就只能做到维持中等速度和中等程度的敏捷。另一只鸟会比你更快，第三只可能比你更加敏捷。但是，你可以成为一个“通才”，这也是一种成功。

速度与敏捷性之间的这种权衡在鱼的体型中也很容易看出来。[21] 例如，神仙鱼体型侧扁而宽阔，这使得它们能够在原地盘旋，能以很小的角度转弯，同时保持几乎完全不动。如果你是一条鱼，而且生活中的主要“工作”之一就是啃食珊瑚中的东西，那么这种体型无疑是非常有用的。然而，与神仙鱼相比，沙丁鱼又长又细，直线泳速非常快。沙丁鱼可以在捕食者发动袭击之前非常快速地游开，但是它无法保持静止不动。[22]

所以，设计约束这种权衡意味着，你不可能做到既最快又最敏捷，同时也不可能做到既最强壮又最高效。这种权衡还有一类不那么直观的情况：你不可能要求你的企业既是反应最快的公司，又是最大的蓝筹公司。[23]

当然，人类在规避某些权衡方面做得非常不错。例如，我们通过在自己的身体之外构建“外骨骼”，也就是通过扩展表型化解了快速与坚不可摧之间的权衡。[24] 马的驯化和城堡的出现，使得一些人做到了既快速又坚不可摧。正如第 1 章提到的，在专家和通才之间的权衡问题上，人类似乎已获得了意想不到的成功。

从整体上看人类是通才物种，具有让个人以及文化深入研究环境并专长于某种技能的能力。在北极圈附近，专门从事海豹捕猎是一条谋生之路，但是在美国奥马哈、英国牛津或非洲瓦加杜古，这种技能不会带来任何好处。恶劣的环境往往需要文化变得专业化。而在不那么恶劣的环境中，借由群体的远见卓识以及对个体专业化的鼓励，文化将会繁荣起来，人口也会迅速增长。例如，玛雅文化在其鼎盛时期，不仅有许多农民，而且有抄写员、天文学家、数学家和艺术家。任何一位玛雅艺术家或天文学家都很难证明自己对粮食收获所做的具体贡献。那些能够同时明白体力劳动和脑力劳动价值的人，或许正是那些两者都尝试过但都不太擅长的人，也就是通才，他们才能让这两类专家明白彼此的价值。

尽管人类非常聪明，但我们仍然无法避开所有权衡。想当然地认为人类总是可以解决一切问题，这其实是犯了“丰饶主义”（cornucopianism）错误，即把我们身处的世界想象成一个资源丰富、人类智慧无穷无尽的世界，因此权衡也就不再是至关重要的了。与丰饶主义错误相关，或者说可能助长了丰饶主义错误的一个事实是，“傻瓜的蠢行”还会导致这样一种错觉，即丰厚的短期收益蒙蔽了我们的双眼，使我们误以为克服了权衡的限制。当然这只是妄想。权衡仍然存在，你获得的所有这些短期收益的代价，将由居住在别处的人或我们的后代承担。

权衡是不可避免的，而且它还有一个非常显著的好处：推动多样性的进化。一个很好的例子是，某些植物为了进行光合作用，会采用一组变通解决方案。光合作用是植物将阳光转化为糖的过程，在绝大多数植物中，光合作用是通过通常被称为 C3（三碳化合物）的途径实现的。C3 光合作用在适合植物生长的那些条件下的效果是最好的，比如温度适中、阳光充沛、水分充足等。由于 C3 光合作用要求叶子上的气孔，即吸收二氧化碳的气孔，在阳光为光合作用供能的过程中一直保持打开，因此 C3 光合作用的代价是，水分会通过气孔大量流失。因此，采用 C3 途径进行光合作用的植物，在水资源有限的情况下往往“表现不佳”。

当植物生长在更为恶劣的环境中时，比如说在沙漠中，C3光合作用就会产生一个特殊问题，为了解决这个问题，植物进化出了两种新的光合作用形式。其中之一是景天酸代谢光合作用（crassulacean acid metabolism photosynthesis，CAM光合作用）[25]，即植物可以做到在不同的时间里，分别完成打开气孔吸收二氧化碳和利用阳光为光合作用提供能量这两项“工作”。到了夜间，当温度较低、因而水分蒸发损失也较少时，采用CAM光合作用的植物（如仙人掌和兰花）的气孔会打开，这就较好地保存了宝贵的水分。

然而，CAM光合作用也不是没有代价的，因为它的代谢成本比C3光合作用更高。但是，在阳光充足但水分不足的环境中，CAM光合作用确实比C3光合作用更具优势。植物解决水分流失问题的另一个方案与其说是生物化学上的，还不如说是形态学上的。这个方法就是，植物“尽可能地”减小其表面积与体积之比，从而让自己变得越来越像一个球，这样从植物体表面损失的水分就会大幅减少。不过，植物并不会进行数学计算，并不知道更像球的仙人掌比长而扁的仙人掌损失的水分更少，但在体积相同的情况下，球形仙人掌的表面积的确更小。当然，还有许多植物同时采用了这两种策略，在采用CAM光合作用这一另类代谢途径的同时，改变自身形状，从而尽可能地减少水分流失。

不同系统之间的各种权衡是贯穿本书的主题，我将从解剖学层面、生理学层面和社会层面对该主题展开介绍。我还要强调，不承认权衡可能会导致灾难性后果。

日常成本与愉悦感

奶酪好闻吗?

法国人曾经用与“厕所”散发的气味的接近程度来描述奶酪的“香气谱”。[26]辛辣的奶酪闻起来好像“厕所”发出的气味，而原味奶酪则与“厕所”散发的气味相差较远。然而有意思的是，对于某款奶酪，做出描述的人利用这个隐喻做出的评价（与厕所散发的气味的接近程度），与他是否推荐这款奶酪几乎没有关系。事实上，最珍贵的奶酪往往是那些气味最接近“厕所”散发的气味的奶酪。因此，虽然许多奶酪闻起来就像陈年的“粪便”，但是对奶酪的气味给出这种评价到底是褒是贬，那就是一个人的口味问题了。很多人声称，口味问题没有什么好多说的。

其实未必。下面我们就来说说味道的问题。

在人类的所有感觉中，嗅觉是最难解释的。事实早就证明，它是最难用基于实验室实验的还原论解释的一种感觉[27]，也是理论家们一直探索的最令人困惑的综合性感觉。而其中更难理解的是嗅觉的主观体验。不同个体对某种气味的感觉差异非常大，有些差异是非常主观的，不过也有一部分差异与文化和人生经历有关。不仅如此，一个人即使成年后，其嗅觉也不是一成不变的。对某种气味的反应会因背景、经历而异，有时甚至会因叙事的内涵而异。

如果你正在阅读这本书，那么你可能不太能理解祖先曾经面临过的各种困境。你很有可能从未真正挨过饿，但我们敢肯定，对于人类的绝大多数祖先来说，挨饿是常有的事。大多数生物大部分时间都处于饥饿状态。任何一个种群在拥有了足够多的资源后往往会发展壮大，直到不再有任何剩余资源为止；而任何一个资源不足的种群，其规模都会自然变小。这个事实意味着种群人口往往会达到某个上限，然后就会在这个上限附近波动，而这个上限就称为承载能力。因此，如果你“回到”你的某个祖先生活的时代，你很有可能会发现，他们想要得到的食物，总是比他们拥有的食物要多。

生活在现代社会的你，很可能从来没有真正挨饿过。实际上，你可以获得的食物的数量远远超出了需求，因此你很难凭直觉判断食物在大多数历史时期有多珍贵！作为现代人，我们很难想象为了找到更多食物，我们的祖先承担了怎样的风险，他们怎样不遗余力地保护自己拥有的东西，以及技术创新可能带来什么样的价值（因为人们利用这些技术创新可以极大地提升他们已经拥有的食物的价值）。我们完全有理由相信，保存下来的卡路里就等于新发现的卡路里。对于一个单位的食物，如果你能够在食物充足的时候获得它，然后在食物稀缺的时候消耗掉它，那么这个单位的食物就更有价值了。

虽然现代人往往会认为烹饪的目的是使食物的味道变得更好，但是事实上，世界上大部分烹饪传统都有着更实际的目标，那就是除去食物中的毒素，增加它们的营养价值，并确保当我们带着食物去往其他地方或将食物保存起来待日后食用时，食物不会被微生物“夺走”。为此，我们对肉类进行腌制和熏制，因为这样可以让试图“窃取”肉类食物的微生物因脱水而死。同样，我们制作了糖分浓度极高的水果蜜饯。我们还对易腐烂的蔬菜进行巴氏杀菌和冷冻，以便杀死已经存在的微生物并防止新的微生物出现。当然，人类用于保存食物的技术还有很多，许多文化中都出现了通过控制微生物使食物腐烂到适当程度的技艺。实际上，我们这样做是在以安全的方法使食物“腐烂”，从而避免食物彻底腐烂，无法食用。

如果你找到了半罐牛奶，但你发现环境中的细菌已经使里面的牛奶变质，你的鼻子会明确地指示你下一步应该做些什么。虽然那大半罐牛奶中仍然有相当多的营养物质，但是喝掉它的代价也明显超过了扔掉它的代价。这正是你会觉得它臭的原因。大自然就是通过发臭的方式告诉你，不到万不得已千万不要喝那种牛奶。这个观察结果在提醒你，将家养动物（如奶牛）的奶作为食物来源存在着相当大的风险。牛奶进化出来是让牛宝宝直接吮吸母牛的乳头来食用的，因此，牛奶富含营养。但是因为牛奶原本是即时饮用的，在此过程中与外界环境接触很少或根本没有接触，所以牛奶对环境中的细菌没有抵抗力。我们现代人必须采取相当极端的措施，比如巴氏杀菌、密封、冷藏等，才能使牛奶保存一到两周。很显然，需要在漫长而低产的冬天保存牛奶的人类祖先需要更好的解决方案。

将牛奶制成奶酪就是其中一种解决方法。奶酪是牛奶“腐烂”之后得到的产物，方法是用特殊方法培养出对人类没有致病性的细菌和真菌，让牛奶在精心安排下“腐烂”并变成奶酪，从而可以近乎无限期地保存下去。奶酪确实是解决这个问题的绝妙方法，一旦制作完成，即便是表面已经被有害细菌“定殖”，但只要去掉表面那薄薄的一层，就会露出下面新鲜的、未受污染的部分。

然而问题在于，人类在进化过程中已经“被设定”为从心底里排斥变质牛奶的气味，因为一般来说，食用任何被微生物侵入、污染的物质肯定不是好的选择。那么人类是如何克服这种“古老智慧”的呢？我们必须让鼻子和大脑协同工作，从而保证自己不再排斥变质牛奶的气味和味道，这样我们才能通过食用奶酪而受益，这种益处有新陈代谢方面的，也有烹饪方面的。

如果你所处的社会文化具备各种成熟的奶酪制作技艺，那么如果你排斥所有“变质”的牛奶，就要付出高昂的代价。因此，我们需要的是一种新的区分好坏的方法。某种东西的气味有点像厕所散发的气味，这个事实本身并不足以成为区分标准。

20 世纪 90 年代，我（希瑟）在马达加斯加海岸附近的一个小岛上做研究。我们这些研究人员要睡在帐篷里并在瀑布里洗澡，食物除了米饭还是米饭。在长达一个月的野外调查期间，我和我的研究助理收到了一大块奶酪。这正是令我们望眼欲穿的东西！我们怀着狂喜的心情，用临时找来的通心粉配奶酪准备了一顿“大餐”，并邀请在岛上为我们提供安全服务的两名马达加斯加当地人一同享用。那两个人凑过来闻了一下我们呈上的“美食”后，立刻后退了两步，还赶紧用手捂住了口鼻。马达加斯加的美食历史中，从未出现过奶酪。

对于现代人来说，我们可以将在正规商店出售这个事实视作一块奶酪非常可靠的指标，表明它不会在我们的肠道中引发“微生物大战”。而对于我们的祖先来说，他们可以将亲属的行为视作类似的指标。当然，方法可不可靠只有验证之后才知道。如果有人品尝了一块通过精心安排而变质的乳制品，并且在接下来的几小时和几天内都没有生病，那么它就应该是安全的。人们会将这个发现添加到口腔和消化系统的关于获得营养成分的信息列表中。如果营养价值很高，那么无论它的气味好闻与否，都会成为高浓缩营养价值的指标，奶酪正是如此。事实就是这样，即使奶酪闻起来确实有点不可言表。

类似的故事我们还可以讲述很多。在世界各地，皮蛋、酸菜、泡菜以及无数其他食品都与奶酪有相似之处。

到现在为止，我们应该已经明白了：人类天生就拥有一系列关于应该吃什么和不应该吃什么的基本经验法则。桃子闻起来很鲜美，在阳光下晒了很久的蛤蜊闻起来很臭，烤肉闻起来很香，腐肉闻起来很臭。这些规则是对潜在的食物“净价值”的初步判断，但是如果一直停留在这些经验法则上，那么人类就会错过很多有营养、可食用的东西。对于几乎时刻处于饥饿状态的人类祖先以及几乎所有动物来说，错过可以果腹的东西，后果很严重。正因为如此，人类已经进化出了一个二级系统，能够根据从亲属那里获得的经验信息（通过文化），或者在饥不择食的情况下（通过意识），重新看待食物的价值。于是，人们不断根据食物的实际价值而不是自己对它的第一印象来看待它。由此，我们变得爱喝咖啡了，因为它能够提神；我们还爱上了啤酒，因为它的营养价值比得上面包，而保质期却比面包长。

如果故事到此结束，我们就可以高枕无忧了。通常而言，“怪异”世界的人都拥有充足的食物，我们大可以随心所欲地保留自己对食物的第一印象或者逐渐对它们改观。一个人不必喜欢另一个人喜欢的东西。在现代世界，口味和偏好都变得越来越随意了，因为人类的文化规范已经变得非常通用，并且是由市场塑造的。

但是这并不是故事的结局。很快，进化中的新奇性或者叫进化新征（evolutionary novelty）将在我们这个关于气味的故事中暴露了它丑陋的一面。

各种各样的溶剂好闻吗？很遗憾，许多溶剂一方面闻起来确实都很不错，另一方面却有着很强的毒性。所以，我们应该特别清晰地重新定位溶剂在我们的内部模型中的位置，确保不会误食它们。但是，只进行这样一个“更新”还远远不够。在人类祖先生活的世界里，大多数有毒的气味都可以视为“不要与某种物体接触”的警告，例如，最好不要接触呕吐物或已经腐烂的肉。然而，呕吐物、腐肉或人类尸体的气味本身并没有太大危险。

而对于我们现在经常接触到的许多气味来说，情况却不是这样。许多溶剂闻起来令人“愉悦”，然而闻它们的这个行为本身就是很危险的。如果某样东西的气味很难闻，那么就要当心它，但对于这些溶剂，人类在长期进化过程中构建起来的预警系统在以下两个方面是不可靠的：首先，许多溶剂对某些人来说气味很不错；其次，只要闻到它们的气味就足以造成生理伤害了。有几种相当常见的溶剂，某些人可能觉得它们的气味很好闻，有些人则不然，但是它们都有毒。一是丙酮，被广泛用作洗甲水；二是甲苯，直到最近仍然被大量用在魔术笔的制作中，并且至今仍然被许多品牌用在橡皮泥中；三是汽油。如果我们没有学会当空气中散发出这些可能令你不那么舒服的气味时马上屏住呼吸，那么就会使自己的健康受到损害。

而且，更加糟糕的是，在现代世界中，有不少有毒的或很危险的物质的气味微弱到根本察觉不出来。例如，天然气和丙烷都是我们闻不到气味的气体。当它们的浓度足够高时，一个小火星，哪怕是电灯开关轻弹时产生的微弱电弧，都足以产生大规模爆炸。爆炸性气体一旦积聚起来便可能有爆炸的危险，这一点直到很久之后才被人类的祖先意识到，因此自然选择在构建天然的厌恶或警报反应表时并没有将这种危险包含进去。但是，这种危险实在太大了，因此后工业时代的现代人不得不拼凑出一个解决方案，利用一个原本为厌恶而建立的回路，因为该回路能有效地引起我们的注意并让我们保持警惕。这个解决方案是，在将丙烷和天然气通过管道输送到你家里或运送到你家门外的储气罐之前，先向其中添加叔丁基硫醇，这种化合物能够使丙烷和天然气这些行迹隐秘的气体散发出一种独特的硫黄的气味，就像脏袜子或腐烂的卷心菜发出的气味，那是我们很容易识别的。现在，这种气味成了一种警报，我们一闻到它就会警觉起来。

再来说说二氧化碳。在密闭空间中，当二氧化碳的浓度升高时，就会触发那个深藏在本能中的警报系统。二氧化碳本身无毒，但是身处二氧化碳浓度很高的环境中，人会窒息。人身体内置的二氧化碳“检测器”非常古老且连接很深，即便是那些杏仁核受到了损伤的病人，他们在其他会引起恐惧的情况下从来不会表现出任何惊慌的迹象，但是在高浓度二氧化碳的环境中，他们也会陷入恐慌。[28]

与二氧化碳相比，一氧化碳可以说极其危险。一氧化碳会与血红蛋白结合，从而阻止血红蛋白与氧气结合，使人们安静地陷入昏迷当中，永远不会醒来。

二氧化碳虽然在高浓度下是危险的，但它本身是无毒的，而一氧化碳具有毒性。为什么人类拥有一个检测二氧化碳的内部检测器，却没有检测一氧化碳的内部检测器呢？

答案与前面所说的进化新征有关。动物要吸入氧气并呼出二氧化碳。我们的祖先偶尔会进入在短时间内安全的封闭空间，但是随着待在里面的时间的增加，呼吸行为会使这种空间内的二氧化碳浓度升高到足以致命的程度。因此，当身处的洞穴充满了二氧化碳之后，一种能够使动物变得烦躁、焦虑并急切地想到其他地方去的检测器就是必不可少的了。虽然拥有类似的可以检测一氧化碳的检测器当然也很棒，但是这种需求主要是进入现代后才出现的，是工业化（燃烧）的结果。我们没有理由认为自然选择创建一氧化碳检测器的难度会更大，这只不过因为这种检测器的价值在近期才有可能体现出来，因而仍然无法内置于人类的“硬件”中。

我（布雷特）的外祖父哈里·鲁宾于 20 世纪 40 年代在美国广播唱片公司担任化学工程师一职，经常要接触各种不知是否会对人类安全造成威胁的物质。当时，美国职业安全与健康管理局尚未组建。当哈里不得不穿过不明气体时，他会屏住呼吸，这为他赢得了“胆小鬼”的名声。退回到更新世，那时的人们很可能已经掌握了如何成为一名勇士和提高生产率所必需的技能。其中一个原因是，当他们表现得比较怯弱时，会遭到嘲笑。然而，进入后工业社会后，地球已经变成了一个超新奇世界，这样一来，“要勇敢”可能就会成为一种危险的策略。在更新世，人类生存的最大威胁是其他人以及偶尔出现的河马等猛兽带来的危险。因此，他们只需利用进化赋予的感觉和天性开发一些模型，以及在同伴的帮助下开发出来的模型，就足以应对了。然而，当人们遇到了此前从未遇到过的化学品带来的危险时，情况就大不相同了。哈里其实是一位冒险家，他在 60 多岁时还学会了滑雪，与我一起登上了惠特尼山的顶峰。但是，他对自己不知道的和不可能知道的事物一向保持警惕。他比他的同事活得更久，那些同事其实不应该那么早离世，而哈里活到了 93 岁。

我们显然可以从上面所说的这一切中吸取教训。自然选择已经使人类具备了嗅出环境中多种化合物的能力。什么样的气味我们不妨趋之若鹜，什么样的气味我们应该避而远之……关于这些，人类天生就拥有一份粗略的指南。当然，这个指南仍然是相当粗糙和不完美的，充其量只能与过去的环境相匹配，并不能准确反映当前情况。

如果不是技术进步如此迅速地改变了人类的生存环境，我们拥有如下能力也就足够了：根据从其他人那里或环境中收集的信息，重新绘制“嗅觉世界地图”。关键在于，我们现在经常创造出许多致命事物（并且会使它们高度富集）。它们是人类祖先永远不会遇到的，因此人类的内置检测器无法检测到它们。这就是说，气味不再是完美的预警信号了，因为在现今的许多情况下，检测和伤害是同时发生的。正如我们将会在本书中一再看到的那样，现代人面临的问题是，尽管人类生来就要应对各种新奇事物，但是 21 世纪的进化新征远超从前。我们要面对的进化新征的新奇程度之高，仅依靠自然选择是完全无法跟上的。

- **对古老问题的新解决方案持谨慎怀疑态度。**尤其是在这种情况下：当日后你需要改变主意时，发现那种新奇性已经难以逆转了。各种新奇和大胆的技术，从实验性的外科手术，到使用激素终止人的发育，再到核裂变，可能看上去很美妙且没有什么风险。但是，它们很有可能存在隐藏的成本，而且事实上，这些成本通常并不会隐藏得非常深。
- **认清权衡的逻辑，并学会应对它们。**劳动分工的精细化，使人类群体有能力摆脱个体无法应对的权衡困境。通过在不同栖息地和生态位上实现专业化，人类这个物种战胜了任何其他物种都不可能战胜的权衡挑战。
- **成为一个能够识别自己模式的人。**改变你的习惯，进而改变你的生理机能。是什么刺激你去吃东西、去锻炼、去浏览社交媒体？更加深入地了解你的行为模式，你就可以更好地控制这些行为。
- **关注切斯特顿栅栏，并在可能涉及“祖先系统”时调用预防原则。**请务必记住这一点：你能够做某事，并不代表你应该去做。

第4章

医　药

A HUNTER-
GATHERER'S GUIDE TO
THE 21ST CENTURY

我（希瑟）年轻的时候，经常受链球菌性喉炎的困扰。成年后，我不再患链球菌性喉炎了，但是仍然至少每年都会得一次普通喉炎，有时甚至一年得好几次。这当然是一件相当糟糕的事情。我会"定期"完全失声，无法讲课。2009年，喉炎再次发作。那一次，我只能通过幻灯片给学生讲课。我让学生阅读如下文字：

> 对于我频繁发作的喉炎，医学专家的建议是，我应该服用某些药物，然后再服用另一些药物以抵消前面那些药物的副作用。为什么要服用这些药物呢？因为在某些情况下，它们可以减轻某些可能导致我这种情况的炎症。但是，他们以往接触的病例与我有哪些相同的症状呢？这些医学专家并不清楚。而且，他们似乎也并不在乎。他们只是建议我服药。
>
> 我没有按他们的要求去做。
>
> 直接用药物来治疗患者描述的症状，而不进行实际的诊断，久而久之，这种做法削弱了医疗系统的能力，甚至削弱了医生的诊断能力。它还污染了数据流：如果有这么多人服用副作用不明的药物，那么医生怎么能知道服药的人到底得了什么病、病从何来呢？
>
> 当我再一次出现在诊治喉炎的专业医疗机构的门口时，那些

医学专家问我："你在服用我们开的药吗？"当我告诉他们我没有服药时，他们就表示我久病不愈责任不在他们。如果我不遵医嘱，他们又怎么帮助我呢？

当发出指令的那些人似乎并不知道自己在做什么，或者为什么要这样做时，遵循指令就可能是一件既不光彩也不明智的事情。医疗系统仿佛一直不愿采用进化思维，而完全依赖于经常会引发新问题的"药物修复"的方法，而且这种方法往往治标不治本。如果不需要触发不可接受的权衡，同时如果要解决的"问题"确实是问题的话，那么时至今日，任何具有一个简单的生化"开关"的东西，肯定都已经被自然选择"解决掉"了。[1]

在现代社会，很多疾病和症状都是前所未见的，这就令诊断变得越来越困难。此外，其他一些因素的推波助澜，令这种情况更加严重，包括制药公司宣称自己生产的药物可以快速解决问题；互联网上充斥着简单且往往是错误的答案；在市场力量的推动下，医疗保健专业人员与患者接触的时间越来越少……我们不应该对许多患者觉得自己被现代医学所忽视、遗忘或无视而感到惊讶。慢性疾病、莫名其妙的持续头痛、不应该出现的全身隐痛，现代社会中有太多太多的人无可奈何地忍受着上述一种或多种问题的折磨，而且事实证明，这些问题带来的并不只是困扰。在本章中，我们将给出一系列能够帮助读者了解和改善健康状况的工具。

回过头来说一下我反复发作的喉炎：几年之后，在没有使用任何药物的情况下，相关症状完全消失了。医学专家未能给出明确的医学诊断，也无法解释它为什么会自愈。

还原论的错误

圈养长大的帝王蝶不知道如何迁徙。[2]马达加斯加岛特有的大狐猴会定期进食几十种树的树叶。[3]如果想把它们圈养起来，你会发现，由于你根本无法复制它们的饮食多样性，它们活不了多久。假设你生活在夏威夷，你觉察到老鼠吃掉了你种植的很多甘蔗作物，于是你把当地没有的猫鼬带到了甘蔗园，希望猫鼬能够捕食老鼠，从而解决问题。但是，你很快就会发现，本地的鸟类、爬行动物和一些哺乳动物逐渐消失了，但老鼠的数量并没有大量减少。

当然，我们对所有这些都不应该感到惊讶，因为任何复杂系统的特点就是两个字：复杂。将复杂系统还原为几个易于观察、易于度量的构件，可能最多只能帮助分析者为自己一时的“成功”而沾沾自喜，因为这种还原论通常很快就会让那些践行它的人遭到反噬。而且，令这种情况雪上加霜的是，由于已经具备了分离和合成可以引起生理变化的分子这种超新奇条件，我们似乎掌握了“医治”整个世界的秘诀，但是它通常只会适得其反。

从宽泛的意义上讲，我们可以把现代医学方法描述为一种还原论主张，它表现出了一种非常清晰的科学主义倾向。科学主义是一个名声不佳但非常重要的概念。“科学主义”是由20世纪的经济学家弗里德里希·哈耶克（Friedrich Hayek）提出的。[4]哈耶克观察发现，科学的方法和语言常常会被一些根本不从事科学研究的机构和系统所模仿，而且这些机构所做的工作通常与科学根本不搭边。我们经常能够看到许多人用理论、分析等字眼来包装明显称不上理论且未经分析（其实通常根本无法分析）的想法。而且更加糟糕的是，近些年来我们还目睹了一种“假数学”的兴起，任何可以计数的东西都用数学加以处理，而且一旦你得到了某种测度，你往往就会放弃所有进一步的分析。

是的，对于某种事物，许多人一旦有了一个指标、一个分类，他们就认为自己掌握了一切。如果那个指标是可以量化的，就更是如此了，只要给它赋予一些数字即可，无论这些数字可能存在多么严重的缺陷。此外，一旦找到了这些数字适用的一个类别，我们通常就不再考虑它们是否同样适用于其他类别。因为，我们的“胡萝卜加大棒”的正式系统仅仅存在于类别之内。

不过，将这种做法称为科学主义是错误的，就像将20世纪早期和中期某些欧美国家的优生学计划称为“社会达尔文主义”是错误的一样。这种科学主义是对科学工具的劣化（bastardization），正如社会达尔文主义是对达尔文思想的劣化，是对进化论的可悲误读一样。

科学主义的错误还因为另一种错误而加重了，那就是将人类想象成受制于固定规则和代码的机器，而不是人。这其实是工程师对人类的看法，它严重低估了人类的复杂性和多变性，而且这与生物学家对人类的看法截然不同。关键是，每个人都很容易受到这种错误的影响：我们都会努力寻找衡量指标，而一旦找到了某个既可用于衡量又与我们试图影响的系统相关的指标，我们就会误认为它就是唯一的相关指标。例如，尽管碳水化合物、蛋白质、脂肪和酒精中的卡路里都对人体有影响，但是卡路里成为我们用来衡量食物的唯一指标，尤其是对于那些尝试减肥的人来说。又如，药物现在已经成了精神障碍的首选治疗方法，而且多种形式的精神不适和精神痛苦也都被（错误地）诊断为精神障碍。

我们应该好好总结一下劳拉·德拉诺（Laura Delano）的教训。2019年，蕾切尔·阿维夫（Rachel Aviv）在《纽约客》上发表了一篇非常精彩的文章，描述了劳拉持续多年过量服用精神科药物的经历及其恶果。劳拉原本多才多艺、美丽优雅，无论怎么看，她都有过人之处。当时她在哈佛大学求学，遇到了一些困惑，她的内心世界开始瓦解。然后，精神科医生介入了，对她进行了一系列诊断，认为她患有双相情感障碍和边缘型人格障碍，并且在短短几年内给她开出了至少19种不同的精神科药物。她的医生认为这些药物是精准的治疗工具，但是没有一种药物能缓解一直伴随她的空虚感和绝望感。有一次，她甚至尝试用这些药物自杀。劳拉这样回忆道："我要不停地服药，就好像我是一台可以精确校准的机器，哪怕是一个最微小的错误都可能让我完全失控。"[5]

幸好，劳拉最终正视了自己的内心，并在其他人的帮助下摆脱了对药物的依赖。她认识到自己的那些情绪和心境是人类的根本特质，而不是需要解决的问题。虽然某些特殊的病况确实需要药物干预，但是要接受以不那么具有还原论色彩的方法对待身体（就像劳拉最终采取的那种方法一样），无疑需要先对人类在进化过程中的大部分时间里是什么、做了什么有一个全面、深刻的认识。

人不是可以"精确校准的机器"。每个人都有一具身体，并且拥有大脑与身体、激素与情绪的复杂反馈系统，如果把这些反馈系统比作简单的开关，那就无法真正理解它们，它们也不能通过这种方式来修复。像我们的祖先一直做的那样，放下一切思虑，让身体动起来，这对心理健康有非常积极的影响，[6]而且是治疗情绪障碍的首选方法，效果比服用处方药更好。关于定期锻炼在改善需要住院治疗的精神类疾病患者病情方面的作用，相关研究正在迅速开展，而且已经得到了一系列非常鼓舞人心的结论。[7]我还要指出，虽然现代专家给出的锻炼方案倾向于将我们的活动进行细分，然后有针对性地进行锻炼，比如以强化心血管、提升力量、提高灵活性为目标的专门训练，但是更古老的锻炼方式，无论是步行还是体育活动、园艺还是狩猎，通常都整合了身体活动的所有方面，而且不需要任何专门的计划，也无须计数。

此外，每个人都是独一无二的，因此对某个人有效的方法，可能对另一个人无效。个体之间的这种差异，可能是我们观察到的所有进化结果中最基本的一个。希瑟曾经教过本科生为期 10 周的比较解剖学课程，课程内容是解剖不同动物的标本，目的是希望每一位学生都能通过研究内脏、肌肉、循环系统和神经系统更好地了解这些标本。总是会有一两个学生想逃出那个潮湿的实验室，他们以为学习书本或网上的材料就足够了。但是，从书本上和网络上学到的解剖学知识相当于纸上谈兵，根本无法同在每个物种有 20 个标本的解剖实验室中学到的东西相提并论。顾名思义，比较解剖学的主要内容就是通过对物种进行比较而开展研究，但是在很多方面，比较同一物种的个体甚至更能说明问题。例如，为什么同一物种的不同个体，其肌肉的附着点从来没有发生变化，但是循环系统的解剖结构可能存在很大差异，以至于即便是像颈静脉这样的主要血管的脉络都存在巨大差异呢？这是因为，如果肌肉连接到了不同的终点，那么它的功能会发生变化，而循环血管只要最终能够到达它本来要去的地方，具体路线是什么样的并不重要。正是个体之间的这种差异，导致我们很难预测对一个人有效的解决方案是否对另一个人同样有效。

考虑还原论带来的风险

香草醛和香草是同一种物质吗？不是。这个例子表明，人类在体验

“更大的事物”（香草）时，在其中起重要作用的是“更小的事物”，也就是“更大的事物”的组成部分（香草醛），但组成部分并不能代表整体。就香草醛而言，它的调味效果一般：用香草醛调味的食物并没有香草本身那么浓郁的香味。事实上，人类经常将自己对某种效果（如某个行动、某种治疗、某个分子的效果）的理解，误认为是效果本身。某个事物是做什么的，与我们认为（或“知道”）它是做什么的，其实并不是一回事。

狂妄自大与技术能力结合在一起，使人类一遍又一遍地犯这种错误。从含氟饮用水，到可能会导致意想不到的后果的耐贮存食品，从大量晒太阳带来的无数问题到转基因生物的安全性，我们不断被还原论思想所诱导，被对简单性的幻想引入歧途。但是，事实是复杂的。还原论思维，特别是在涉及我们的身体和思想的时候，正在伤害我们。在某些情况下，它甚至会令我们送命。

20 世纪初，人们发现氟化物的摄入量与较低的蛀牙发病率之间存在相关性。根据这个发现，为了减少蛀牙，许多市政供水系统开始向自来水中加入氟化物。[8] 然而，加入饮用水中的氟化物是工业化过程的一个副产品，其分子形式在自然界并不存在，也不是我们原来的饮食结构的一部分。这还只是反对这种做法的其中一个理由。此外，我们发现，喝含氟饮用水的儿童会出现多种神经中毒症状，[9] 甲状腺功能减退症和含氟饮用水之间也存在相关性，[10] 而且事实证明，鲑鱼在含氟水中游泳后会失去方向感，无法再返回家乡的溪流繁衍后代。[11] 氟化物也许是预防蛀牙的灵丹妙药，但是它不会损害健康吗？实际情况似乎并非如此。更加重要的是，搜寻灵丹妙药，寻求普遍适用于所有条件、所有人的简单答案，这个思路本身就是错误的。如果真有那么容易，那么自然选择肯定早就已经找到那种方法了。你以为你找到了一个好得令人难以置信的解决方案？先别激动，请努力寻出各种隐藏的成本，记住“切斯特顿栅栏”原则。

现代食品供应链在很大程度上受益于深加工食品的耐贮存性——虽然放在杂货店周围的摊点上售卖的食品加工程度往往较低，因而耐贮存性较差，但是杂货店内的售卖的几乎所有食品都至少有长达几周甚至数月的保质期。尽可能地抑制食物中真菌等各种菌群的滋生当然是可取的，但这样做的代价是什么？丙酸可以抑制霉菌生长，因此成了食品加工业的一种常用的添加剂，但是子宫内存在丙酸就会影响胎儿脑细胞的发育。数据表明，这种效应确实与儿童孤独症一类的精神障碍诊断数量的增加存在相关性。[12] 当然，我们应该想到，提高耐贮存性，就要付出相应的代价。

与此类似，居住在南北两极附近或极少外出的人可能会出现身材矮小、骨骼虚弱甚至弯曲的症状，这种疾病通常被称为佝偻病。医学界的诊断是，这些人之所以会患上这种疾病，是因为缺乏维生素 D。由于现代人似乎非常喜欢服用各种各样的药丸，因此人们将维生素 D 制成了一种独立制剂，或者将它添加进牛奶中，以此增加维生素 D 的摄入量。但是，对于这个问题，人类进化史又可以告诉我们什么呢？

在公元后的第一个千年结束时，与其他北欧人不同，维京人几乎没有患佝偻病的。分析表明，这是因为他们经常食用鳕鱼。当然，他们当时并不知道自己身强体壮与食用鳕鱼有关，不过事实确实如此。无论如何，我们可以百分之百肯定地说，维京人不是通过服用维生素 D 丸或酊剂来保持健康的。大量历史证据早就表明，大多数人只需要每天出去晒一会儿太阳，或者吃适量鳕鱼（抑或同时做这两件事），就可以获得足够的维生素 D 了。但是维生素 D 药丸更方便服用，而且服用维生素 D 本身看起来就很“科学”。服用维生素 D 药丸的人，很容易误以为自己这样做才是“科学”的，能够更好地“主动地控制自己的健康状况”。想想看，你是不是经常听到有人说这样的话（也有可能就是你自己说的）：“我一向很有主动性，我正在补充维生素 D 呢！”（这里的维生素 D 泛指当前流行的速效保健产品。）

事实再次证明，这种在人类进化史上此前从未出现过的还原论方法并不见效：没有任何证据支持在饮食中添加维生素 D 可以保持骨骼强壮的说法。[13] 当然，对于这个发现，我们不应该感到惊讶。事实上，缺乏维生素 D 可能是佝偻病以及相关疾病的一种症状，而不是它们的病因。不仅补充维生素 D 不是解决方案，我们甚至无法确定它的摄入不足到底是不是真正的问题所在。

强调补充维生素 D 的重要性这种观点所体现的还原论思维，在另一个相关问题上也非常明显地显现出来。几十年来，一直有人坚持不懈地建议人们，只要暴露在阳光下，就一定要涂抹防晒霜。[14] 为什么尽量不要让皮肤暴露在阳光下呢？这一观点背后的逻辑是，因为这样做能够降低皮肤癌的发病率。这倒是真的。但是猜一猜，当你接触阳光变少之后又会发生什么呢？你的血压会升高，而随着血压的升高，心脏病和中风的发病率也会提高。因此可能带来的结果是，那些少晒太阳的人总体死亡率甚至高于经常晒太阳的人。一项针对瑞典女性的研究报告了这样一个有显著统计意义的结果：避免日晒组非吸烟者的预期寿命，与日晒量最高组吸烟者的预期寿命相差无几，这表明避免日晒是一个风险程度与吸烟相当的、会导致死亡的因素。[15] 因此在这个问题上，还原论再一次误导了我们，这很可能导致更多人死亡。那么，我们到底是应该远离阳光并服用维生素 D，还是应该坦然接受适度的阳光照射并通过采用更接近人类祖先的饮食方式来获取所需营养呢？进化分析表明，我们应该选择后者。事实上，至少对于这个问题来说，医学文献给出的结论支持这一选择。

因此，我们看到，还原论“科学”以及围绕这种“科学”产生的健康建议的记录并不多。鉴于此，如果某些人会因为大众接受转基因生物而获得智识方面或经济方面的好处，那么假如他们告诉我们，转基因生物是安全的，我们应该相信吗？本书的建议是不应该相信。那么是不是有一些转基因食品是安全的呢？这一点倒是可以肯定。但是，这代表所有转基因生物都是安全的吗？当然不是。关键是，我们如何才能知道哪些是安全的，哪些是不安全的？我们真的能依靠那些创造转基因生物的人去“代表”我们保持警惕吗？本书的建议是，在明确了上面这几个问题的答案之前，根据预防原则，我们应该对上述问题持否定态度。

此外，值得指出的是，西方医学的许多重大成就——手术、抗生素和疫苗，都深受还原论传统的影响，它们确实挽救了数百万人的生命。我们不是为了反对还原论而故意污名化它，只是想强调对还原论方法的滥用会引发一系列问题。例如，“细菌致病论”这一理论的最简单形式就是，认为病原体会引起很多疾病，该理论推动了抗生素的发现和制备，这对人类健康做出了巨大贡献。关键是，人类很快就采取了过度泛化的做法，认为所有微生物都对健康有害。

好在我们现在已经逐渐开始意识到，人体内部的有些微生物群落与人类一同进化，是健康的胃肠道所必需的。抗生素是西方医学中少数几个非常强大的工具之一，但是由于被过度使用，我们已经看到生病的人数在随着抗生素用量的增加而增加，而且这些人通常患的都是慢性病。正如人类因过量使用抗生素损害了有益健康的微生物群落而生病一样，我们养殖的牲畜也是如此。此外，许多抗生素都会产生意想不到的副作用，其严重程度足以令大多数人震惊。我（希瑟）服用抗生素后出现的副作用是跟腱断裂。当然，现在我们已经知道了，盐酸环丙沙星这种抗生素的一个副作用就是肌腱和韧带受损（盐酸环丙沙星所属的氟喹诺酮类抗生素都有这种副作用）。[16] 20世纪90年代，当我在热带地区进行野外研究时，为了预防胃肠道疾病，曾大量服用这类抗生素。

从含氟饮用水到耐贮存食品中的抗真菌添加剂，从防晒霜到抗生素的过度使用，我们一遍又一遍地犯着同样的错误。在当今这个超新奇世界里，快速但昂贵且潜在风险很高的诊治方法极为常见，明白了这一点，并同时考虑还原论思维与过度泛化倾向这两个因素，我们就可以解释现代健康和医学领域的许多重大错误。

将进化带回医学

进化论是生物学的核心统合理论。然而，它这种地位其实是非常微妙的，微妙到足以令整个生物学领域思想混乱，而且在很大程度上甚至还影响了医学领域。

恩斯特·迈尔（Ernst Mayr）① 是20世纪最伟大的进化生物学家之一，他最早正式区分出了两个解释水平——近因解释（proximate explanation）和终极因解释（ultimate explanation），或叫远因解释。[17] 当然，他当初这么做只是为了梳理生物学中的因果关系，但是他实际上区分出了生物学中的两个分支，而且这一点可能是许多科学家都没有意识到的。

第一个分支是功能生物学。迈尔认为，功能生物学关注的是“如何”

① 恩斯特·迈尔对进化的深刻见解在《恩斯特·迈尔讲进化》一书中得以完整呈现。该书中文简体字版已由湛庐引进，即将出版。——编者注

（how）问题，比如：某个器官、基因或翅膀是怎样发挥作用的？这类问题的答案就是近因解释。

相比之下，第二个分支——进化生物学关注的则是“为什么”（why）问题，比如：为什么某个器官会一直存在？为什么这个生物体中有这种基因而不是那种基因？为什么燕子的翅膀会长成这样？这些问题的答案就是终极因解释。

好的科学研究需要同时从这两类问题入手。事实上，所有考虑复杂适应性系统的科学家都需要同时擅长这两个领域。因为与更深层次的“为什么”问题相比，“如何”问题，即近因解释，或者说机制问题，更容易界定、观察和量化，因此机制已经成为科学和医学研究的主要内容。而且，“如何”问题也往往是喜欢大惊小怪的媒体最热衷报道的，这并非巧合。很多时候，媒体和公众都误以为科学探讨的无非就是近因层面的问题。这种误解对任何人都没有好处，无论是对那些只对研究“为什么”问题感兴趣的人，还是对那些只对研究“如何”问题感兴趣的人，都是如此。仅从机制的视角来看，许多特征远远超出了我们的理解范围，但是这个事实并不代表我们无法对这些特征进行终极因分析。举例来说，尽管我们至今仍然没有完全弄清楚，爱情或战争是“如何”出现的，但是这并不妨碍我们对它们“为什么”会出现进行探索。

早在1963年，生物学家狄奥多西·杜布赞斯基（Theodosius Dobzhansky）就曾经这样说过：“倘若不从进化的角度入手，生物学领域的任何东西都说不通。”[18] 医学的核心也是生物学。然而，这样说并不代表当前正在展开的大多数医学研究采用的都是进化的思维方式，也不意味着医学中的问题也都是从进化的视角提出来的。

问题在于，如果医学研究倾向于只回答近因问题，同时无法摆脱还原论偏见，那么它最终会成为一门闭目塞听的学科，至于视野过于狭窄就更不用说了。即使是西方医学的重大成就——手术、抗生素和疫苗，也都已经被过度外推，应用到了许多不该应用的场景。当你手头除了一把手术刀、一粒药丸和一管针剂之外别无他物时，也许你真的会认为只要动动刀、吃点药或者打上一针，就可以解决全世界的所有问题。

然而事实是，即便是骨骼结构，也需要在进化的角度下重新加以研究。在受力、被使用时，骨骼和软组织都会做出反应，从而变得强壮——它们是“反脆弱”的。然而，假设在现代，一个人骨折了，如果断的是长骨——臂骨或腿骨，那么长期以来被业界奉为圭臬的治疗方法是：将断骨用石膏固定好，整整 6 周一动也不能动。这样，经过长达 6 周的全面保护后，骨头再折断的可能性有多大？当然不会太大。然而，骨头以及它周围的组织变弱以至于不适应外部世界的可能性又有多大呢？相当大！在这方面，骨头和孩子可能有相似之处。如果你不过分“娇惯”你的骨头，而是在受伤之前和之后让它们直接面对世界（当然要小心在意），我们认为它们（在某些情况下）将会愈合得更快，从而可以让你更快地恢复正常生活。

2017 年圣诞节那天，我们的小儿子托比把一块悬浮滑板作为礼物送给了妈妈希瑟，我（布雷特）在试滑这块滑板时不慎摔断了手腕。不过，我没有去急诊室，而是打算让它自愈。于是，我先是在极度疼痛中挨过了第一个晚上，然后又在相当剧烈的疼痛中度过了第二个晚上，接下来的那周，我和希瑟还参加了一个会议，结识了不少新朋友。在会议上，我坚持做到了一点，即不与别人握手，从社交层面来讲，这样做是挺尴尬的。但是在最初的几天之后，身体上的疼痛就不是那么难以忍受了。我没有选择用石膏固定手腕，然后不到两周，我的手腕就几乎完全恢复了活动能力和力量。休息 4 周后，它就恢复如初了。

一年半后，当时 13 岁的托比在野营活动的最后一天从高高的秋千上摔了下来。他为了保护头部和颈部而摔断了手臂。他的营地位于加利福尼亚州北部的三一山（Trinity Alps），我们把他带到了俄勒冈州阿什兰市的一家很好的急诊室，这家急诊室的医生给托比的手臂拍了一张 X 光片，并确诊了骨折，他用一个临时夹板给托比的手臂做了固定，并叮嘱我们一回到波特兰就到骨科给托比的手臂打上石膏。不过，我们一家人在接下来的几天里并没有直接回波特兰，于是就让托比先戴着夹板。第一天晚上，尽管服用了一些止痛药，托比还是觉得疼痛难忍。第二天，我们 4 人在阿什兰郊外徒步行走了大约 8 千米，托比一直戴着夹板，但是当我们回到租住的小屋时，他就问我们是不是可以取下夹板了。他的手和胳膊都肿得厉害，但在休息 24 小时后，当夹板取下时，他的手指已经可以活动了。3 天后，托比感觉疼痛基本消失了，于是不再服用任何止痛药。我们去了阿什兰美丽的利西亚公园，托比单手攀上了公园内一个高高的绳梯。不过，当我们回到了波特兰后，还是带他去看了骨科，那里的医生很开明，认为使用夹板没有问题，不必打上石膏，只要托比一直戴着夹板就行（淋浴时要取下来）。骨折 1 周后，我们就不让他戴夹板了。休息两周后，托比就可以骑自行车了。休息 6 周后，我们带着托比做了最后一次矫形检查，他不仅拿到了“康复证明”，而且他强壮有力的手臂还令医务人员惊讶不已。

在骨折这个问题出现后，坚持近因解释的人会认定骨折是一个严重的问题，然后马上提出针对该问题的快速解决方案。骨头断了？打石膏啊！而熟知终极因解释的人则会考虑人类的祖先在大草原上摔断了骨头之后发生的事情。是的，他们中的一些人可能因感染、伤势过重而死去，或者因行动不便而被食肉动物吃掉了。但是，也有很多人并没有因骨折而死去，而那些没有死掉的人就会将这种疼痛作为一个可能的行动指南，来确定他们的活动极限。用药物消除疼痛，会干扰我们身体的反馈系统，从而更难知悉我们应该做什么或不应该做什么。与此类似，在受伤后马上想办法消除肿胀，意味着你身体的同一个部位更有可能再一次受伤。受伤后的肿胀既不舒服又十分不便，但是它通常是适应性的，也就是说，它会像“动态石膏”一样固定你的肢体。如果你允许身体与你交流，那么疼痛、肿胀、发热等都是身体受伤后的“语言”，通过交流你就更有可能重新回到游戏中去，无论你的游戏是什么，而且更快、更安全。

在第 9 章中，我们还会讲述另一个关于骨折的故事：我们的大儿子扎卡里的手臂严重骨折，需要做手术。那个故事将进一步揭示还原论思维的风险，哪怕这种思维方式本质上也可以说是“进化”的。如果我们对所有的骨折都以同样的方法去处理，认为时间和自然过程足以治愈它们，那么扎卡里现在的状态将会很糟糕。因此，运用进化逻辑不仅是为了发现我们的优势，而且是为了了解人类的弱点以及什么时候需要现代解决方案介入。

在还原论至上的超新奇时代，又该相信什么

在本章中，我们批评了现代医学中普遍存在的还原论思维。我们需要将这种还原论与我们所处的超新奇世界结合起来看。这个超新奇世界极其复杂，不仅充斥着各种各样的选择机会，而且到处都是所谓的权威，他们各有各的资历，各有各的主张，因此我们中的许多人都渴望用某个简单的、不可动摇的规则来顺利地生活。我们希望，至少在某些领域，能够做

到"一劳永逸"，即依靠文化即可，而无须有意识地思考。这正是品牌忠诚度的一个促成因素——即便可以拥有更好的，也仍然一直使用相同的。即便事实证明，许多药物建议和饮食建议十分荒谬，但很多人仍然坚持按照那些建议去做。

在寻求"一劳永逸"的解决方案的过程中，我们成了还原论思维的牺牲品。事实恰恰相反，我们需要用灵活的、有逻辑性的进化论思维来指导自己做出判断。2020 年 2 月，在新型冠状病毒大流行初期，世界卫生组织和美国公共卫生署都反复宣称，"口罩对预防 SARS-CoV-2 没有任何帮助"。[19] 在这种情况下，很多人直接听从了这些"权威机构"的意见，而放弃了自己建立在逻辑基础上的独立思考。其实只需要稍加思考，就会发现这种所谓的权威意见根本站不住脚。例如，如果戴口罩真的毫无意义，那么为什么卫生专业人员在避免呼吸道疾病感染时，一直将它作为一种重要的预防手段呢？当后来这些指导意见被推翻后，那些仅因为权威而遵循它们的人就对这些权威彻底失去了信心。到了那个时候，要想重新获得公众的信任就非常困难了，因而也就无法劝说大家小心谨慎、细致入微地采取各种适当的方法来减少新型冠状病毒的传播和影响了。"处方"越简单，听起来越生动，也就更容易被那些寻求一劳永逸的解决方案的人记住。但是，这些方法一旦失败，你就没有其他出路了，从而失去了自己解决问题的能力。因此，与其盲目地"相信科学"或听从权威，不如自己学会逻辑推理。真的要寻求权威的帮助，也要找那些既愿意向你说明他们是如何得出相关结论的，又愿意在犯错时承认错误的权威。再次申明，我们的目标是，帮助你成为更好的问题解决者。

我们如何看待自己的身体，决定了我们如何看待食物。在现代社会中，从许多人鼓吹的所谓"饮食文化"，到令不少人痛苦不堪的饮食失调症，所有这些与食物有关的问题背后都有还原论思维的影子，即身体是机器，可以对它进行“设计和调试”，从而令它“顺从”我们的意志。而当我们审视其他文化时，可以观察到一种没怎么经过精心设计，而更多地依赖于神话和传统的方法。因此，在这些文化背景下，人们很少去尝试冷静地分析为什么他们要规定自己应该做什么。确实，在许多不属于“怪异”世界的地方，由于缺乏抗生素，许多本来不会死的人死亡了。但是我们要指出的是，在属于“怪异”世界的大部分地区，强调要减少对传统和自给自足的依赖，也导致了许多人的不必要的死亡。这两种情况都是真实存在的。在第6章中，我们将回溯人类历史和史前阶段，探寻人类的传统和创新，重点是食物方面的传统和创新。

进化新视角

A HUNTER-GATHERER'S GUIDE TO THE 21ST CENTURY

- **倾听身体发出的声音。**不要忘记疼痛是为了保护你而进化出来的。疼痛提供了有关环境的信息，以及你的身体应该如何对环境做出反应。有些损伤需要专业治疗，但有些损伤无须医学干预便可自愈，只要多加注意即可。疼痛一方面令人不舒服，另一方面又是一种适应性，因此在关闭疼痛发送信息的通道之前，请务必三思。
- **每天活动一下身体。**[20]去散个步吧。"混合运动"是最好的，即尽量不要一直做同一件事情，也不要在活动的时候长时间以同样的方式移动身体。而且，至少要花一些时间做一做高强度运动，要到户外的安全地带去运动。
- **多花些时间亲近大自然。**人为干预越少、受控制程度越低的自然环境越好。这样做有很多好处，其中一个是，你会顿悟，任何一个人都无法控制生活中的一切。另一个好处是，你体验到的不适——可能是天气实在太热，或者下雨了但你没有带伞，会帮助你校准自己的生活，即学会适应人生中的各个方面。
- **尽量赤足走路。**脚底的老茧是大自然馈赠给你的"鞋"，与穿着鞋时相比，赤足时，脚部能够更好地向大脑传递触觉信息。[21]
- **如果不是绝对必要，请不要用药物来解决精神健康问题。**虽然抗抑郁药、抗焦虑药等可以改善某些人的生活，但是它们往往不是最好的解决方案。通常来说，你总能找到有效的替代方案。西方医学界也开始认同，可以通过合理的饮食、充足的睡眠和有规律的运动来治疗许多情绪障碍，如抑郁症。[22]

- **警惕各种失配性疾病。**例如，在成人中发病率很高的糖尿病、动脉粥样硬化和痛风等。[23]这些疾病表明，你的（某个）进化适应环境与你当前的生活方式之间出现了失配。它们往往也表明，与进化过程中“过去的日子”相比，你现在很富足。至少对于这类疾病中的一些，只要你让自己的现代行为更接近以前的进化适应环境中的行为，就可以减轻它们对身体造成的损害。
- **评估某些类型的疾病是否需要借助现代的“修复术”。**例如，在与我所居住的环境相似的环境中，人们在现代医学出现之前是不是无法治好这类疾病呢？如果是，则需要新的解决方案。如果不是，请查阅历史资料，找到适当的解决方案。以佝偻病为例（现在有的北欧人仍会得佝偻病）。我们首先要问：在同样的北纬地区，过去是否有人得过佝偻病？第一个答案是，有证据表明，至少有一些北欧人没有得过这种病，那么就请从这些没得过的人身上寻找答案（记住维京人和鳕鱼）。第二个答案是，北欧人没有得过佝偻病。尽管对他们有用的东西对生活在其他地方的人不一定用，但在寻找解决方案时，务请查看一下当地的历史记录。

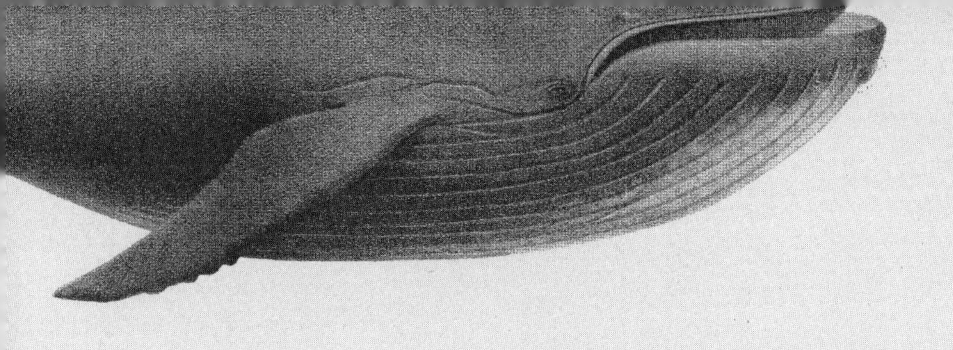

第5章

饮　食

人类最佳饮食方式是什么？

我们应该吃什么？这是人们长期以来一直非常关注的问题，尤其是来自“怪异”世界的人。许多人也许已经尝试过某种据称是“祖先吃过的东西”了。但即便我们在这样做时，所采用的视角充其量也只是还原论和反进化论的。

从能够改变身体酸碱度的饮食，到根据血型设计的饮食，再到只允许你吃一种或几种食物的饮食，如只吃葡萄柚或卷心菜汤，许多来自“怪异”世界的人都对“应该吃什么”这个问题非常在意，但也十分困惑。我们不妨先来看看某些圈子中相当流行的两种饮食方式，它们似乎远远不如其他很多饮食方式那么疯狂：生机饮食和原始饮食（paleo）。

提倡生机饮食的人认为这是一种最健康、最自然的饮食方式。他们声称，烹饪是人类饮食的一种劣化形式，是近代以来才出现的。这完全是错误的。在人类世系中，烹饪有着非常古老的历史，通过烹饪，人类可以从食物中获得更多热量。[1]虽然烹饪过程确实会使部分维生素流失，但是它带来的好处远远超过了这些许成本。完全吃生食的人往往营养不良，特别是他们同时吃素的话。这类人通常很瘦，但是这种瘦并不是健康的表现。[2]

还有一些人则强调原始饮食有益健康。原始饮食指的是不含谷物和大部分碳水化合物的饮食，但是其脂肪含量很高。对于某些人来说，这可能是一种健康的饮食。但是在一些地区，人们的饮食以碳水化合物为主，例如地中海北部，这种饮食可能无法让人适应，也不利于健康。此外，越来越多的证据表明，早在距今 17 万年前，早期人类就已经开始采用以碳水化合物为主的饮食方式了，他们经常食用富含淀粉的植物的根茎，其当代"近亲"包括非洲野生马铃薯。[3] 这个事实表明，虽然原始饮食对某些人来说可能是健康的，但是它其实无法体现真正的原始生活方式。

上面说的只是众多现代饮食方式中的两种，但是它们揭示了两个类似的关于食物的错误假设。第一个错误假设是，它们首先假设对于"应该吃什么"这个问题，存在一个普遍适用的固定答案。正如我们在第 4 章中讨论医学方面的问题时已经看到的，存在固定答案的可能性微乎其微。个体发育情况的差异本身就意味着，对某人来说是健康的食物，对其他人来说很可能是不健康的。性别等人口统计学特征，都会影响"应该吃什么"这个问题的答案。此外，随着年龄增加，一个人的饮食结构也会发生改变。通常以地理区域划分的文化差异也会影响一个人的最佳饮食方式，而且这些文化差异很可能已经刻入基因，从而反映种群对于特定食物的遗传倾向，就像欧洲牧民和撒哈拉贝都因人的乳糖酶持久性那样。请牢牢记住欧米伽原则，它认为像美食这样的成本高昂且长期存在的文化特征，应该被推定为具有适应性，而文化的适应性元素不是独立于基因的。

这种现代饮食方式揭示的第二个错误假设是，它们的支持者似乎认为人们吃掉食物只是为了生存。但进化的真相是，食物的存在并不只是为了确保生物体的生存。食物不只是营养物质、维生素和卡路里。虽然像所有动物一样，实际上所有异养生物都是如此，人类吃东西最初只是为了获得生存所需的能量和营养，但是人类与食物的关系，就像人类与性的关系，早已改变。人类早就不再仅仅为了满足补充能量的需要而进食了，正如我们早就不再只以生育为目的而发生性行为一样。

任何一种非历史的、还原论主义的饮食方式，都试图用食物的某些成分代替食物本身。吃这个补品吧，吃那个营养棒吧，吃那种罐头吧……你就可以摄入 X 克蛋白质、适量按字母顺序命名的维生素，以及保持一整天精力充沛所需的一切能量。通常情况下，这种饮食方式会导致超新奇性，而超新奇性又会带来新的问题，而且往往是人类无法应对的问题。

这种饮食方式天然包含了很多错误，而且凸显了人类狂妄自大的倾向。20 世纪，人们见证了“切斯特顿饮食体系”的崩溃。正如切斯特顿栅栏原则所暗示的那样，在摒弃任何一种饮食体系之前，我们都应该先弄清楚它的用途。事实恰恰相反，我们直接摧毁了它，取而代之的是一系列易于量化和商品化的食物成分和“食物零件”。加工食品的生产商可以随心所欲地增减它们。我们应该吃真正的食物，而不是用加工食品去迎合各种花样翻新的饮食建议，如“现在你要摄入更多的维生素 B_{12} 了！”。真正的食物，其所有主要成分基本上都可以识别，这些成分都来自生物体，只有盐等少数成分例外。

有些食物对每个人来说都是美味可口的，如“丰富多汁”“咸香酥脆”“香甜嫩滑”，这些特点是所有文化都偏好的食物风味。人类的味觉是在肉类和其他高脂肪食物、盐和糖都罕见的年代进化出来的。味觉得到了进化，这一点非常重要。不过，人类的味觉事实上已掉进了食物生产系统设下的一个陷阱，因而受到操纵。这个系统可以轻松地制造出脂肪、盐和糖，并将它们添加到任何食物中去。当然，这也是超新奇性的另一种体现。

对于许多人来说，快餐的味道非常不错，这是因为快餐成功地捉弄了人们的味觉，以可靠统一的方式使人们享受固定的风味：富含油脂、咸香和甜蜜。任何一个人在任何时候走进数百家同质化快餐店中的任何一家，食用相同的食物时，都可以触发这种反应。相比之下，一盘烤肉、米饭和豆子，再配上新鲜制作的炸玉米饼、碎番茄粒、牛油果酱或在自家厨房腌制的蔬菜，总是更有营养，而且对于我们中的许多人，以及任何决定开发自己味觉的人来说，这种搭配事实上也更加美味。这是毫无疑问的。加工程度较低、原料种类更多的食物比快餐更有营养，正如它比服用膳食补充剂更有营养一样，尽管有人声称膳食补充剂可以替代你从食物中获得的所有营养，但千万不要忘记，整体大于部分之和。

不过，为什么整体大于部分之和呢？或者换句话说，为什么整体分析方法通常要比还原论方法好呢？原因有两个。首先，任何一个给定系统的组成部分，即我们将其变成药丸的东西，通常都不能描述整个系统。请读者回忆一下第 4 章对香草醛（香草的一种成分）的讨论。其次，多种加工程度较低的食物更容易搭配，方便烹制。与服用药丸相比，我们的身体可以通过不同食物的搭配更有效地利用它们。对于那些有着悠久烹饪历史的食物，情况尤其如此，如中美洲土著经常享用的一道传统美食。他们将玉米、豆类和南瓜放在一起烹制，当地人把它们称为“三姐妹”。当把这些食材放到一起烹制后，它们就形成了蛋白质的完美组合。悠久的烹饪历史表明，直到最近以前，人类通常会无意识地发现，正如“闻起来味道好”代表“对你有好处”一样，“吃起来味道好”同样如此。

现今对待食物的还原论思维实际上误导了我们，这是因为人类的身体从来都不是一个简单的静态系统，而且人们不可能对食物都有相同的需求。

根本没有普遍适合人类的最佳饮食方式。这种东西不可能存在。

在人类不同的进化适应环境中，主食的种类也不同：在安第斯山脉地区，人们通常食用的是藜麦和土豆；在美索不达米亚肥沃的新月地带，人们很早就开始栽培小麦[4]和橄榄[5]；在撒哈拉以南非洲地区，高粱和几内亚山药则是早期农业上的重大成就。[6]当然，早期人类有时也吃肉，但他们能够获得充足肉类的时间通常比较短暂。同样，水果的丰富与否也有季节性。在某些地方，还陆陆续续出现了酒精饮料和用植物制造的兴奋剂，这种兴奋剂在当地很常见。甚至连常见营养素的比例在不同文化中也不是一成不变的，因纽特人的饮食富含脂肪与蛋白，几乎不含碳水化合物，这与居住在赤道附近的人的饮食结构迥然不同。考虑到这种差异，寻找普适性的人类最佳饮食方式的想法显然是荒谬的。

21世纪，许多食品都会对你产生诱惑，尽管你的大脑告诉你不应该吃，你本能也觉得不应该吃，但你还是忍不住想吃。在随时可得的、深加工的廉价食品出现之前，我们古老的审美喜好对饮食有着非常好的指导作用，但如今那些古老的审美喜好已经变得不那么可靠了。超新奇性的迷局搅乱了人类饮食规则的古老标准，因此，我们必须用自己的意识来区分好坏。

本书之所以认为对待饮食的还原论思维误导了人们，是因为这种思维忽略了食物原本拥有的一种重要功能，即食物能够帮助你建立与其他人的联系，因为那些为你做饭的或与你一起做饭的，又或者吃你做的饭的人，往往是家人和朋友。以营养为中心的制备食物的还原论方式，无法充当情感的载体。当你为成功而喜悦或因失意而悲伤时，喜悦和悲伤通常可以通过与亲朋好友一起进食而表现出来。那些体现还原论主义的食物无法帮助人们识别和记住文化传统，当然更不可能产生由于意外或尝试而获得的特有风味。新老菜肴既可以反映风土文化，如它们来自哪里，也能够反映它们对其他文化和地方特色的借鉴。玉米、豆类和南瓜“三姐妹”至今仍是墨西哥菜系中的特色。酸橙、大蒜和奶酪的搭配，则是西班牙人引入墨西哥的，它们都很好地融合在了一起。

人类不仅需要蛋白质、钾和维生素C，通常还需要祖先进食时的某些环境。我们需要文化和联系。当人们坐下来一起吃饭时，尤其是掰开自己亲手做的面包时，我们获得的东西远远超过了卡路里。

接下来，我们回顾一下人类饮食进化史，了解一下人类以前是怎样吃的、吃的是什么，以便为我们今天要怎么做才能更好地吃，提供一个更好的参考。

工具、火与烹饪

早在人类与长得像黑猩猩一样的祖先“分道扬镳”之前，我们就一直在利用工具从周边环境中获取食物。大量证据表明，现代黑猩猩在觅食时经常使用工具，请注意，它们与大约600万年前的黑猩猩并不相同。有的现代黑猩猩会用石头敲开坚果。[7]在贡贝国家公园，珍·古道尔（Jane Goodall）最先观察到了黑猩猩掏蚂蚁窝的行为，它们先将一根树枝探入蚂蚁窝，然后再取出来，舔食附在树枝上面的蚂蚁。[8]

现代黑猩猩与人类一样都喜欢吃蜂蜜。黑猩猩有时会用与掏蚂蚁类似的方式获得蜂蜜：将一根树枝插入蜂窝中，然后舔食粘在上面的蜂蜜。不过，对于东非的狩猎采集者哈扎人部落来说，优秀的猎人还要使用另外两种工具，因此他们采到的蜂蜜比任何黑猩猩都要多：第一种工具是斧头，可以用来开路，这样他们就能更准确地找到蜂巢；第二种工具是点了火的棍棒，用于熏跑蜜蜂，从而大大降低获取蜂蜜时的危险。[9]

大约600万年前，人类的外表已经发生了很大变化，与长得像黑猩猩的祖先已有了明显差异，人类制造工具的能力开始飞速提高，制造的工具种类也变得多样。330万年前，人类的祖先开始使用石器。[10] 250万年前，人类的祖先学会了使用石制工具屠宰捕获的动物或拾获的动物尸体，并学会了从骨头中吸食骨髓。[11]

还有非常重要的一点是，我们的祖先可能在150多万年以前就已经能够使用火了。[12] 当然，火为人类带来了非常多的好处。火能为我们取暖，带来光明。我们还可以用火阻吓、驱赶野兽，从而保护自己，并以火为灯塔，为朋友指路。在学会使用火后不久，人类就开始用火来将水煮开，这样的水更适于饮用。他们还用火来杀灭害虫、烘干衣服，还用它来锻造金属以制造工具。有了火，人类在漆黑的晚上也可以看到彼此，并继续白天未完的工作，还可以聚在篝火的周围，讲故事或创作音乐。尽管不少早期人类学家、传教士和探险家的报告经常会做出相反的论断，但是现在基本可以肯定，没有任何一个已知的人类文化是不使用火的。[13] 我们都知道，正是达尔文强调，生火的艺术“很可能是人类有史以来除语言之外最伟大的（发现）”。[14]

虽然达尔文没有在上述论断的基础上进一步引申，但是很快就有人这么做了，此人就是灵长目动物学家理查德·兰厄姆（Richard Wrangham）。他已经正式提出了一个相关假说：火的使用以及随后发明的烹饪方法，就是人类得以成为今天这个样子的关键所在。[15] 烹饪方法的众多优势之一是，通过降低寄生虫和病原体可能带来的风险，使食物更加安全。烹饪过程还可以去除一些植物的毒性，使我们可以食用原本无法生食的食物。[16]烹饪还降低了食物腐败的风险，从而使食物储存更长时间。另外，在烹煮之后，一些原本坚硬得无从下口的食物，也可以被打开和捣碎了。

但是，尽管上面说的所有这些优势也非常重要，但它们都无法与下面这一点相比：借由烹饪，我们可以从食物中获取更多能量。如果人类仍然像今天现存的那些野生猿类“近亲”那样生食，那么要从饮食中获得足够的卡路里，每天就必须咀嚼 5 小时以上。因此，熟食是对来之不易的食物资源经济而有效的利用，从而让人类可以腾出更多的时间和精力去做其他事情。[17]

许多土著文化都有关于他们的祖先如何开始使用火的神话故事，不过很少会涉及烹饪的起源。我们在波利尼西亚的法考福（Fakaofo）土著那里收集了一个关于烹饪的起源的故事。这个故事是这样说的：一位名叫塔兰吉的男人走到了一位名叫玛芙伊克的盲人老妇身旁，要求她借火给他。玛芙伊克起先沉默以对，直到后来塔兰吉出言威胁，她才同意。但是，塔兰吉想要的不仅是火，他还问玛芙伊克哪些鱼该用火烹煮后再吃，哪些鱼可以生吃。这个故事认为，烹饪食物的时代就是这样开始的。[18]

就像每一个已知的人类社会都会使用火一样，我们也都学会了如何烹饪食物。[19]我们完全有理由相信，人类开始烹饪之后，从每一次狩猎或采集获得的食物中吸收的热量就更多了，也就有更多的时间去做其他事情了，例如，在一起制备食物时，或者是当大家围坐在篝火旁一起吃饭的时候讲讲故事。我们利用食物作为社会润滑剂，以及文化和联系的促进剂，但其必要前提是火与烹饪。

因此，我们也可以认为，对火的控制构成了有意识探索的有效放大器。火将人们聚集起来，大家共同畅想，想象新的生存方式，并通过合作将一些想象变为现实。人类通过对火的使用，成功地探索到许多优越的竞争模式，因为火提供了一种消毒和保存食物的重要方法。适当烹煮后的食物可以让我们安然度过饥荒或长途旅行。而且，当旅行需要穿越河湖海洋时，火也可以提供重要的帮助。因为在许多情况下，与慢慢雕凿相比，用火烧炙大树制成独木舟是一种更加快捷的船只制造方法。火也使人类能够进入那些非常寒冷的地区，开辟新的生存空间，从而完成了对整个地球的探索。

人类对火的使用为烹饪的发明奠定了基础，而烹饪既能够节省时间，又能够节省能量，最终才产生了我们今天拥有的极其丰富的美食。

“说服”野生动植物与我们合作

人类“驯服”了火。当然，这是一件相当困难的事情，而且这种活动与人类驯化动植物，以便将其作为食物有很大不同。因为火与动植物不同，它对人是完全“漠不关心”的。所有食物都来自动植物，除了一些烹饪时需要添加的矿物质（如盐）之外，食物就是有机物。这就是说，我们的食物也是生物，因而食物也会进化。在这个意义上，食物是有其自身“利益”的，或者说至少在它活着的时候是这样的。火是非生物，它没有利益诉求，也没有目标。

那么在我们吃的各种食物中，哪些食物被吃掉是符合其自身利益的？或者换句话说，有机体生产了哪些食物并期望它们的“产品”被食用？

确实有，如乳汁、水果和花蜜。

乳汁是哺乳动物“妈妈”用来喂养幼崽的。生长出水果，植物就能引诱动物替自己散播种子。例如，黑莓灌木以甜美的果实吸引鸟类、鹿和兔子来吃，当这些动物饱啖了浆果，四处游荡并将种子排出体外时，黑莓灌木就实现了它们的进化目标：这些种子留在了富含肥料的泥土中。花蜜则是植物促进传粉的一种方式。例如，蓝莓灌木以甜蜜的回报吸引许多种类的蜜蜂，当蜜蜂将花粉从一朵花带到另一朵花时，植物就实现了繁殖的进化目标。

种子不想被吃掉，[20]叶子也不想被吃掉。当然，动物也不想被吃掉，无论是牛、鲑鱼还是螃蟹，但没有办法，要想食用肉类，我们只能把动物杀死。然而，几千年来，人类确实已经驯化了许多野生动植物与我们合作。那些能够被驯化的食物，更容易进入园艺业、农业和畜牧业。在某些情况下，人类是与它们共同进化的。虽然从命运的角度看，它们对我们的依赖程度，可能弱于我们对它们的依赖程度，但是我们与它们确实有着共同的命运。

玉米、马铃薯和小麦的分布范围很广，产量也很大，而且当人类把它们作为食物时，它们消失的风险也小得多。因此，这些植物物种也受益于它们与人类的联系。对于人类驯养的牛、猪和鸡来说，情况也是如此，虽然出于情感方面的原因，要得出这样的结论似乎更难一些。我们通过驯化将其作为食物，从而增加了它们的分布范围和产量，降低了它们灭绝的风险。在加拿大不列颠哥伦比亚省附近的萨利什海（Salish Sea），由于养殖业的进步，当地人养殖的蛤蜊的个头不断增大，产量不断提高。尽管对蛤蜊而言，人工养殖本身也意味着某种代价，但被捕获和食用的养殖蛤蜊的数量，远远超过了它们的野生表亲。[21]如今，当我们环顾北美平原，只能找到极少的野生水牛，但可以看到很多奶牛，因此很难说野生水牛的境况比奶牛更好。

因此，从总体上看，被驯化的物种具有很大的进化优势。这个结论从表面上看似乎站不住脚。例如，一只鸡在被吃掉之后，肯定无法再以任何形式“享受”了。然而，请考虑一下现在这只“不幸”死掉的鸡所在的鸡群吧，它所属种群的其他成员仍然活着，整个种群“繁荣兴旺”，规模远比很久以前它们的祖先时代大得多。

进一步扩展这种进化逻辑，我们不难预测，人工培育的生物体将会通过生成对人类有益的特征来获得适应性优势。或者换句话说，对于栽培或驯化物种来说，自然选择应该会青睐对人类有益的那些特征，即使驯化和培育它们的人类可能完全意识不到这一点也无关紧要。如果你对人类与我们驯化的生物体之间的互惠关系仍然持怀疑态度，上述事实和观点应当能引发深思。

饼和鱼的故事

在《圣经·新约》中，最著名的故事之一是耶稣将 5 个饼和两条鱼不断倍增，最后变成了足够养活整整 5 000 人的食物。饼和鱼的故事在所有 4 本福音书中重复出现，这个事实应该足以引人深思了。但是再想一想，一支军队吃的食物从哪里来确实会成为一个很困难的问题。或许，饼和鱼的故事的内涵比我们想象的要深刻。

在人类历史上，农业在世界各地陆续出现，时间大约从 1.2 万年前开始。[22] 有的人可能会想当然地认为，面包应该紧随农业出现，因为这无疑是一种保存和运输新近栽培的谷物中的营养物质的明智方法。然而，至少在一种文化中，面包的出现早于农业，而且早了很多。在如今的约旦所在地，古代纳图夫人（Natufian）至少在农业出现前4 000年就开始制作和食用面包了。[23]他们先将现代小麦（单粒小麦）的前身——野生小麦种子以及根茎植物的块根和块茎制成面粉，然后再把这种面粉煮熟，制成大饼，也就是一种扁面包。他们这样做也许是为了在旅行时食用。与生种子和块茎（根）相比，扁面包具有重量轻、营养丰富、便于携带以及保质期长等优势。

与采集野生植物相比，农业的优势数之不尽。最大的一个好处是，农民现在可以更好地控制空间和时间了，他们知道去哪里寻找大部分所需的食物，并且可以协调何时收获它们。栽培物种经进一步驯化后，人类还可以选择那些我们重视的特征，例如，更大的果实、更高的脂肪含量、更容易收获植物中我们想要的那部分，同时剔除那些我们不喜欢的特征，例如，植物为了防止有机体吃掉自己而产生的毒素。

但是不要忘记，早在成为"农学家"之前，人类就已经是人了，而且即便在文化上也是如此。烹饪早在每个人类社会进入农耕时代之前，就已经存在很久了。[24]在拥有了可以用来烹煮的容器之后，烹饪变得更加容易了。在中国，陶器在农业出现之前就已经存在了上万年。[25]我们现在几乎百分之百肯定，陶器已经用于烹制人们狩猎和采集来的食物了。陶罐可能主要用来运送和储存水和生食物，也许它们还被用来发酵或保存食物，包括生产酒精性饮料等。现代人认为酒精主要是一种社交润滑剂，但它实际上是一种不会导致卡路里大量损失的食物保存方法，例如，从许多方面来看，啤酒都称得上是一种液体面包。

火、烹饪和工具在原始人类向现代人类转变的过程中发挥了重要作用。类似地，农业一旦在世界各地的社会中占据了一席之地，通常就会给人类文化带来一系列巨大的改变。例如，农业使人类从经常迁移的游牧生活转向了永久性定居，生活方式也更倾向于久坐不动。人们有了更大的专业化空间，包括出现了全职的手工艺专家，这又促进了贸易、艺术和科学的发展和推广。它还促成了商业和经济的其他方面的发展，以及政治的结构化，使人与人之间的贫富差距扩大，并且推动了性别角色的变化。这一点将在第7章中讨论。

但是，“饼和鱼”这个故事中的鱼呢？我们还没有讲到它。

石器、火和烹饪都与人体解剖结构和社会结构的变化相关，与此类似，食用鱼、海龟和其他水产品可能有助于大脑的发育。[26] 在沿海区域和河流中捕鱼的危险性相对较小，同时，与捕猎大型陆地哺乳动物相比，捕鱼更加容易，即便没有复杂工具，或是缺乏共同狩猎技术，人们通常也能捕到鱼。[27] 现在已经有大量证据表明，人类曾经沿着海岸线迁徙了十几万年，这一点与水生动物一直是人类饮食的重要组成部分有很大关系。[28]

生活在几内亚宁巴山脉的黑猩猩会捕捞螃蟹，或许可以据此推断当年生活在类似栖息地上的早期人类的情况。是的，我们有理由推测人类的早期饮食中包含许多鱼类和其他水生动物。[29] 白令人在进入新世界的途中，由于专门捕鲑鱼，所以他们可能一直在改进古老的捕鱼技艺。吃鱼可能是人类早期进化过程中的关键一环。

就这样，一个有数百万狩猎采集者居住的史前世界，在1万年内变成了一个有10亿人食用传统农业食品的世界，而在过去的200多年间，人类又将它变成了拥有数十亿人口的世界。现今的世界依靠的是集约化农业，而这种农业又依赖于不可持续的化石燃料，而且全世界只有一小部分人口与农业有直接接触。很显然，只有那些与食物来源至少有某种关系的人，无论是自己种植作物，还是偶尔采摘浆果，抑或是偶尔会在当地农贸市场里与农业种植者交谈几句的人，才更有可能重视农业生产的复杂性、风土条件的价值，以及不同烹饪传统之间持续不断的分化融合。但凡对食物的起源和历史有一定了解，你就不太可能认为能量奶昔才是食物的完美替代品。

丰收的盛宴

当我（希瑟）结束了在马达加斯加东北部的一个野外研究季时（在那里，我研究的是毒蛙的性行为），当地一个家族的族长邀请我做摄影师，帮他们拍摄一个回归仪式，即通常所称的"翻尸节"。那是当地一年一度的重要仪式。在收获季节结束后，当地人会挖出几位祖先的骨头，而对于那些死去不久躺在棺材中的人，则会将其重新包裹一下，放进一个更小的骸骨盒中。那些原本就已经放在骸骨盒中的尸骨，则用新的裹尸布再包裹一遍。他们这样做的意思是让死者重新出来"走动走动"，而生者则借此机会与死者"交谈"，告诉他们过去一年里发生的各种重大事件，如收成如何、有没有受过风暴侵袭、后代出生和成婚的情况等。想必死去的人也会通过这个场合"获悉"哪些人去世了吧。

那一天，当祖先们已经重新回到墓穴，仪式还要继续进行近 24 小时。首先，他们要喝上好几轮一种当地出产的名为 toaka gasy 的酒，然后举行一个用大瘤牛（zebu）作为祭品的献祭仪式。这种大瘤牛在马达加斯加高原上很常见，而在我们当时所在的潮湿低地森林中却难得一见。宰牛的时候，一切都显得相当安静，大人和孩子都静静地在一旁观看。然后，在正午的阳光下，他们将牛的内脏取出来，放在香蕉叶上。在这个过程中，主持仪式的人会指派一男一女两个人负责守卫，“不让其他鬼神靠近”，直到傍晚的宴会开始。我当然只是一个不怎么了解情况的外来观察者，不过在我看来，那两个守卫最关心的似乎是如何把鸡群赶得远远的。

然后，一位老人起身，对在场的村民和祖先讲话。他说的是马达加斯加本地语言，我和野外研究助理都听不懂，但是他的话对听众有很大的感染力，这是显而易见的。这位老人很擅长控制场面，他不仅能够轻易地在肃穆的称颂和轻松的回忆之间切换，而且会插入一些很受欢迎的笑话。显然大家都非常喜爱他。在未来的某个时候，在场倾听的某个人将会以大致相同的方式将这位老人尊称为祖先。

在完成了向祖先们的致辞之后，庆祝活动就开始变得更加热闹了。盛宴将会通宵达旦，而在盛宴开始前的几小时里，到处是音乐、舞蹈，以及更多的 toaka gasy 酒。村里的女人排着长队跳舞，扭着腰高声歌唱，偶尔会把一个男人拉过来戏弄。那天晚上的盛宴，尤其是那头大瘤牛的肉，会让所有参加盛宴的人久久难以忘怀。

马达加斯加是盛宴之地。同时，它也极度贫困。当地人每天的日常饮食通常包括米饭和一种名为 ranonapango 的饮料——这种饮料用烧焦的米饭煮水制成，有人将它称为马达加斯加的“国饮”，此外就没有什么东西了。马达加斯加人在街上遇到别人时最常见的打招呼用语之一是：“你今天吃了多少碗米饭？”就连对我们这些特征非常明显的 vazaha（白皮肤的外国人），生活在这个巨大红色岛屿上的当地人有时也会这样同我们打招呼。当然，如果一天吃了很多碗米饭，就可以表明自己是一个比较富裕的人，至少说明已经开始摆脱饥饿了。

那么问题来了，为什么马达加斯加这个国家的大部分人仍然在挨饿，但是马达加斯加人却如此热衷于举办盛宴呢？这显然是又一个悖论。如前文所述，我们认为悖论就是科学研究的藏宝图。当你看到一个悖论时，一定要继续挖掘下去。

大自然是不会浪费任何东西的。因此，当你以为自己看到了浪费现象，例如，马达加斯加人的盛宴、玛雅人的巨大寺庙，以及松鼠的坚果洞（它们秋天埋藏起来的坚果，比春天挖出来的多得多），请务必深思，你的观察角度可能错了。这些现象中很可能存在着不易察觉的长期策略。

承载能力至关重要。如前文所述，承载能力指在给定的环境中，在给定的时间内，种群人口可以达到的上限。当你将观察范围缩小，观察很多代人，甚至亿万年间的情况，承载能力看上去是非常稳定的。然而，当你将观察范围放大，承载能力的波动幅度却可能是非常大的，观察者在空间和时间上靠得越近，承载能力参数的振荡就越剧烈。对于农学家来说，这看起来就像是丰收年景、歉收年景交替出现：收成超过预期中位数的年份，一般都会伴随着收成低于中位数的另一年。如果每年人口出生率的波动情况与收成的波动情况完全一致，那么在所有年份中，人们陷入饥荒的年份约占一半。这些年份自然将导致冲突和分裂，从长期来看，那将会为整个世系敲响丧钟。这种困局的一个解决方案就是，有效地消耗掉多余的资源，不让多余的资源用于养育更多的婴儿，因为更多的婴儿终将导致无法满足的需求。盛宴就是这种解决方案的一种表现形式。通过增强群体凝聚力，而不是生下更多婴儿，整个种群可以避免因收成差异而出现的可预测的灾难。

关于如何调和繁荣与萧条，我们将在第13章中介绍的“第四边疆”策略可以解答这个问题。事实上，它向来是人类处理自身与食物之间关系的一个长期策略。

进化新视角

A HUNTER-GATHERER'S GUIDE TO THE 21ST CENTURY

大多数古老的饮食法则现在都已经过时了，但这并不意味着我们不能在如何吃、吃什么以及何时吃等方面遵循某些特定的规则。

- **去中间商尽可能少的地方购买食物。**[30] 例如，到农贸市场购买。因为进入超级市场的几乎所有东西都含有更多的糖、盐和提鲜剂。这些成分可能未经审查就添加进去了，至少未站在长远的角度进行审查。尽量少使用精制糖。高度精制的食品，或者叫深加工食品，是超新奇性的另一个例子。塑料也是如此，所以尽量少吃塑料包装食品，尤其要避免让加热的塑料直接接触食物。
- **避免食用转基因生物食品。**尽管我们现在无法确定转基因生物的危害性，或者它们是否完全无害，但它们与农民通过几千年来的人工选择栽培的植物和驯化的动物仍然是不一样的。当农民选择植物或动物进行繁育，保留某些特征并淘汰另一些特性时，自然选择已经在起作用。相比之下，当科学家将基因片段或其他遗传物质插入原本与这些基因无关的生物体内时，他们其实是在创造一个全新的生命。有时他们可能很幸运，创造的东西对人类有用且友好。但是有时也可能很不走运。从本质上说，人类使用超新奇技术创造的嵌合式生命形式是不安全的，任何告诉你相反结论的人，要么不知道自己犯了错，要么就是在撒谎。
- **尊重自己对食物厌恶或渴望的感受。**尤其是在运动后、生病时或怀孕期间，但你渴望的应该是真正的食物，而且不会带来风险。[31]

- **让儿童全面接触各种各样的天然食物，**尤其是那些能够与你的烹饪文化传统和种族背景联系起来的食物。你要和孩子吃相同的食物，而且要在吃的过程中表现出愉悦感。将各种时令水果放在柜台上，让孩子们放心地吃他们在那里找到的任何水果，鼓励他们形成自己的偏好，同时帮助他们学会如何以及在何时发现各种各样的天然食物。
- **根据种群的烹饪传统来制订饮食指南。**如果你是意大利人，请将意大利传统美食纳入你的饮食结构。如果你是日本人，请仔细研究一下日本料理。尤其要注意家庭烹饪的传统，因为餐馆中的食物虽然通常很美味，但是一般只能代表烹饪传统中的一小部分。
- **不要把食物还原为它的组成部分**，例如，碳水化合物和纤维、鱼油和叶酸等。对于一种食物，建议你从以下角度来看待它：它来自什么物种？最初将它作为食物的文化是什么？现在世界各地的人料理和食用它的方式有哪些？
- **不要让食物在你的世界里随处可见。**在人类进化史的大部分时间里，人类社会都是通过仪式形式的盛宴和长期的节俭来抵御繁荣和萧条的反复振荡的。但在最近的历史时期，农业的发展大幅提高了储备粮食的能力，这样做的目的是以备不时之需，或者更有可能的是，为应对长期干旱或歉收而“储蓄”。虽然现代人想要尽可能多地消费能量，但我们古老的传统则想要将能量储存起来以备后用。当能量稀缺时，这种代谢倾向是很有意义的。当狩猎采集者发现了很多蜂蜜时，他和朋友很可能会大口大口地吃光所有蜂蜜，因为他们不知道什么时候才会再次找到蜂蜜。[32] 如今，因为食物资源不再稀缺了，所以“狼吞虎咽”也就不再是一个有效的策略了，因为稀缺的那一天可能永远不会到来。与此相反，我们现在任何时候都能够找到食物。所以，我们必须克服进化冲动，以免为那些 24 小时营业的杂货店所售卖的超新奇食物所害。正如间歇性禁食法所建议的那样，定期不进食，似乎是一种对健康有益的方法。

- **不要忘记，食物是人类社会的润滑剂。**接受免下车服务，独自一人在车里吃饭，也是一种超新奇现象。这样做肯定无法帮助我们与食物、我们的身体及其需求建立联系，也不利于人们在彼此之间建立联系。

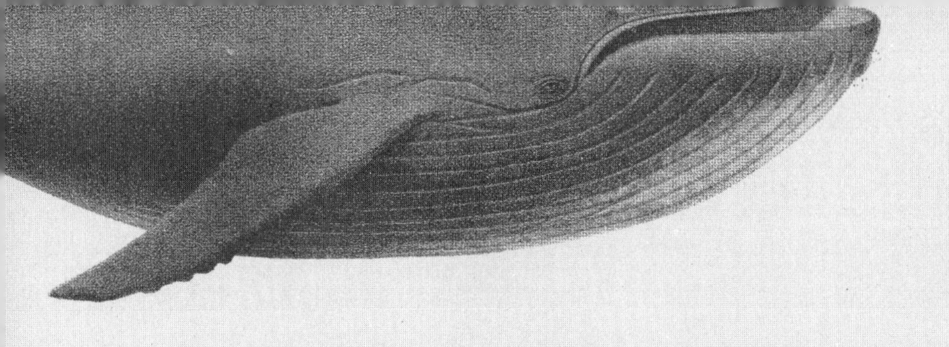

第6章

睡　眠

睡眠，乍一看似乎很神秘。

也许你会想到一个问题：如果有外星人到访地球，他们会不会因为发现人类需要睡眠而觉得非常奇怪？是啊，我们每天都要进入近乎“昏迷”的状态，然后在“全身瘫痪”的情况下在梦中编造一些疯狂的故事，并与那些故事中的奇怪角色互动。当然，外星人也可能根本不会感到惊讶，因为任何能够依靠自己的能力到达地球的外星人肯定也需要睡觉，也会做梦。

虽然仍然有可能，但不太确定的是，来到地球的外星人应该已经超越了人类当前正在经历的这个阶段：现代人的睡眠习惯与他们古老的大脑和身体不同步，从而导致了广泛存在的睡眠中断。在掌握星际旅行技术之前，或者说，在完成他们最了不起的工作之前，外星人肯定需要先解决好他们的睡眠问题。接下来，我们将在本章中讨论现代人类可能用来解决睡眠问题的一些方法。

假如科学家向地球上的任何一种动物提问：“你睡觉吗？”那么答案几乎都是肯定的。[1]这也就引出了第二个问题：动物为什么要睡觉？

答案其实也很简单。睡眠之所以会成为每个人生活的一部分，是因为一个简单的权衡：我们不可能拥有同时完全适合白天和黑夜的眼睛。有人可能会说，想办法生出两对眼睛不好吗？但如果不大幅度地增加大脑的容量和能量需求，就不可能建立一个能够同时管控两对眼睛的视觉皮质。由于只能有一对眼睛，这就造成了这样一种困境：你是想成为一种眼睛功能不上不下的动物，即在白天和黑夜都可以视物，但是对白天或黑夜都不太适应的动物，还是想让眼睛在白天或黑夜视物能力达到最佳？在动物界，我们可以看到所有可能的解决方案。日间的视力专家是昼行性动物，夜间的视力专家则成了夜行性动物，而在黎明和黄昏时期活跃的动物则为曙暮性动物。昼行性动物有犬羚，夜行性动物有夜莺，曙暮性动物有水豚等。所有的解决方案都是权衡的产物。

在所有其他条件都相同的情况下，如果你有眼睛，那么在夜晚活动要比在白天活动难得多。白昼提供了天文数字般的“免费品”。太阳向地球发射了大量的光子，这些光子会从物体表面反射出来，从而令那些拥有光感受器的生物意外地发现这一切。这是一份大礼。当然，我们也可以非常肯定地说，夜行也有夜行的好处，其中一点是没有昼行性竞争者。无论如何，无论你是昼行性动物、夜行性动物还是曙暮性动物，你都必须在地球自转一周的过程中睡上一段时间。

人类来自至今已经延续了数百万年之久的昼行性动物世系。地球上不存在夜间活动的猿类，夜间活动的猴子种类也非常少，所以人类在白天活动的习性，可能至少可以追溯到所有猿猴，即广义的猴子的最近共同祖先。人类身为昼行性动物可以拥有很大优势，因为太阳光是免费的，而且人类在进化史上以昼行性动物的形态存在了很长时间。然而，这又引出了一个问题：我们晚上做什么呢？

睡眠可以节省能量。如果眼睛不适应夜晚，那么它们在生态行为上就会显得低效，因为你看不到需要看到的东西，也会面临很大的风险，因为夜行性捕食者更擅长在夜间搜寻猎物，你的眼睛条件又导致你很难避开它们。饥饿对每只动物都构成了危险，既然你在夜间无法进行高效的生产，那么就想办法好好休眠吧。在很多方面，不浪费能量与找到能量一样有价值。这样一来，问题也就变成了：你需要休眠到什么程度？

尤其对于人类来说，如果一到晚上，只是因为视力不佳，就将我们顶在肩膀上的这台无与伦比的“计算机”完全闲置不用，那将会是一种耻辱。这是因为，即便我们无法用眼睛看到世界上正在发生的事情，也可以思考已经看到过的一切。为此，自然选择借用了人类视觉设备中令人难以置信的计算能力，并将它重新用于制作某种“电影”（即做梦）。到了晚上，我们在身体上处于休眠状态，但是在精神上并非如此。

在睡眠状态下，我们其实是在预测和想象自己在未来将会看到什么，并围绕这些可能性进行一系列场景构建。如此这般，到了下一次活动，我们就知道该说什么、该怎么感觉了。所以我们之所以需要睡眠，是在为下一次活动做准备。

我们可以预测，有智慧的外星人立即就能认出睡眠，因为尽管地球在很多方面都很特殊，但是白天和黑夜之分很可能是所有能够进化出生命的行星的共同特征。[2] 如果外星人的心智足够复杂，或者说他们很聪明，并且具有社交倾向（从他们造访地球这一点就可以看出来），那么他就很可能来自一个与人类有着类似困境的星球，即一个白天光明而夜晚黑暗的星球。在这样的星球上，让身体在一部分时间里“休眠”无疑具有历史意义，不过在入睡的那段时间里，产生精神活动的器官会变得非常活跃。

从广义上说，我们现在所知道的睡眠可以分为两种类型：快速眼动睡眠（REM）和非快速眼动睡眠（NREM）。在快速眼动睡眠中，眼球快速地自由转动，同时四肢和躯干的肌肉则呈现瘫软无力的状态。而在非快速眼动睡眠中，最深的一种睡眠形式是慢波睡眠①，在那期间，脑电波活动减慢并趋向同步。[3] 所有动物似乎都要睡觉，但是只有哺乳动物和鸟类有快速眼动睡眠，不过研究者在一只澳大利亚蜥蜴身上倒是已经观察到快速眼动睡眠的最初迹象。[4] 因此，慢波睡眠比快速眼动睡眠更加古老，并且在会同时经历这两种类型睡眠的物种当中，慢波睡眠也发生得更早一些。

在慢波睡眠期间，人类的大脑会将记忆固定下来，包括黑猩猩在内的类人猿的大脑也是如此。[5] 在慢波睡眠期间，大脑还会删除陈旧多余的信息，并且要掌握我们在清醒时学到的各种技能，如打字、滑雪、求解微积分等。也正因为如此，才有了“睡一觉就好了”这样的老话。相比之下，快速眼动睡眠在进化史上出现得更晚，它可以为我们创造梦境。在快速眼动睡眠期间，我们进行情绪调节，反思已经发生过的事情，展望可能发生的事情，并想象可能的过去和未来。快速眼动睡眠是一种创造性状态，它是睡眠的探索模式。

快速眼动睡眠时的梦境可能是混乱无序的，可以说慢波睡眠会对快速眼动睡眠的某些产物起到矫正作用。一旦自然选择发现在身体休眠期间，还有一些方法可以有效利用我们的心智，它就会发现所有这类方法，而且个体迟早会习惯并接受进入这种状态的能力。我们的身体和大脑、语言和情感生活、社交和行为，全都依赖睡眠。[6]

慢波睡眠历史久远，至少可以追溯到动物的起源，对所有修复过程来

① 睡眠过程之一，此睡眠状态下伴有慢速眼动，各种感觉功能减退，骨骼肌反射活动和肌紧张减退。——编者注

说都是必不可少的。因此，睡眠的益处远比做梦的益处显现得更早，而且早很多。不过，我们在梦境状态下的场景构建极其有用，它所能带来的正收益远远超过了睡眠的风险。总而言之，睡眠的好处大于每天有1/3时间处于“休眠”状态的坏处。

梦境与幻觉

很久以前的某天晚上，正是最黑暗、最安静的时刻，我们两人都已经睡了好几小时，希瑟突然坐起来，看着我（布雷特）说：“你真的打算把这些汽车零件一直放在床上吗？”

我回答道：“我想是的。我要把它们放在这里。”这并没有缓解当时的紧张气氛。当然，床上以及床旁边其实没有任何汽车零件，不过这个事实并不能作为辩解的理由。

这已经不是希瑟第一次在熟睡中说出在正常情况下绝不可能发生的事情了。当我对希瑟的梦话做出回应后，她的语气通常很快就会弱下来。我们俩似乎都没有理由把这场对话进行下去。然而，在对这些梦话没有明确意识的情况下，希瑟不知何故就是知道我应该去做什么。当然，那是在她醒来后了解了事情始末后……

“别理我，让我自说自话不就好了？很快我就会再睡过去的。”

看到不存在的东西，听到从未发出过的声音，相信不真实的事物，但又确信它们存在，无法控制自己的动作，与不存在的人交谈……

大量事实证明，精神分裂症患者的很多症状似乎都与做梦的情况相同：所有人每个夜晚都会进入这种状态，但不是每个人都会在睡眠状态下做出某种动作、在睡梦中说话。我们不会经常进行这种比较，因为我们的梦境通常伴随着肢体的瘫软和失忆。到了我们早上喝咖啡的时候，任何与现实的对抗都隐藏起来了，这会使我们觉得幸福。

既然如此，有一个事实就不能不说特别令人惊奇了：有一些似乎从来没有考虑过人类诉求的生物，如裸盖菇（Psilocybe mushrooms，俗称“致幻蘑菇”）和仙人掌，似乎也有相似的倾向。

为了解释这一点，我们需要先退后一步。生物，包括人类和其他动物，以及植物和真菌，通常来说都不想被吃掉。正如我们在第 5 章中已经讨论过的，只有水果、花蜜和乳汁例外。总体上看，一般生物都会做出很多努力来阻止自己的身体或一部分身体被吃掉。一种方法是建立结构性屏障，如仙人掌刺、豪猪刺、龟壳等。另一种方法是下毒，但这种方法往往会过于粗糙而无法发挥最大作用。举例来说，如果一头鹿吃了毛地黄[①]后死掉，它会被另一头鹿所取代，而后者对这种植物的毒一无所知，因此会继续吃毛地黄。但是，假设有一头鹿将自己的饮食范围扩大到了包括裸盖菇的程度，并在吃了这种蘑菇那一天的剩余时间里陷入了短暂性精神错乱，那么它下一次就很可能会跑到其他地方去找吃的了。也就是说，鹿通过这种方式接受了一个教训，或者说受到了恐吓，但是没有被杀死。

次级化合物是一个定义宽泛的植物学术语，表示在生成它的生物体内不会发挥作用的物质。相反，生成这种物质的目的是要让它与其他生物体的内部通路发生作用，而且通常是以有害的或敌对的方式发生作用。例

① 玄参科植物，全体布满灰白色短柔毛和腺毛，较耐寒、耐干旱。——编者注

如，毒藤中的刺激性物质对吃这些叶子的食草动物有明显的威慑作用。与此类似，马铃薯和其他茄属植物都含有内源性杀虫剂，这是一类被称作糖苷生物碱（glycoalkaloids）的化合物，对人类也有剧毒。作为与那些纯粹的毒药和刺激性物质的对比，请考虑如下这些次级化合物。辣椒素是一种会在我们吃辣椒时产生灼热感的分子，通常用来阻止哺乳动物食用那些专门留给鸟类吃的种子，因为鸟类没有感知灼热的受体。又如咖啡因，它能够阻止食草动物食用含有高浓度咖啡因的种子。事实上，这可以说是植物实施的一个药理学社会工程。当蜜蜂吃下了含有咖啡因的糖时，它们的空间记忆会变为原来的三倍；柑橘和咖啡花中含咖啡因的花蜜很可能会激发那些为它们传粉的蜜蜂记住它们，从而更频繁地回来采蜜、传粉。[7]

从裸盖菇和麦角菌，到仙人掌和死藤水，再到鼠尾草和索诺兰沙漠蟾蜍，这些真菌和动植物都能够生成次级化合物。这些次级化合物与我们的生理机能相互作用的方式，恰恰构成了做梦的镜像。无论将它们称作致幻剂还是迷幻剂，它们对我们施加影响的方式，都很能说明问题，能帮助我们理解睡眠和做梦。

我们都要过日子，而梦的作用就是将前后日子连接起来。为了防止我们每天早上醒来时都把自己想象为一个全新的人，梦为我们提供了背景，让我们平静地逐渐成长起来。

我们在白天是有意识的，而在夜间的前半部分（即在非快速眼动睡眠阶段）则是无意识的。到了每一晚的后半夜，一旦快速眼动睡眠接替了非快速眼动睡眠，我们的意识就会被借用，身体则安全地“离线”或者说“瘫痪”。在这种情况下，意识会创造出奇怪的、假想性的和奢侈化的虚构，而且有时它们甚至是真实的。

世界上很多文化都有这样一种传统，即有意地让某些成员或所有成员进入迷幻状态。我们毫不奇怪地发现，许多文化都在利用次级化合物来触发可怕的清醒梦境，并且将原本可能很糟糕的精神之旅转变成人类意识扩展的重要工具。在本书第12章中，我们将详细讨论这个话题。

正如许多文化利用植物和真菌生成的致幻次级化合物来扩展群体成员的意识领域一样，许多文化也有睡眠仪式。有的睡眠仪式很简单，有的则相当复杂，即个体通过特定的仪式为夜间睡眠做好准备。甚至人类的一些近亲生物也会在睡觉前举行这类仪式。

当丛林夜幕降临

夜幕降临在蒂卡尔。现在，蒂卡尔只是一片被丛林覆盖的宏伟废墟，而回到以前，它曾经是玛雅人的商业、政治和农业中心。

雨林中的黄昏是一个过渡阶段，昼行性动物在奔波了一天之后放慢了脚步，夜行性动物刚刚开始苏醒，曙暮性动物则正在寻找机会。这是属于曙暮性动物的时刻。白天的声音，如鸟叫声和无休止的蝉鸣声，都随着青蛙合唱的开始而消失，蜘蛛则因眼睛发出的红色光芒而变得清晰可见。因为没有任何动物能在白天和晚上都同样活跃，所以在黄昏和黎明时分，演员阵容会发生变化。

那是20世纪90年代初期，我们正在进行穿越中美洲的长途背包旅行。我们行走在蒂卡尔神庙底部近旁，身后的阴影拖得越来越长了。黄昏降临得非常快，在热带地区总是如此。在那个年代，人们可以在这座神庙旁边露营。光线变得昏暗时，我们找到了一个合适的地方搭好了帐篷，开始谈论这一天发生的一些事情。

然后，蜘蛛猴也来了。在雨林树冠的高处，它们也要举行睡眠仪式。它们也在互相“交谈”着。不过，语言学家和许多人可能不认同这种描述，因为说“交谈”似乎不太准确。当然，蜘蛛猴不懂句法，它们也无法记住多少单词，可能无法满足人类对语言交流的期望。不过，它们肯定是在喋喋不休地互相交流。我们站在地上，打算休息一会儿，待会儿继续搭建帐篷。先看看我们这些了不起的灵长目近亲如何完成它们的夜间睡眠仪式吧！

蜘蛛猴举行睡眠仪式的目的是提供一种保护，即将自己隐藏起来或通过其他某种方式保护自己免受夜间捕食者的侵害。它们可能也有“哨兵”，有几只蜘蛛猴会留在猴群不远处，监视入侵者。

对于人类的最近祖先来说，保护性的夜间行为在很大程度上是与火联系在一起的。到了晚上，早期人类会聚集在篝火旁，然后进行一项对其他动物来说非常不平常的活动：交谈。他们可能会交换各自在这一天里获得的信息，谈谈对未来的看法，或许会讲述从先人那里流传下来的故事，有时还会唱歌或跳舞，然后才会去睡觉。

那些祖先就像现在的蜘蛛猴一样，从晚餐到睡眠，都是共同进行的。他们没有21世纪许多人类都有的入睡困难情况，他们很容易入睡，而且睡得很好，醒来后当然神清气爽。

新奇性与睡眠障碍

据我们所知，快速进入梦境的能力是人类特有的，可以视为人类利用新奇性来达到潜在适应目的的手段。当然，也正是由于这种新奇性，人类与睡眠的关系在许多方面都受到了负面影响。位居榜首的是电灯，入围榜单的还包括航空旅行、噪声污染，以及迫使许多人上夜班的“24小时不间断经济”。

在大脑深处，藏着一个名为视交叉上核的脑区，它充当了我们的生物钟。视交叉上核会跟踪一天中时间的流逝，不过它跟踪的并不是“下午5点”这种物理意义上的时间，而是“我们在某时某刻处在光周期（photoperiod）哪个位置上”这种意义上的时间。所谓光周期，指的是24小时内有光的时间长度。直到最近，它一直是唯一重要的参数。在伦敦，下午4点整在12月和6月都被称作白天，尽管6月的下午4点整太阳仍然高挂在天上，而12月的下午4点整太阳已经落山了。直到最近，黑夜与白天交替的位置，仍然比你在一天24小时这个尺度上的位置更加重要。人类采取的权宜之计是发明人造光，也就是说，我们运用了自身的创造性来延长生产时间。这样做的好处是显而易见的，而危害却不那么明显。

现在，入夜之后，室内往往灯火通明，这种光照的强度和持续时间，是电灯发明之前的人类从未在日落之后体验过的。

即便是在阴天，日光其实也是很强烈的，只不过我们的大脑非常出色地模糊化了周围环境的明亮与昏暗之间的分野。年纪比较大的人或比较喜欢复古情调的人应该用过胶片照相机，他们肯定都能回忆起当初看到测光表读数时的惊讶之情，因为人眼看上去都很明亮的不同设置之间，那些读数有非常大的变化。我们也有过多次类似的体验，其中印象最深刻的一次是20世纪90年代在拉丁美洲和马达加斯加的雨林中。低地热带雨林的林下是茂密而杂乱的藤蔓和灌木丛，其间夹杂着巨大的树干，耳中还有昆虫的鸣叫声。热带雨林内部似乎并不是特别黑暗的地方，直到你走过它的边缘，走进一个树木已被伐空的牧场，或者走上一条大路，你就会发现自己几乎会被明晃晃的阳光照得睁不开眼。测光表不会说谎，它们告诉我们，在雨林中，地面上的光线只相当于树冠顶部的极一小部分，在许多时候，仅为1%左右。但是，我们的眼睛有很强的适应能力，从而保证了在雨林深处也可以看得相当清楚。

这个事实告诉我们，我们没有能力及时知悉感知的光线在什么时候超出了正常范围。虽然日光明亮并且偏向于可见光谱的蓝色端，而月光和火光暗淡并且偏向于可见光谱的红色端，但是室内光通常比月光或火光更亮，并且比月光或火光更“蓝”，尽管不像日光那么明亮。这样一来，室内光就很可能会干扰昼夜节律和荷尔蒙周期，从而导致睡眠中断。大量研究表明，只需中等强度范围内的夜间光照，就会导致昼夜节律紊乱，而且个体之间对这种紊乱的易感性差异很大，因此很难从个人感觉推断整个人群的情况。[8]

相比之下，人类与火的共处则已经有了非常悠久的历史，因此我们大脑内部的松果体已经非常适应火光了，这样即便在日落之后，我们身处偏向于光谱红色端的火光的映照之下，睡眠也不会受到负面影响。然而，现在人们在晚上随时都可以打开的灯，往往是光线偏向光谱蓝色端的日光灯，这是一个全新的现象，人类还不太适应这种现象。

实证性科学研究积累的大量证据已经越来越明确地证实这一点，偏向光谱蓝色端的光是不利于健康的。[9] 作为回应，最近市场上出现了一大批红色滤光片和软件来改变屏幕光线在夜间的光谱。如果我们从一开始就将适当的预防原则应用于电灯等发明，那么我们本可以更早明白上述道理。很明显，利用电来发光这种技术具有根本性的变革潜力，但它完全无害的可能性接近于零。

现在人类再一次犯了同样的错误。从钨丝电灯泡到荧光灯，再到 LED 灯，每一个这样的转变都进一步将我们推向了更冷色调、更偏蓝光的一端，而这些都是日光的特征。更加糟糕的是，对于 21 世纪的许多“怪异”国家的人来说，现在很多家庭的房间内都有一些蓝色的小 LED 灯一直在闪烁。人类大脑已经进化到这种程度，即能够通过进入我们眼睛的光谱来感知当下此刻正处于一天中的哪个时间。现在，我们眼中随时都有原本属于“正午”的蓝色光线在闪烁，这也就难怪睡眠对许多人来说变得如此困难了。

如果人们真的很清楚夜间照明的成本和收益，那么作为一种文明生物，我们就应该严格调节光照，以保持睡眠周期和觉醒周期都完整无缺。许多人在家中睡觉时会失眠，但在野营的过程中睡得非常安稳，这就是因为由日光和月光引导的循环使他们回到了更古老的状态。因此，我们可以提出这样一个假说：将夜间的日光光照消除，就可以对这样一些正饱受心理障碍之苦的人起到很好的治疗作用，这些人患了“白昼妄想症”，受制于偏执的幻觉，或者也可以说，他们的问题就出在，梦境状态侵入了他们本该清醒的白天。

如果说这还不足以让我们担心的话，那么不要忘记，人类并不是唯一对用电发出的光线极度敏感的生物。

每个人都看到过飞蛾毫无意义地被电灯泡“迷住”的情形。之所以会这样，是因为它们生来就适应非技术世界。它们可能会根据自己相对于月球飞行时的角度调整路线。直到最近，月球一直还是夜晚天空中唯一大而明亮的物体。或者，还有另一种可能，它们也许只是试图躲避光线但是失败了。[10] 不管是什么原因，当人类在它们的世界中放置了这么多如此明亮的物体之后，它们的内置程序就受到了毁灭性影响，它们在飞行时要与这些明亮的物体保持固定的角度，因而只能不断地盘旋绕圈，直到精疲力竭。

在存在光污染的地方，野生动物的睡眠—觉醒周期也发生了改变，许多生物节律和行为，都因为在一天中的“错误时间”里暴露在光线下而无法同步。[11] 许多生物，尤其是生活在远离赤道地区的生物，都把光周期作为“时钟”。植物要用它来安排芽的萌发和形成等活动，动物要用它来排定交配、蜕皮和胚胎发育进程。[12] 乌鸦、鳗鱼和蝴蝶以及它们的远亲动物，都很难在人造光存在时迁徙。[13]

电灯极大地改变了历史上我们曾经利用的光的一切参数，包括何时要有光、什么地方需要光，以及光本身的性质（如夜间光照的光谱）。我们不仅迷惑了自己的大脑，让自己因电灯的光线而生病，而且也严重迷惑了许多其他生物。

第 3 章至本章关注的焦点是，人类个体的身体在健康、医学、食物和睡眠这几个方面的“生存”状态，毕竟在现在这个世界里，个体要保持身心健康越来越难了。然而，人类的进化讲述的不仅是个体如何生存的故事，而且主要是集体如何生存的故事。事实上，我们认为，人类互连的程度可能超出了现代人的想象，甚至达到了令现代人迷惑不解的程度。在第7章中，我们将讨论一些比个体更重要的事物，包括性和性别、父母身份和社会关系。

- **利用天体来设定你的睡眠—觉醒周期。**每天和太阳一起醒来，并了解月相。抽时间在满月时到户外行走，在黎明和黄昏时漫步，同时体会随着光线的增加或减少，你的感觉会发生怎样的变化。多花时间到户外活动，让你的身体从阳光中寻找线索，而不是从墙上的电灯开关或凝视的屏幕中寻找线索。
- **在冬天的某个时间去赤道附近地区，然后穿越赤道，在你的家乡所处半球白昼越来越短的日子里，继续寻找更多的阳光。**尤其是，如果你容易受到季节性抑郁的影响，那么可能与你住在离赤道相对较远的地方有关。因为在冬天，白昼短、太阳角度低，你要度过几个月日光不够充足的日子。当然，这个建议中还给出了一种可行的方法，即进行全球旅行。这种方法本身就可以很好地应对依赖电灯在室内生活这种新奇性。当我们还在密歇根大学研究生院时，我（希瑟）因为科学研究的需要，每年1月至4月要前往位于南半球的马达加斯加进行野外研究。这项野外研究工作有一个非常大的附带好处，那就是，我实际上有效地欺骗了我的光周期分配，因为我在北半球冬季最黑暗的时候来到了南半球，此时南半球正值夏季。
- **睡前8小时内避免摄入咖啡因。**儿童和青少年最好完全不摄入咖啡因，咖啡因会严重扰乱睡眠，睡眠剥夺会对发育中的大脑产生不可逆的恶劣影响。[14]
- **避免依靠药物助眠。**我们并不清楚助眠剂的所有实际效果都有哪些，但我们确实知道它们通常会干扰真正的睡眠。

- **早点睡觉，在不需要人工干预的情况下自然醒来。**例如，让从窗户射进来的阳光唤醒你，而不要让闹钟的铃声突然闯入你的意识并打扰你的美梦。
- **创造一个睡前仪式。**睡前仪式可以很简单，例如，就寝时间临近时，先把灯光调暗一点。一系列有规律的动作可以向你的身体发出信号，告诉身体你该睡觉了。
- **每天花些时间进行户外活动。**阳光比人造光能更好地校准你的睡眠—觉醒周期。[15]
- **睡觉时保证卧室里是"黑"的。**[16] 移除、关闭或遮住各种设备上的所有指示灯。
- **如果在睡前阅读，请使用光线偏向可见光光谱红色端的灯。**即使你本人的昼夜节律不容易受到中等强度的蓝光的干扰，你的家人也很可能会受到干扰。
- **应在全社会范围限制在室外使用光线偏向可见光光谱蓝色端的灯。**特别是那些夜间通宵都向上、向外发光的灯。夜间保持室内黑暗对健康有益，而 24 小时持续光照则对健康有害，甚至可能引发疾病。[17] 此外，人类应该拥有夜空，一个有着变化的夜空：有时云层密布，有时明月高悬，有时行星闪耀，当然还要有无数恒星和我们熟悉的银河。我们要扪心自问，除了睡眠之外，当我们不再关注夜空的变化时，我们会失去什么？

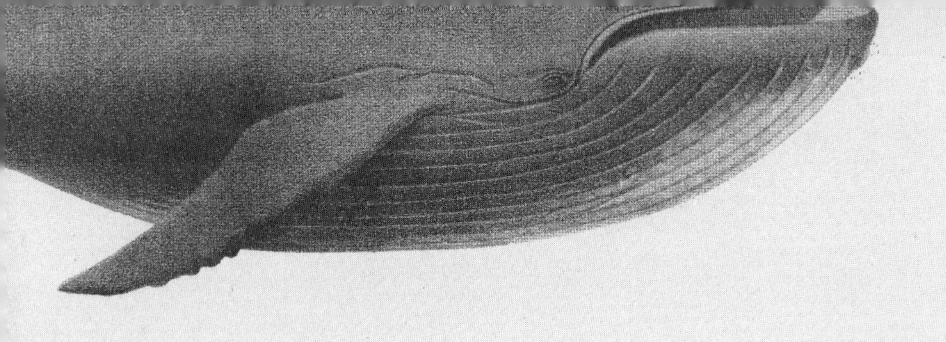

第 7 章

性与性别

1991年，我（布雷特）和希瑟来到了尼加拉瓜首都马那瓜。那年整个夏天，我们一直在中美洲旅行。在墨西哥南部，我们开了一整夜车去看了日全食（差一点就错过了）。我们还观察了猴子在蒂卡尔遗址的影子下举行睡眠仪式。在洪都拉斯，我们俩在加勒比海沿岸的一个小岛礁附近浮潜，在那里待了3天，睡在吊床上。后来，我们来到了尼加拉瓜。某天，我俩在一个大型户外市场闲逛。我或希瑟总有一个会被叫不出名字的水果和刚出炉的食物吸引并不时驻足，但我们并不在意这种偶尔的独处。不过，接下来发生的事却是我们根本想不到的。

突然之间，希瑟发现自己被一群年轻人围住了。她几乎看不到那些年轻人的脸，而只看到了许多只手和胳膊拼命朝自己伸过来，想抓住自己，但是没有抓住。他们共有8～10个人。然后，他们开始一起朝着同一个方向移动，将希瑟逼到了市场的角落。希瑟开始大声呼救，那些年轻人则继续裹挟着她前行，好在我很快就赶到了。我冲着他们大喊，于是他们停了下来。希瑟费了很大劲才从这群暴徒中挤了出来。她站到了一边，不停地喘着粗气。

然后这些年轻人排成了一排，一个接一个地向我道歉。

我们俩都很愤怒，也非常惊讶。尽管我们知道大男子主义文化是真实存在的，但是我们以前从来没有亲眼见过这样的事情。那时我们见识到的就是一种传统的性别规范：女性是男性的财产。他们之所以道歉，是因为他们认为自己试图夺走某人的财产，但不需要向那个作为“财产”的女性道歉。

后来，我们通过进化生物学方面的研究工作了解到，在人类历史的大部分时间里，男性和女性的角色截然不同。但那是我们两人第一次亲身经历这种性别差异最极端的情况。类似这样的倒退行为在历史和文学作品中都很常见，以至于今天许多人都认为所有传统的性别规范都是倒退的，然而这种想法是完全错误的。

当性资源稀缺时，或者至少不像现在这样普遍时，男人会为了心仪的女人不惜付出一切，随之而来的是严重的社会后果。泰姬陵是莫卧儿王朝的一位皇帝为纪念他最宠爱的妻子而建造的。奥德修斯在经历了 20 年的战争和航海后归国，通过了考验与测试，并杀死纠缠珀涅罗珀的其他追求者，赢回了她的爱。当然，特洛伊的海伦也是一个典型例子。

年轻女性不会像尼加拉瓜市场上的那些男性包围希瑟那样去包围一个年轻男性，如果她们确实这样做了，可能会有相当多的年轻男性感到受宠若惊。战争一般不会因为对一个男子的爱而爆发。宫殿通常不是为了取悦或纪念丈夫而建造。如果参与者的性别颠倒过来，上面提到的所有一切都不会发生。在尼加拉瓜那个市场上发生的事情，是对现代习俗的冒犯，因为它所代表的信念认为女性是可以交换的资源，而不是具有自己的欲念和愿望等完整人格的主体。现代社会早已摒弃了这种信念，这自然是正确的，但某些传统的性别规范确实要比其他规范更加根深蒂固。

在今天，男人和女人几乎在所有领域都是一同工作的。两性都突破了以往曾经被认为不可能突破的界限，共同努力来造福个人和社会。长期以来许多因男女性别之分而产生的人口统计学差异，现在都已经被证明并非一成不变。女性不应只从事医护或教师等职业，男性也不应只从事需要蛮力或野心的职业。

然而，认识到这些事情并不代表男性和女性在种群水平上是一样的。例如，就身高平均值而言，“男人比女人高”这种表述没有问题。这种平均水平上的差异并不代表种群 Y 的所有成员（男性）都比种群 Z 的所有成员（女性）高。关于种群的真实陈述并不会在这些种群中的所有个体身上体现出来。不相信这一点其实是陷入了分割谬误（fallacy of division），最早描述这种谬误的人是大名鼎鼎的亚里士多德。在某种性状有显著重叠的种群中，很难根据个体经验解析种群层面的模式。如果个体不符合特定的模式，那么有些人可能会认为这种差异就是证据，足以证明该模式是错误的，但这只是一种感觉，事实并非如此。

在从医生到销售员再到军人等各种各样的职业中，男女确实在一起工作，但是这两个性别的人真的在做着同样的事情吗？即便是同在医院里工作，女性更有可能成为儿科医生，而男性则更有可能成为外科医生。[1]在零售业中，男性更有可能卖车，女性则更有可能卖花。[2] 2019 年美国零售业数据显示，虽然从职位数来看男女几乎平分秋色，但是批发类工作强烈偏向男性。[3]而在那些需要体力的行业中，从总体上看仍然是男性更占优势。假如一支全部由女兵组成的部队与一支全部由男兵组成的部队打一场肉搏战，前者肯定难占上风。如果有人罔顾这一点的话，那显然是太蠢了。

一些人认为，两性一起工作是因为男女在法律面前是平等的，而且我们都是一样的。确实，两性在法律面前是平等的，也应该是平等的。但两性确实是不一样的。很多社会活动家、政客、记者和学者都在试图让我们相信两性完全相同。对于某些人来说，两性完全相同这种想法似乎能为他们带来很大的安慰，但这种舒适感是十分肤浅的。如果世界上最好的一位外科医生是女性，但平均而言，优秀的外科医生大多是男性，那么你会怎样想？如果前十名儿科医生是女性，你又会怎样想？在这两种情况下，人们对观察到的模式做出了某种可能的解释，但都没有表现出性别偏见或性别歧视。为了确保性别偏见或性别歧视无法阻碍人们对职业的选择，我们应该尽可能消除人们取得事业成功的障碍。我们不应该期待男女会做出相同的选择，或在同样的事情上表现得同样出色，甚至力求实现相同的目标。忽视两性之间的差异，要求完全划一，这是另一种性别歧视。两性之间的差异是现实，虽然它们可能令人担忧，但这通常也是一种力量。如果我们忽视它，就会遭遇危险。

性：久远的历史

保守估计，早在成为人类之前，“我们”就已经有至少5亿年的性历史了。因为从20亿～10亿年前，很可能自我们成为真核生物起，就一直存在性行为。[4]这确实是一段很长的时间。有性繁殖的祖先，也可以不间断地追溯到数亿年前，而不仅是数百万年前。

有性繁殖通常是非常烦琐且成本高昂的活动。你必须先找到一位合适的伴侣，再让对方相信你是一个很好的选择。此外，还必须在一年中某个正确的时间——繁殖季节中完成这项活动，否则你的性腺可能会被身体重新吸收，这是为了减轻体重并将节省的资源用于其他目的。许多候鸟都这样做，例如，雄性鸣雀在它们长距离迁徙时，睾丸基本上会消失，等到它们抵达交配地之后，再重新长出一对。当你设法找到并说服了处于发情期的你的异性同类与你交配之后，你还必须照料发育中的卵子或胎儿。在你通过有性繁殖生下后代之后，你可能需要承担持续数年甚至数十年之久的抚育责任。

而且，上面所有这些都无法与最大的成本相比。从遗传适合度的角度看，当你进行有性繁殖时，你就必须承受一半的损失。如果采用克隆技术，你将与所有后代百分之百相关，并能够完美准确地传递你的基因。而对于有性繁殖，你的每个后代都将只继承你一半的基因。

既然有如此多的代价，那么，生物到底为何还会进化出有性繁殖这一机制？这一机制为何会持续存在呢？

虽然科学家们争论不休，但他们大体上达成了这样一个共识：只有当未来与过去完全一样时，无性繁殖才会对你和你的后代有利。[5]

当条件永远保持不变时，如果某种生活适合你，那么它也应该适合你的克隆体。

不过，条件怎么可能会永远保持不变呢？某些变化是可以预测的，例如季节性的变化。但大多数变化无法预测，如下一次大洪水或庄稼歉收的发生时间和严重程度。因此，将你的基因型与其他人的基因型混合起来，可能会打破一直存在于你体内的不良基因组合，同时也许会出现新的优良基因组合，并让你的后代有机会更好地适应尚未发生的环境，这些都是有性繁殖的好处。

以短吻鳄为例，卵发育时的温度决定了孵化的后代的性别：低温时为雌性，高温时为雄性。与此类似，陆龟也是这样，不过结果与短吻鳄相反：低温时会孵化出雄性，高温时会孵化出雌性。鳄鱼和鳄龟则是另外一种情形：中等温度时会孵化出雄性，而在极端温度下会孵化出雌性。

相比之下，在哺乳动物和鸟类以及少数其他动物中，性别是由染色体决定的。在除极少数哺乳动物之外的所有哺乳动物中，[6]雌性染色体都是XX，雄性染色体都是XY。[7]与某些性别受环境影响的生物（小丑鱼就是一个有代表性的例子）不同，没有任何哺乳动物以及鸟类能够让环境来改变性别。当人类的精子使卵子受精后，受精卵中所有不在Y染色体上的基因都无法影响该受精卵日后将会发育成的个体的性别。从比例构成来看，我们的基因组绝大多数是无性的，只是一条染色体的存在与否就决定了性别。但是，我们绝大多数基因组是无性的这个事实，并不意味着两性之间的区别是很小的或可随意指定的。

我们的染色体为我们打开了通往女性或男性的大门。例如，Y染色体上有一个基因叫SRY，当它启动后，就控制了一系列男性化行为的调节，包括将会发育成睾丸的那个器官的形成，而精子就是在睾丸中生成的。激素的级联反而进一步使身体男性化（使用睾酮和其他雄激素）或女性化（使用孕酮和雌激素）。即便控制了性腺激素的数量，性染色体本身也会影响男性和女性之间的各种差异，例如，疼痛感知和反应、单个神经元的解剖结构以及不同脑区的大小，包括新皮质的各个部分和胼胝体。[8]

对于哺乳动物个体如何成为雌性或雄性个体的所有这些事实，遗传学家从染色体角度做出了真实的、机械式的近因解释。然而，近因解释仍然没有说明为何会存在男女两性。为此，我们需要终极因解释，即进化解释，或者说对以“为什么”这三个字来开头的一系列问题的解释。是啊，为什么会这样呢？

为什么地球上几乎所有有性繁殖的生物都只有两种性别，而不是 3 种、8 种或 79 种性别呢？真菌的情况大不相同，但是在植物和动物中，总是只有两种类型的配子（生殖细胞）。

为了完成有性繁殖，你需要两样东西：一是来自不同个体的两套 DNA，二是一个细胞。各种细胞器，如线粒体和核糖体，至少与 DNA 相比显得又大又笨重，但细胞器是生命所必需的。因此，如果你要进行有性繁殖，那么至少必须有一个伴侣愿意贡献这类细胞器，即细胞质。我们将完成有性繁殖所需的细胞称作卵子，因此相对于精子而言，卵子必须是很大的。那么这里的权衡是什么呢？那个细胞既然很大，就意味着它通常是必须固着的，是不能随便移动的。

有性生殖的下一个问题是配子如何找到对方。由于一方的配子是固着的，因此另一方的配子就必须具有活力，可以四处移动，这一点可以通过剥离大部分制造受精卵所需的细胞器来实现。这样的配子在动物中被称作精子，在植物中被称作花粉。精子会在环境中四处移动，寻找卵子；其他情况也是，雄性配子会寻找雌性配子。如果还有一种中间配子，即那些兼有一些细胞质和一定移动能力的配子，那么这种配子在上述两方面的表现都会很糟：它们既没有足够的细胞质来创造一个受精卵，并且在遇到一个也有细胞质的配子时，在用谁的细胞质来创造全新的生命时会出现分歧；同时，在寻找其他配子进行结合时又会非常缓慢。正是因为中间配子表现不佳，异配生殖，即由两种不同大小的配子完成的生殖，才得以进化。

快进数亿年，我们看到两性之间的差异比比皆是。人类在许多领域都具有性别差异，远远超出了繁殖的范围。男女具有不同的患病风险、病因和发病进展，从阿尔茨海默病[9]到偏头痛[10]，从药物成瘾[11]到帕金森病[12]，都是如此。另外，男女两性的大脑结构也不同。[13]我们往往拥有因性别而异的人格特征，而且会受环境影响，在食物充足且病原体流行率较低的国家，差异更大。[14]一般来说，女性比男性更利他、更愿意信任他人、更顺从，也更容易患抑郁症。[15]男性更容易患多动症，[16]而女性则更可能患焦虑症。[17]此外，从总体上看，男性更喜欢与事物打交道，而女性更喜欢与人打交道。[18]

在已知的每一种人类文化中，语言或文字都会区分男性和女性，这绝非偶然，[19]这是人类社会的普遍现象。

性别转换与性别角色

在某些时候，由于环境条件变得非常恶劣，为了完成繁殖，有一些有性繁殖的个体会采用无性繁殖。在脊椎动物中，一些种类的蛇和双髻鲨就会采用这种繁殖方式。[20]科莫多巨蜥是一种体形巨大的蜥蜴，生活在印度尼西亚东部一些面积很小的岛屿上。即便是在完全不接触任何雄性科莫多巨蜥的情况下，雌性科莫多巨蜥也能够产下可以发育的卵。[21]这也是一种适应：当你独自生活在一个孤岛上，没有任何同类，这是最后的出路。尽管不是最优的，但是总比没有好。

与此类似，在某些时候，环境也会使个体的性别发生改变，从进化的角度来看，这是有好处的。某几类植物、很多种类的昆虫以及珊瑚鱼的几个进化枝，会经常出现雌雄同体现象。这种现象是指，一个个体先是一种性别，然后在生命中的某个时刻转换为另一种性别。例如，鱼类中的火焰仙[22]刚出生时是雌鱼，然后在成年后转换为身体颜色鲜艳夺目的雄鱼，从而吸引雌性的关注。然而，对于四足动物，即那些在泥盆纪登上了陆地的脊椎动物中，只有极少数物种会转换性别，[23]并且只有一种动物会有规律地这样做，那就是非洲芦苇蛙。[24]

像火焰仙这种雌雄同体的动物，在雌性变成雄性之后，它们产生的配子会由以前的卵子变为现在的精子。它们不仅改变了自身的性别，还改变了性别角色，以此作为新性别的行为表达。在人类中，我们将性别角色称作性别，有时也称作性别表达。

雄性驼鹿的性别角色决定它们会进行一种炫耀式战斗，因此受伤的驼鹿并不少见。对于新热带界鸟类的金领娇鹟来说，雄鸟的性别角色决定它们会清理森林地面上的一块区域并在上面跳舞。雄性大园丁鸟的性别角色决定它们会建造精致的“凉亭”，或者我们也可以称之为“寺庙”。雄性大园丁鸟不仅会在“凉亭”中陈列一系列精心挑选出来的物品，而且在建造它时，会像人类艺术家那样使用强行透视法，令靠近的雌性大园丁鸟觉得雄鸟体形较大。[25]在所有这些物种中，雌性的性别角色对应的行为包括挑选雄性，选出擅长战斗、跳舞或筑巢的雄性。此后，才涉及养育后代。

因此，性别角色的通常规则是雄性展示和雌性挑选。这源于很久以前两性之间的“投资”差异：资源丰富的大卵子和流线型易游动的小精子。此外，还有一些后代生存需要双亲照顾的物种，包括所有哺乳动物和鸟类，以及绝大多数爬行动物、两栖动物、鱼类和昆虫等。这些物种的雄性都倾向于为性行为发生之前的各种事务付出更多努力，而雌性则会更努力地处理性行为之后的事务。[26]

用严格的进化论术语来说，在绝大多数物种中，雌性都是受到更多限制的一种性别。因为雌性对后代的投入更多，雌性的卵子比雄性的精子大得多，照看后代的重担通常会更多地落到雌性身上而不是雄性身上。所以，雄性必须通过竞争才能获得雌性，而雌性可以在众多追求者中选择。因此，与同物种的雌性相比，雄性往往体形更大（如海豹），或更具攻击性（如长毛猴），或更炫丽（如孔雀），或鸣叫声更响亮（如青蛙），或声音更悠扬动听（如知更鸟）。

还有一些稀有的物种，我们称之为“性别角色逆转者”。对于它们来说，雄性展示、雌性挑选的通常规则完全颠倒了过来。性别角色逆转的物种也改变了不同性别的投入水平，在这种情况下雄性投入更多，成了更有限的性别。一些“一妻多夫制”的水鸟就是这种情况，其中包括美洲水雉。我们发现，在这种鸟中，占主导地位的是雌性，负责保卫大片领地。一只雌性美洲水雉的许多雄性配偶则负责筑巢、孵卵和照顾幼鸟。虽然人类女性不会为了争夺一个好男人而发动战争，也不会为了取悦丈夫而建造宫殿，但在性别角色逆转的那些鸟类物种中，这种事情确实可能会发生。

尽管如此，性别角色逆转与性别转换并不是一回事。在人类中，我们把性别角色逆转称作性别转换。在哺乳动物和鸟类中，由于性别是由“我们”的基因决定的，所以性别转换这件事情从根本上说是做不到的。从来没有任何一只鸽子或鹦鹉，也没有任何一匹马或任何一个人，曾经真的转换过自己的性别。然而，与性别有关的行为倾向或行为规范，无论称之为性别角色，还是称之为性别自认，可能是高度不稳定的，总是可以改变的。而且在所有动物中，人类在行为上是最不稳定的。因此，我们中的许多人正在放弃原先的性别规范，即过去与我们的性别密切相关的行为准则，并试图制订新的行为规范，我们其实不应该对此感到惊讶。

21 世纪许多来自“怪异”国家的人愚蠢地假装认为性别等同于性别角色，或者假装性别与性别角色没有任何关系，又或者假装两者都是完全不会进化的。所以我们一定要记住欧米伽原则，因为它告诉我们，我们的“软件”中的适应性元素（在这里指性别角色）与我们的“硬件”（在这里指性别）并不是完全独立的，二者的关系就像圆的直径与周长的关系。性别角色比性别更具可变性，表现形式也更多，但是“表现得像一个女性”（性别角色）与“是一个女性”（性别）并不是一回事。

如果你愿意，你完全可以做一个在酒吧打架的女人，或一个天天浓妆艳抹的男人，但是认为在酒吧打架会让你成为男人，或者化妆会让你成为女人，是不正确的。在酒吧里打架和浓妆艳抹是向外部世界发出的信号，是一种“代理变量”。代理变量不是事物本身，而且这些特定的代理变量还会过时和退化。然而，性别角色既不会过时，也不会退化：从总体上看，雌性筑巢孵卵、女性养育后代的可能性更大，而雄性保护领地、男性探索未知领域的可能性更大。这个观察结果当然并不意味着男性从不养育后代或女性从未探索未知领域，而只是说明，进化之所以造就了种群层面的这种差异，是因为两性之间确实存在潜在的不同。歪曲事实只会让我们所有人都处于危险之中，让人们相信明显不真实的事情，他们将更不可能形成一种内在一致的世界观，一个应该基于观察和现实而不是幻想的世界观。

人类的性选择

驼鹿的巨大鹿角、雄性之间的激烈竞争，以及由雌性来选择雄性等事实，都属于通过性别选择形成的特征。雄性美洲水雉的孵卵行为也是性别选择的结果。[27] 雄性象海豹和雌性象海豹的体形完全不同，只有雄性青蛙会鸣叫，以及从孔雀到凤尾绿咬鹃再到野鸭，雄性的羽毛都远比雌性更艳丽，所有这些也都是性别选择特征。我们将在第 8 章中介绍交配制度是如何影响性别选择特征的，主要探讨一夫一妻制与一夫多妻制。现在，先来看看人类男女性别选择的几种表现形式。

进入青春期后，女孩的乳房就开始发育，乳房会在女性的一生中一直存在。当然，乳房的功能是通过乳腺分泌乳汁来喂养婴儿。除了人类之外，当不再需要用母乳哺育幼崽之后，其他灵长目动物的乳房会收缩。人类女性的乳房是性别选择的结果，它们的作用不仅仅是喂养婴儿，也是女性向男性发出的信号，作用就像琴鸟的歌声、发情的野猪散发的气味 [28] 和红头娇鹟的舞蹈一样。

人类隐藏排卵期也是性选择的结果。虽然几乎所有哺乳动物都会通过生理方式“宣传”自己的生育能力，但人类没有这样做。至少人类在这方面的“炫耀”远远不如其他物种。我们已经进化为全年都可进行性行为，而不是只进行季节性的性行为。隐藏排卵期有一定的生殖目的，但是它也鼓励了人类经常做的一件事情：我们要进行非生殖性的性行为，性是为了快乐，性是为了结合。

人类还有哪些行为是性别选择的结果？对于男性，在心仪女子生日那天送花、打领带、飙快车等；对于女性，用化妆品、穿高跟鞋、佩戴珠宝等，都属于性选择行为。[29] 事实上，女性对自己身体的装饰，不仅包括化妆品、高跟鞋和珠宝，还包括在整个繁殖周期中一直保持着相对硕大的乳房，这就是人类部分性别角色逆转的标志。这个标志意味着什么？大多数物种都表现出雄性竞争和雌性选择配偶的特点，但是像人类这样具有部分性别角色逆转的物种，也会表现出雌性竞争和雄性选择配偶的特点。这包括了女性通过发布“广告”来吸引男性的注意力，到女性之间直接为了争夺男性而争风吃醋。与其他物种相比，人类男性也更有可能处于选择伴侣的地位，而这并非巧合。

两性的劳动分工

在许多现代家庭中，女性清洁地板，男性出门倒垃圾。不过在有些家庭中，这种角色规则可能会颠倒。夫妻双方从事家务活动的时间完全有可能是相同的，但是夫妻双方能以同样的方式完成所有家务的情况就相当罕见了。这就是分工。从很多角度来看，分工是有道理的。甚至有人争辩说，使我们成为人类的，正是性别分工。[30] 即便我们不接受这个结论，至少也会认同分工确实是有效率的，而且通常能够帮助我们很好地利用每个人的时间。分工可以节省时间，从而为我们可能想做的更多事情留出更多时间，比如说玩乐或性爱。然而，分工可能会使性别角色变得僵化，这其中有许多角色在 21 世纪已经过时了。了解这些角色的起源是很有用的，可以帮助我们确定哪些角色不太可能改变，而哪些可能会改变。

从最开始的卵子和精子投资不平等开始，女性和男性就以不同方式建立亲密关系，也以不同方式与世界互动。在狩猎采集者中，男性更有可能成为狩猎大型猎物的猎人，女性更有可能去采集植物或捕捉小型动物来充当食物。对于以狩猎采集为生的女性来说，她们可能在成年后直到绝经前的大部分时间里，都在怀孕或哺乳婴儿，以及照顾蹒跚学步的幼儿。当母乳是幼儿的全部或大部分饮食时，母亲可以有效地控制生育频率，因为她会经历生理性闭经，频繁进行母乳喂养时她是无法怀孕的。这就使生育间隔相对较长，出生率相当低。

再快进到人类通过农业活动加速对景观的改造时期，性别角色更加受限。由于被绑定在了一块特定的土地上，我们更习惯久坐，拥有了更加充足的粮食储备，我们和孩子的饮食可以随时得到补充，因此，农业社会女性的生育间隔缩短了，婴儿出生的速度加快了，出生率就提高了。[31] 出生率的提高将女性与厨房以及家庭联到了一起，于是我们看到女性在经济、宗教以及其他具有重要文化意义的领域的作用随之下降。

男性和女性之间表现出来的差异是如此之多，无法一一列举。在举例之前，我们需要重申：所有这些差异都是种群层面的。例如，当我们说男性比女性高时，就已经隐含了“平均而言”这个限定词。你或许会说，你的女性朋友朗达个子很高，超过了大部分男性。是的，她确实很高，但是这并不能否定统计学上的事实，即平均而言男性仍然比女性高。

人类两性之间的其他“平均差异”还包括，男性有更多的“调查”兴趣，而女性有更多的“艺术”和“社交”兴趣。[32] 平均而言，男性对数学、科学和工程更感兴趣。[33] 在考试中，女孩在读写能力方面的得分更高，而男孩的数学得分更高。[34] 而且，虽然男孩和女孩的平均智力相同，但是智力的方差差别很大：天才男孩比天才女孩更多，同时平庸男孩也比平庸女孩更多。[35]

一项非常有意思的神经科学研究表明，在情绪记忆和空间能力等多个方面，女性都更擅长“细节”，而男性则更擅长“要点”。这项研究的结果表明，就平均而言，男性记忆路线的能力超过女性，而女性记忆钥匙、咖啡杯、需要签名的文件的位置的能力则超过男性。[36]

两性之间的差异在婴儿身上就存在了，并且存在于不同文化中，所以这并不是“怪异”世界特有的怪异现象。如果有选择，新生女孩会花更多时间去看脸，而新生男孩会花更多时间去看物。[37]

这种差异也是跨文化的。工作很早就性别化了。[38] 一项分析了 185 种文化的研究表明，在每一种文化中，有些工作总是在朝着相同的方向性别化，例如，冶炼钢铁、捕猎大型海洋哺乳动物、金属加工……所有这些工作通常都是由男性完成的。当然，这里说的是那些存在着这类工作的文化。更有意思的是那些跨文化高度性别化的工作，有些文化限制女性参与，而另一些文化则限制男性参与。这类工作的一些例子包括编织、制皮和收集燃料等。[39] 这就说明，即便两性都不是天生就特别胜任某项工作，劳动分工仍然极具价值。

我们不妨看一看普韦布洛人（Pueblo）的情况。长期以来，普韦布洛人一直被认为是陶艺大师。在现代社会，人们通常假设陶器制作完全是女性擅长的领域。然而，在美国西南部四角地（Four Corners）的查科峡谷（Chaco Canyon），完全不同的剧情正在上演。在 1 000 年前，查科峡谷是当时的一个宗教和政治中心，由于发展迅速，当地人口不断增长，随之而来对陶器需求暴涨。由于需要越来越多的容器来运送和储存粮食和水，所以性别规范放宽了，男性也开始从事制陶这种高度性别化的工作。[40]

那么，我们可以从这些事实中学到什么呢？现代生活可能会导致性别角色的重新分配。与其让自己的配偶承担大部分家务，自己到职场上去辛苦打拼，有些男人可能会更喜欢待在家里，而有些女人则变得更喜欢成为职场女强人。我们还认为，许多男女都更希望不受限于任何一个领域，即不要先入为主地进入某个角色，许多男女都更喜欢与他们能力相当但不是完全相同的伴侣。在对"性别化的工作"有了更加深入细致的理解后，我们就能明白，那些因循守旧的传统主义者所主张的性别分工规则，即女人不能离开家庭去工作，男人则必须在经济和商业事务中占主导地位，其实是一种倒退，既不符合历史事实，也没有必要。从历史上看，男女在家庭和社会中都有分工，而且在现代世界中，除了受解剖学和生理学特征如妊娠、哺乳限制之外，女性几乎可以选择从事各种类型的工作。同样，男性在医护和教学等女性传统工作领域也越来越受欢迎，不过我们也不应该期望在这些领域两性从业者的人数最终会完全相等。不同的偏好导致了不同的选择。假装我们所有人都是同质的，而不是确保我们在法律面前人人平等，是十分愚蠢的。

两性的生殖策略

要让一个婴儿来到人世间，需要做很多很多事情。本书大多数读者应该都生活在实施一夫一妻制和规定双亲应当照顾子女的文化中。如果没有了这些约束，那么男性对生育的贡献就会变得微乎其微。生育过程从来不是在婴儿出生那一刻就戛然而止的。婴儿出生前，要在母亲的身体内待上 10 个月。出生之后，母亲还要用母乳喂养婴儿 6 个月至两年或更长时间，具体取决于当地的文化规范。母亲对后代的投入是强制性的，而且非常高。当然，父亲的投入也可能很高，但那往往具有很大的灵活性。即便是在今天，也有不少人从未见过自己的父亲，而历史上这种情况更是屡见不鲜。

在不同的文化中，男女在寻找配偶方面都有不同的偏好和优先考虑的事项。在一项现在已经成为经典文献的跨文化研究中，研究者对 37 种文化的“配偶偏好”进行了全面调查。在他们研究过的每一种文化中，相比于男性，女性对具有高收入潜力的伴侣更感兴趣。此外，与女性相比，男性对年轻、外表有吸引力等特点则更感兴趣。[41]

为什么会这样呢?

如果父亲能够为孩子和伴侣的幸福做出贡献，那么怀孕的女性可能会更轻松。因此，女性更偏好有能力赚钱的男性。由于女性生育力的高峰期来得较早，同时下降的速度又比男性快得多，因此希望生孩子的男性更加关注配偶的年轻和美丽，因为这两者都可以理解为生育能力的代理变量。

此外，生过孩子的女人对生育行为有非常大的确定性，她知道自己就是那个孩子的母亲。而父亲对自己与孩子亲子关系的确定性则要低得多，这一点似乎不太有趣，但从进化的角度来看非常重要。因为直到最近，由于技术进步，人们才能轻松地确定谁是孩子的父亲。在此之前，父亲是谁向来是一个不确定的问题，所以嫉妒和配偶保护的特点在男性中比在女性中更为突出。在几乎所有的文化中，男性都尝试采取各种方法对女性的生育活动进行控制，以增大自己对亲子关系的确定性，这是男性对亲子关系不确定性的一种反应。其中对男女关系最具分裂性和破坏性的两种方法分别是，把经期的女性关进隔离用的“经期小屋”（这样一来男性就能够知道女性什么时候来月经），以及对女性外生殖器进行某种切割，从而减少或消除女性产生性快感的可能性。请读者不要误会我们这里要阐述的观点，我们根本没有为这类控制措施辩护的意思，而只是从进化的角度对它们进行考察，以便对它们有更深的理解。

男性对亲子关系高度不确定的另一种反应是：在一些文化中，由于男性无法确定自己的孩子是哪一个，导致孩子母亲的兄弟变成了孩子的男性榜样，[42] 也就是成为孩子事实上的父亲。例如，在印度西南部的纳亚尔人（Nayar）中，妻子和丈夫并不住在一起。除了性活动之外，他们几乎没有什么共同活动，而且女性可能有多个丈夫。由于亲子关系的不确定性，父亲不用承担对孩子的照料之责，但母亲的兄弟对自己的侄女和侄子则既有权利也有责任。从“怪异”世界的西方人的角度来看，这些人承担的就是父亲的责任。不过，一般来说，一个被骗去抚养别人孩子的男人会遭到嘲笑。

上面几段话反映了公认的进化论观点。[43] 在我们看来，真正有趣的地方在于进化论对男性和女性会采用的生殖策略以及社交策略的预测。我们在这里先简单地介绍一二，然后在第 8 章中进一步探讨它们的含义。

从广义上说，存在如下三种可能的生殖策略：

- 通常来说，在生殖、社交和情感方面进行长期合作和投资，是人类采用的主要生殖策略。
- 强迫你的“伴侣”在不情愿的情况下为你生孩子。
- 强迫任何异性为你生孩子，但是除了短期的性活动外，几乎不进行投入。

女性，由于受到妊娠和哺乳的限制，同时有史以来也大多为生育而选择配偶，因此在选择策略方面没有太大的灵活性，所以女性在很大程度上只能选择寻找长期伴侣这种策略。直到最近，女性也一直都更喜欢长期伴侣关系而不是一夜情，而且她们比男性更可能在性方面保持沉默，即显得更腼腆。[44] 因此，女性倾向于长期博弈，寻找一个愿意与她合作共同抚养孩子的伴侣，然后“一起变老”。

如果女性想在后代身上留下自己的基因印记，这就是最好的策略。妊娠和哺乳是雌性哺乳动物的解剖学和生理学特征。考虑到女性天生被迫对自己的孩子进行大量投入，如果她们能够拥有一个同样愿意投入的伴侣，那么成功育儿的机会就会更大。

这种策略，即寻找长期伴侣，与对方一起生育孩子并共同生活，当然也是男性可以采用的一种生殖策略。很显然，如果男性采用这种策略，那么结果不仅对社会最有利，对儿童也最有利，对女性当然也最有利。总之，除了极少数男性之外，这种策略对所有人都最有利。我们将在第8章中更深入、更全面地阐述这个观点。这种策略是长期博弈的策略，也是情感投资的策略。

进化新视角

A HUNTER-GATHERER'S GUIDE TO THE 21ST CENTURY

- **避免没有承诺的性行为。**这其中还包括作为某种交换条件的性行为。不要通过想方设法随时随地发生性行为来降低性行为的成本，因为这样一来你很难与某一个人成为稳定的性伴侣，而与某人成为稳定的性伴侣是平等关系的最佳预测指标。在平等的性关系中，任何一方都不会产生习惯性的顺从感，也不会觉得自己被低估。相反，你要追求的是真正的狂喜和激情，而这一点只会持续出现在彼此熟悉的人身上。
- **不要屈服于社会压力而接受"轻松"的性爱。**不要在认识一个男人几小时后或几天内就与对方上床。如果他是一个只会采用第三种性策略的渣男而已，那么他很快就会忽略你。你应该找一个有能力、有志趣，并能够拒绝按照自身原始冲动行事的人。
- **让孩子远离色情作品，同时尽量让自己也远离色情作品。**不要让商业市场过度干预某些事物，包括但不限于爱情和性、音乐和幽默。
- **不要试图阻止、暂停或从根本上改变儿童的成长，从而干扰他们的发展。**性别角色是性别的行为表达，因此性别角色既是进化的产物，又比性别更具可变性。童年是身份探索和形成的时期。因此，儿童声称自己是另一种性别而不是他们的"正确"性别的举动，也并未超出尝试寻找适当界限的范围，家长不应有过激的反应。虽然实际上双性人是真实存在的，只是非常罕见，同时跨性别者也是真实存在的，同样极其罕见，但是现代"性别意识形态"的大部分内容都是危险的、极具传染性的。[45] 同时，许多干预措施，如注射性激素、动手术等，造成的结果都是不可逆的。

- **让胎儿和儿童远离污染物。**研究证明，在几种青蛙中，雌雄同体个体数量的增加，都和它们与某些常见环境污染物（如除草剂阿特拉津）的接触程度有很强的相关性。虽然青蛙的性别决定与人类不同，但是如果有朝一日事实证明，现代人对性别和性别角色的诸多混淆源于环境中广泛存在的内分泌干扰物，我们也不应该过于惊讶。[46]
- **清楚认识两性差异有助于增强集体力量。**如果我们更加重视女性更有可能从事的工作，例如教学、社会工作、护理等，那么也许我们就不会在女性根本不可能感兴趣的领域中要求男女平等。我们必须认识到男性与女性在根本上是不同的。要想建立一个真正向所有人开放所有机会的社会，认识到这一点是至关重要的第一步。机会平等是一个值得称道的目标，因为它是不脱离现实的。而将结果平等作为目标，比如让从日托工作者到垃圾收集员等每一份职业的男性从业者数量与女性从业者数量相同，最终只能令每一个参与者都大失所望。

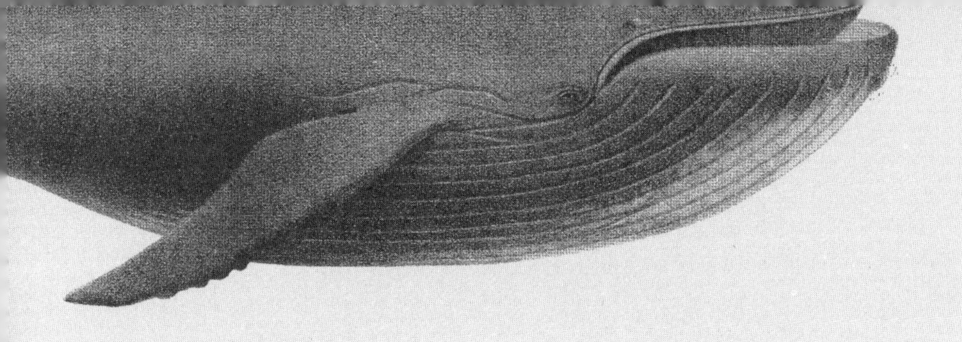

第8章

为人父母与亲子关系

A HUNTER-
GATHERER'S GUIDE TO
THE 21ST CENTURY

作为有身体和大脑、有四肢和血肉、有思想和情感的自我，人类个体对应着一种复杂的现象，这也是我们到目前为止一直关注的现象。然而，当你将许多个体聚集在一起，他们之间形成了特定的关系之后，复杂性就会呈指数级增长。在许多动物中，个体及其所有复杂性的相互作用产生了一种近乎超凡的力量：爱。尤其对于人类来说，爱是深刻的。

所有的爱都有一个共同的起源故事，尽管它的表现形式可能会让人感觉千差万别，比如对孩子的爱、对配偶的爱、对事业的爱等。所有这一切都很美好，但也都可能破坏正常生活。作为一个物种，人类之所以能够走到今天，爱是其中一个原因。这也就提出了一个问题：什么是爱？

爱是一种情绪状态，是自我的延伸，它使人会优先考虑自己以外的某人或某事。爱就是这样。真正的爱，是一种包容。真正的爱是最强大的力量。

爱首先在母子之间生发出来，然后不断扩展。很快，成年人真切地体验到伴侣之间的爱，然后其他形式的爱之花也开始绽放，比如在父亲和孩子之间、祖父母和孙子女之间、兄弟姐妹等之间绽放。于是，爱在朋友之间、在战友之间、在那些有共同的难忘经历的人之间，也找到了位置，无论好坏。人类的许多神话都致力于引导人们扩展自我概念，并塑造那种自我概念适用的“内群体”。“好撒玛利亚人”的故事告诉我们，即便是那些本应互为敌人的人之间也有爱的能力。最终，爱还进一步演变成包含对抽象事物的爱，如爱国家和上帝、爱荣誉和职责、爱真理和正义等。

我们所体验到的爱，是在近两亿年前开始进化的，当时哺乳动物刚与爬行动物分离开来。与性的进化一样，卵也是我们理解爱的进化的基础。哺乳动物和爬行动物最近的共同祖先是会产卵的。在所有产卵物种中，卵必定要含有足够的营养才能保证胚胎在孵化过程中能够继续发育。有些物种在产下卵之后就会离开，父母双方都不会再与幼崽见面或照顾它们，这就要求刚孵化出的幼崽必须一出生就能够进食。母亲会根据后代的习性相应地做好准备：蝴蝶会将卵产在毛毛虫的幼虫可以吃的植物上；黄蜂则会将卵产在蜘蛛瘫痪的身体内，以便幼虫出生后可以吃掉蜘蛛的身体，从而获得营养；更有甚者，雌性章鱼可能会在产卵不久后死去，从而将自己身体的营养留给饥饿的后代。然而，由于出生后没有父母的照顾，这些年幼的个体仍然只能靠自己。

最早的哺乳动物都是产卵动物。卵是不需要爱的，尽管在许多物种中，卵也都会因“父母”的警惕守护而受益。但是现存的 5 种产卵哺乳动物，包括 4 种针鼹和鸭嘴兽，都已经与所有其他产卵物种有了本质区别。哺乳动物，即便是卵生哺乳动物，也会分泌乳汁。在最早的时候，分泌乳汁的方式可能比较粗糙：母亲通过改良的汗腺分泌营养液，供幼崽舔食。后来，一种更加优雅的分泌营养液的方案出现了：乳头。所有哺乳动物，无论是否有乳头，都通过乳汁解决了很大的问题。

当哺乳动物母亲外出觅食时，可将婴儿留在安全的地方，这样就不必提前准备好所有食物，也不必随时将食物运回洞穴。有了乳汁，母亲就可以利用各种有利于婴儿发育的方式，对婴儿的食物进行化学上和营养上的调整。最开始的时候，仅此而已，乳汁只是营养和免疫问题的众多进化解决方案之一，但它是通往更多出路的门户。

乳腺成为母亲抚育后代不可或缺的器官后，婴儿就可以与母亲时常见面并共度时光。在人类历史上，直到最近，婴儿都是通过乳头直接吮吸乳汁的。当然，这个过程不一定需要爱。母亲给婴儿喂奶，可能只是在尽自己的天职，这在没有任何情感纽带的情况下或许也可以做到。然而，就像复杂的社交天性和漫长的童年期一样，母婴间的情感纽带也具有适应性。除了母亲之外，几乎任何大到足以吃掉这些婴儿的捕食者都会将它们视为美味佳肴：这些婴儿毫无自卫能力，温顺柔弱，并且可能没有什么病原体，他们几乎是完美的食物。这意味着人类母亲经常会面临一个问题：当自己年幼的孩子受到威胁时，应该承担多大的风险去保护他们？

每位母亲所面临的具体情况都不尽相同，如果要进行成本收益计算，那么母亲就需要掌握非常多的信息。在她的一生中，生育期已经过去了多少？还剩下多久？她要面对的捕食者有多危险？她自己的“战斗装备”有多精良？如果为了救一个后代而死，其他后代会不会因此而饿死？当把所有这些因素都考虑在内时，实际上这个问题就变成了一道计算题：通过对抗，她的适合度究竟是更有可能得到提高，还是更有可能下降？在其他所有条件都相同的情况下，善于计算的母亲所属的世系，将会胜过不怎么会计算的争夺生存资源的竞争对手。然后，随着时间的推移，这种计算将通过不断重复而得到改进和调整。

当然，动物不会明确地进行任何字面意义上的计算，也无法获得关于自己的生殖寿命（育龄）的长短、危险或机会等数据。它们所拥有的只是一个内部架构，自然选择女神已经对这个内部架构进行了调优，使动物能够凭直觉感知所有这些并相应地调整自己的行为。这种“直觉计算”所用的语言，即动物激发行为的途径，是通过各种情绪来实现的。爱则是所有这类情绪熔铸的强大混合物。

在本章中，我们将探讨爱是如何进化的，以及它如何激发人类的家庭动力、影响人类的交配方式和交配对象、影响人类如何变老、控制人类为何悲伤等。

父母关怀：妈妈、爸爸和其他人

所有哺乳动物都受到了母亲的照顾。我们认为，母爱是爱的最古老、最基本形式。所有真爱都是在母爱这个概念基础上的阐发。不过，哺乳动物并不是唯一进化出爱的物种。鸟类之间也有丰富的爱，而且鸟类爱的模式是完全独立进化出来的。

许多鸟类的父母从未和后代见过面。例如，生活在丛林中的火鸡会将卵产在土堆中，小火鸡孵化出来之后就各走各路，因为它们有能力自给自足。杜鹃、牛鸟等寄生鸟则会在其他鸟类的巢穴中产卵，这几种寄生鸟刚孵化出来的幼鸟肯定拥有预先设定好的谋生规程，因为它们毫不知情的养父母在向别的寄生鸟的幼鸟传授有用的经验方面，表现得并不好。然而，这几种拥有“预设指令”的鸟充其量只是一种例外。绝大多数鸟类的父母都会积极照料子女，而且这些养育后代的父母面临着与哺乳动物母亲完全相同的适合度和风险考虑。你可能不止一次看到过，体形较小的鸟类在拼死围攻比它们大得多的鸟类捕食者时，会想方设法将后者赶出巢穴。这种行为就体现了它们对幼鸟的爱。

所有哺乳动物以及大多数鸟类，都会喂养和保护后代。因此，这些物种的后代在成长过程中很容易朝着无助性的方向发展。既然能够得到父母的照料和保护，它们自己也就不必自力更生了。

刚孵化的幼鸟和刚出生的幼崽的无助性，或称晚成性（altriciality）[1]，本身并不能说是一项资产，但是这种无助性为许多非凡事物的出现打开了大门。当无助的后代与父母频繁密切接触时，大脑的主要程序就可以通过文化传播起作用了。这比基因变化要快得多，而且不仅可以实现快速的行为进化，还可以根据所处环境（物理、化学、生物和社会环境）的变化随时调整行为模式。

在鸟类和哺乳动物中，晚成性其实是行为灵活性的另一面，而行为灵活性当然可以说是一项资产。对于行为灵活性，或者说可塑性，我们将在第 9 章中讨论，它们出现在没有完全被基因组编程设定的生物体中。大体上，我们可以这样说，可塑性会随着不同代际之间的互动而提高，会随着新孵化幼鸟和新生幼崽无助性的增大而提高。

在有双亲照顾的动物物种中，母亲通常是主要照顾者，不过也存在少数例外，例如，美洲水雉和海马的证据表明，在某些生态条件下，性别角色逆转可以而且确实会进化出来。因此，虽然母亲不参与照顾后代，单纯由父亲照顾后代的情况很少见，但绝非闻所未闻。双亲照顾后代的情况更为常见。当一夫一妻制成为常态时，双亲照顾后代也成为典型形式，天鹅和北极燕鸥、伶猴和长臂猿等各种各样的生物都是如此。此外，在华丽细尾鹩莺或猫鼬等许多物种中，兄弟姐妹甚至没有亲缘关系的“熟人”都会来帮助抚养年幼的个体成员。这种行为被称为合作繁殖。

狨科动物是新世界猴子的一个分支，成员包括狨猴和绢毛猴。在这些动物当中，合作繁殖现象极其常见。狨科动物母亲往往会生下双胞胎，这样哺乳和觅食就会占据母亲的全部时间和精力。但是“婴儿”需要一直抱在怀里，“少年”也需要不间断地加以看顾，以免它们从树上掉下来。如果母亲腾不出手来，那么谁会做抱“孩子”和看“孩子”这些事情呢？虽然只有母亲可以哺乳，但在许多种类的狨科动物中，所有其他照顾幼崽的工作都由除母亲之外的“团队”成员完成，有时是父亲，有时是父亲的兄弟、幼崽年长的兄姐，以及暂时加入“团队”的非生殖期雌性成员。因为，它们希望有朝一日当自己的后代需要哺育时，也可以得到同样的帮助。与此类似，合作繁殖现象在裸鼹鼠幼崽的照看行为中也得到了充分体现，幼崽在断奶后会由“工人”而不是双亲照顾。

那么，从只追求一己私利的独立繁殖，到更加复杂、更具协作性的合作繁殖行为，是什么导致了这种转变？合作繁殖在人类社会中也得到了充分体现，而且在一定程度上，它最有可能发生在混交率很低[2]并且资源广泛分布在整个地域中、任何个体都无法垄断的情况下。资源的垄断打开了配偶垄断的大门，事实上，资源在空间上和时间上的分布状况对交配制度有着非常深远的影响。[3]

女性的交配制度

试想两只已经配成一对的天鹅。它们一起嬉戏，雄天鹅的体形可能稍大一些，但比雌天鹅的体形大不了多少，因此我们很难区分它们。[4]在一夫一妻制的物种中，雄性和雌性在颜色、大小和形态上都非常相似。相比之下，象海豹显然是一夫多妻制的，一只雄性象海豹，可以垄断数十只雌性象海豹的生殖活动。雄性象海豹的鼻子很大，是雌性的 3 倍多。很显著的两性异形是脊椎动物物种一夫多妻制的一个明显标志。

在两性异形方面，人类与天鹅更为接近，但我们终究不是天鹅。人类男性平均比女性“大”15%左右，[5] 并且明显更加强壮。这个事实告诉我们，我们的祖先至少在某个阶段上是一夫多妻制或混交制的。

我们应该想到，人类在以往的进化史中曾经存在一夫多妻制，因为，现存的所有类人猿物种都不是一夫一妻制的。但关键在于，自从与黑猩猩和倭黑猩猩分道扬镳以来，智人显然一直在朝着一夫一妻制的方向进化，因此人类的两性异形特征没有这两个物种明显。虽然在某个时间段，一夫多妻制曾是人类文化的主流，但是今天一夫一妻制才是主流。

一夫一妻制是脆弱的，在哺乳动物中很容易并且经常演变为一夫多妻制。尽管如此，一夫一妻制是一种极为优越的交配制度。

交配制度类型

交配制度是指一种性别的一个成员通常拥有的配偶数量。大体上，交配制度类型有以下几种：

- 一夫一妻制：两性个体在同一时间都只有一个伴侣。
- 多配制：一种性别的个体只有一个伴侣，而另一种性别的个体则有多个伴侣。多配制有两个亚型。
  - 一夫多妻制：一个雄（男）性有多个雌（女）性伴侣。
  - 一妻多夫制：一个雌（女）性有多个雄（男）性伴侣。
- 混交制：两性成员都有多个伴侣。对于人类，这种制度有时又被称作多夫多妻制或多偶婚制（polyamory）。

我们前面强调，一夫一妻制是一种极为优越的制度。要证明这个观点，我们不妨从如下事实入手：一夫一妻制在合作和公平方面是潜力最大的交配制度，而且一切都始于抚育后代。在灵长目动物中，采用一夫一妻制的物种也是相对脑容量最大的物种。[6] 在实行一夫一妻制的情况下，整个种群中的雌（女）性是数量有限的一方，可以挑选伴侣。相比之下，在实行一夫多妻制的物种中，雌性的数量较多，而雄性却“供不应求”，而且雄性选择性伴侣的标准往往低得令人难以置信。对于任何愿意“献身”的雌性，只要对方身上没有明显的可能罹患传染病的迹象，雄性几乎都会来者不拒。即便雌性所属物种并不十分合适，雄性也会选择与之交配，抓住一切机会生下后代，哪怕生下的是杂交后代。因为，从进化的角度看，有后代总比完全没有好。

因此，如果没有一夫一妻制，两性关系就会简化为：雌性不得不背负起繁衍的全部重任，而毫不在意的雄性则持续参与繁殖活动。

当一夫一妻制出现之后，当雄性和雌性都在采用我们在第 7 章中所说的“人类采用的主要生殖策略”时，雄性无论是在性观念上还是在体形上都变得与雌性更加接近。因为在一夫一妻制中，雄性只选择一个雌性并放弃与其他雌发生性行为的机会，所以它们在选择性伴侣时，会变得像雌性一样挑剔。而且，雄性以这种方式挑选雌性，会降低雄性的暴力倾向。的确，它们可能还需要争夺最好的雌性，但是已经不再渴望建立一个“后宫”并时刻防御了。建立“后宫”并时刻防御与侵略性和身体武器密切相关，如长出庞大的鹿角和尖利的牙齿。如果将一夫一妻制的长臂猿与不是一夫一妻制的狒狒进行比较，就会发现狒狒具有明显的两性异形和更大的犬齿。我们在第 7 章中所说的第二种策略与第三种策略相关，一夫多妻制不可避免会导致男性的暴力倾向，进而导致有利于使用这种暴力的身体形态。

一夫一妻制还创造了一种几乎每个个体都拥有配偶的制度，因为无论在哪种交配制度下，种群中的性别比例往往趋向于一比一。采用一夫一妻制就可以有效地防止“性挫败”的雄性数量的不断累积。对于它们来说，暴力可能是获得繁殖机会的唯一途径，比如通过击败“后宫”的主人（例如狮子和海象），或通过强奸（例如鸭子和海豚）。我们很快就会回过头来讨论一夫一妻制对人类社会的深远影响。

尽管鸟类和哺乳动物之间有不少独立进化而来的相似之处，但是二者在交配制度方面却存在着非常明显的差异。哺乳动物通常都不是一夫一妻制的，但是大多数鸟类至少在某种程度上是一夫一妻制的。也就是说，大多数鸟类都有长期的性方面的排他性，它们能够保持一只雄鸟配一只雌鸟的状态。有些配对只持续一个繁殖季节，有些配对则是终生的。为什么哺乳动物和鸟类会存在这种差异呢？

所有鸟类都产卵。也许听上去很奇怪，但是鸟蛋确实能够极大地化解雄鸟的性嫉妒。这是因为，鸟蛋是在蛋壳形成之前的那一刻受精的，而且不久之后就会由雌鸟产下。因此，雄鸟只需要在交配之前和之后的那一小段时间内保护雌鸟免受竞争对手的“侵害”，就可以确定自己是幼鸟生物学上的父亲。

相比之下，胎生哺乳动物在受精和幼崽出生之间存在着很长的时间间隔，因此大多数雄性不能确定与它们交配的雌性在受孕期间是否也与另一个雄性交配。无法确定亲子关系的雄性，不太可能坚持与雌性配对结合并帮助对方抚养幼崽。雄性鸟类对亲子关系往往具有很高的确定性，但是雄性哺乳动物对亲子关系的确定性非常低。由此导致的一个结果是，雄性哺乳动物往往会抛弃配偶和后代，尽管从自然选择的角度来看，如果它们能够对亲子关系有足够高的确定性，那么它们留下来帮忙显然是更有利的。哺乳动物很难进化出稳定的一夫一妻制，哪怕这种交配制度在大多数方面更为优越。

一旦配对形成，雄性就要面对如下选择：它可以只保护它所选择的雌性免受竞争对手的“侵害”，或者同时以某种方式为雌性的后代提供食物并帮忙照顾。在一夫一妻制的物种中，父亲对后代的照顾虽然不是普遍现象，但也相当常见。父亲的照顾增加了后代存活下来直至具备繁殖能力的机会，也增加了可以生产的可存活后代的数量，这两者都有助于提高雌性和雄性的适合度。

因此，一夫一妻制扩大了爱的范围，从母子之间扩展到了夫妻之间，而且通常也会扩展到父子之间。此外，一夫一妻制还可以促进友谊。乌鸦有一种名叫寒鸦的近亲，雌雄寒鸦会结成终生的伴侣。而且，当寒鸦长大之后，它们还会与年龄相仿的寒鸦建立友谊，互相赠送食物，这有助于它们建立牢固的关系。[7]

配对结合也为有益的劳动分工创造了机会。在单亲抚育的制度下，单亲父母——通常是母亲，需要承担起一切。配对结合后，她的工作就会减半。例如，在西方滨鹬中，母亲夜间在北极繁殖地孵卵，白天则交由父亲接管。[8]实行一夫一妻制的淡水鱼美洲慈鲷（Midas cichlids），也进行了性别分工：父亲专注于保护自家的领地，而母亲则专注于培育后代。[9]侏儒狨母亲负责觅食，而侏儒狨父亲负责照料幼崽。[10]

对于人类，似乎存在一个正反馈循环：随着婴儿变得越来越无助，童年期变得越来越长，父母之间的纽带就会变得越来越紧密。爱是这种紧密联系的体现。

随着家庭的进化，兄弟姐妹之间的爱也进化出来了。当然，这种爱的另一面是兄弟姐妹之间的争宠，这是一切兄弟姐妹都会遇到的情况，是很多物种都存在的强大力量。在父母双方配对结合的情况下，它们的后代就会是遗传上的全同胞。相比之下，由母亲承担所有照顾工作的物种，其后代则可能仅为半同胞，彼此之间只有一半的血缘关系。因此，单纯从遗传的角度来看，全同胞的合作遗传基础是半同胞的两倍。鉴于一夫一妻制是获得全同胞的途径，因此一夫一妻制加强了后代之间的合作并减少了后代间的冲突趋势。这种合作的一个极端例子是裸鼹鼠，它们进化出了真社会性（eusociality），即存在于蚂蚁、蜜蜂、黄蜂和白蚁种群中的那种社会性。

在哺乳动物中，兄弟姐妹之间的亲缘关系还有另外一个相当奇怪的含义。母亲在怀孕期间患上的许多疾病通常都是母亲和胎儿之间的“利益冲突”的结果，这种利益冲突往往表现为一场温和但真实发生的资源拉锯战。[11] 母亲在她的整个生育生涯中都希望将资源分配给她的所有子女，那符合她的利益。但是发育中的胎儿，其激素可以进入母亲的血液，并且由于胎儿与母亲的血缘关系只有 50%，而为了满足自身利益，胎儿希望占有超过其应得份额的资源，只要保证这种抢夺资源的行为不会危及母亲的生命即可。在实行一夫一妻制的群体中，这种利益冲突会得到缓解，因为与未来的兄弟姐妹将由不同父亲生育的群体相比，胎儿为未来兄弟姐妹的生存带来了双倍的好处。从非一夫一妻制物种的父亲的角度来看，另一种说法是雄性利用了雌性的母性行为，让其基因通过怀孕过程继续“寄生”。

一夫一妻制对人类的意义

性、性别、关系和交配制度，这 4 个主题紧密交织，既复杂又重要。事实上，人类经验中再没有什么比它们更加重要的了。我们在第 7 章中的讨论已经涉及了这些主题，但本章将给出更多的背景，然后在此基础上更加深入地探索其中的精妙之处。

交配制度会随着生态条件的变化而变化。[12] 当资源过剩时，一夫一妻制可能更受青睐。因为这种制度能够让所有有能力的成人都参与育儿工作，从而在世系和种群层面创造明显的优势，使整个种群能够以最快的速度获取资源。然而，当人口已经达到了承载能力的极限之后，零和博弈就会再次发挥作用，于是高阶层男性就会将交配制度推向一夫多妻制。在这种情况下，男性与男性之间的竞争就成了一种驱动力，因为拥有财富和权力的男性会试图支配多个女性的生殖产出。在"怪异"国家中，这种模式可能会被掩盖，因为当一个男人离开了原来的家庭去和第二个通常更年轻的女人结婚时，我们称他践行的是"连续一夫一妻制"，但实际上，这仍是一夫多妻制。

在那些盛行一夫多妻制的社会中，越来越多遭受性挫败的年轻人愿意为获得配偶铤而走险。受益于一夫多妻制的少数有权势男性的世系，还可以通过以下方式进一步获益：将那些性挫败的年轻人组成军队，让他们去征服外国，告诉他们可以掳掠外国姑娘做自己的新娘，或者争取成为战争英雄，凯旋之时就有机会抱得美人归。这种通过军事冒险主义行动获得领土和财富的做法，具有明显的进化意义，它扩大了征服者种群可用的资源，从而增大了自身人口规模。这种军事冒险主义也是一种资源转移策略。我们将在本书第 13 章中指出，它是一种"盗窃"。

但到目前为止，一夫多妻制的成本仍然有些模糊不清，因此我们将介绍更多研究结果。这些研究对交配制度（一夫一妻制与一夫多妻制）对生育率和经济状况的影响进行了建模分析，并用现有的经验数据与模型结果进行了比对。研究表明，在其他条件相同的情况下，相比一夫多妻制文化，一夫一妻制文化中，个体的生育率更低，社会经济地位更高。此外，配偶之间的年龄差距更小。[13] 配偶之间年龄差距更小这一点，在一定程度上可能反映了人们不再将女性视为商品，而明确的一夫多妻文化则经常这样做。

不管怎样，节育改变了整个生殖模式，女性有能力避免上述转变的发生，但同时极大地降低了女性对男性的表观价值（apparent value），并且会导致男性更不愿意做出承诺。在节育手段出现之前，人类女性会非常努力地保护自己的生殖能力。因为人类婴儿实在太难养大了，一个女人如果本可以坚持要求男人提供帮助，却决定放弃这样做，无疑是愚蠢的。在这样的世界里，男人有很强的动力去打动他们愿意对其做出承诺的女人。现代节育手段为女性提供了更多自由，从而避免了成为单亲母亲的风险，但是这些节育手段也从根本上削弱了她们在长期承诺方面的谈判地位。

男性似乎在这项交易中获得了更大的好处，事实上，仅就身体愉悦方面而言，容易获得性爱是大多数男人无法视而不见的一种奖赏。但是，正如我们在第 7 章中所指出的，这种性行为本身就是低利害的，当下似乎可以带来某种奖赏，但是从长远来看毫无意义。而且，男性也深知这一点。

性和性高潮会触发女性释放催产素，从而促进配对结合。男性的情况与此类似，只不过男性释放的不是催产素，而是后叶加压素。这两种激素在人类性行为和社会行为中的作用已经得到广泛研究。但是，关于它们与一夫一妻制的配对结合倾向之间的关系，相关研究主要是针对草原田鼠进行的。我们也主要是通过这些研究才了解了这些激素在配对结合中的作用。[14]

然而，考虑到男性和女性在生育投资上天生就存在的内在不平衡，我们有理由推测，整个交配制度甚至比上面说的还要更加复杂，至少就男性的情况而言是这样。

在这个充斥着低利害性行为的世界里，许多男性都失去了在各个领域取得成就的基本动力，并且对于真爱的承诺也变得优柔寡断，尽管人们通常认为这是体现人生最大意义的承诺。同时可以肯定的是，女性已经摆脱了一些限制，但进入了一个“青春期的性”的世界，进行的是一场无休止的、没有目的性的浅层性伴侣关系游戏。

当性别比例通常的平衡状态因战争或其他因素而被打破时，情况就会变得更加糟糕。当符合条件的男性稀缺时，女性对他们的性需求就会变得很高，从而陷入严重的困境。当其他女性都在非常努力地吸引某个男性的注意时，自己怎样才能成功呢？于是她们会想方设法创造性机会。稀缺的“优质”男性发现性机会后，会纷至沓来，因而他们几乎没有理由做出任何承诺。这导致的结果是，想要在这种环境中拥有家庭生活的女性往往发现，自己不得不付出成为单亲妈妈的代价。

这正是发生在某些男性群体中的情况，由于缺乏经济机会，又无法接受适当的教育（学校资金严重不足），死亡率、犯罪率和监禁率直线上升。而对于那些因为各种原因避免了这种不幸命运的男人来说，当他们发现“市场”对自己的性需求非常高时，往往就会倾向于处处留情，于是导致许多女性不得不在没有忠诚性伴侣帮忙的情况下艰难地养家糊口。长期以来，许多人一直假装认为这种模式源于某些人的道德标准低下，这当然只是他们的想象。实际上，这种情况明显可以用人口统计学和博弈论推导出来，在任何面临类似情况的群体中，都会产生相同的模式。

所以，几乎所有人都陷入了困境。有承诺的关系当然是好的，它对养育健康的孩子非常有价值。然而，在现代社会的交配制度和约会场景中，如果女性不接受已经被视为“正常”的随意性行为，那么她们往往会被忽视。此外，如果她们真的接受随意的性行为，那么往往会在不知不觉中产生对承诺的恐惧。在这种情况下，或许可以认为男性以牺牲女性为代价而获益了，这在一定程度上可能是正确的，但是他们这种“意外收获”多半只是一种错觉。是的，男人天生就是会去寻找无须承诺的性行为，但是他们也天生重视真正有爱的伴侣关系。随意的性行为正在破坏这种关系。

男性和女性是两种互补的“状态”，他们之间存在着健康的自然张力。一夫一妻制确实是最好的交配制度。它能够培养出更有能力的成年人，减少人们参与暴力和战争的倾向，并有利于合作精神的涌现。

长者与衰老

在对人类社会的发展至关重要的所有制度中，养育子女制度很可能是受 21 世纪的超新奇性危害最大的一个。为什么这么说？请允许我们先来考虑与之相关的一些领域，以便说明个中原因。先看一看各类被大肆宣扬的防止人类衰老的努力。长期以来，永生一直是许多凡人的愿望。从古希腊历史学家希罗多德（Herodotus）到西班牙探险家庞塞·德莱昂（Ponce de León），历史上关于不老泉（Fountain of Youth）的奇幻记载一直不绝如缕。

到了现代，有些富豪尝试冷冻大脑，他们希望等到人类治愈了衰老后再复活。

假设将来的所有其他条件都与现在的条件完全相同，那么根据生殖成熟期的死亡率来推断，如果地球上的资源能够保证所有人都能生存下去，同时人体能够自我修复，那么今天一半的人都可以活到 1 200 岁。[15] 读到这里，你可能想知道，做到这一点会有多难？答案是，非常难。

然而，就本章的目的而言，我们不妨暂且假设，防止身体衰老其实是一个比治愈癌症或普通感冒更容易解决的问题。然后想象一下，尽管脑组织和躯体的其余部分之间存在巨大差异，但是大脑的衰老应该也容易以某种方式治愈。在这些假设条件下，心智的情况是什么样的呢？

大脑与心智之间的区别，似乎是一种"没有什么实质区别"的区别，但是大脑和心智确实不能等同，心智是大脑的产物。大脑是"硬件"，心智则是"软件"。如果"软件"和"文件"遭到了严重的损坏，那么即便"硬件"的功能仍然完好无损，也毫无价值。如果在上面的假设条件下，我们这些能够活到 1 200 岁的人在修复大脑时，不能以某种方式改造心智，那么即便大脑的每一种生理性病理因素都可以彻底消除，我们多出来的十余个世纪的额外生命，最终也只会因为"糜烂衰败的心智无法适应年轻的身体"这场噩梦而白白浪费。

人类的心智拥有一种非常特别的能力。为了保证心智不会被时刻发生的短时效事物塞满，我们必须忘记几乎所有事情，这个遗忘过程导致我们无法可靠地见证自己生活中的事件。到了高龄时，即使是最有逻辑性的人，也肯定会出现认知支离破碎的情况。如果必须为几个世纪的生命做足预算，就必须考虑遗忘过程所带来的破坏。

人类是最长寿的陆生哺乳动物。许多人的寿命超过80岁，但与衰老问题的深层进化解决方案相比，这个寿命量级相形见绌。事实上，我们确实通过进化的方法近似实现了永生，因为我们有后代：子子孙孙，无穷匮也！

花了几十年的时间，人类才学会了那些能够在世界上立足并有效发挥作用的技能和知识，但是这来之不易的一切都被困在一个身体里，很快就不得不屈服于自然恶意的力量。如果人类的神经信息在基因组上是预设好的，那么我们一出生就知道怎样成为一个真正的成年人，从而可以直接走到那一步。即便是有双亲照顾的生物，也经常拥有相当多的“预设指令”。举例来说，一匹小马在出生后几分钟内就会站起来，感知外部世界，并能以近乎成年马的方式四处走动。如果人类的生活像马一样简单，我们或许也可以做到这一点。这并不是说小马出生后就没有什么可学的了，它们也必须通过学习掌握自己在马群中的社会角色，了解环境中的危险和机遇。但是无论环境如何，作为一匹马，它们的基本参数都是相似的。这样一来，就使马成了一种“早熟”动物，从一出生就非常有能力。

但对于人类来说，情况正好相反。人类生态位就是生态位转换。我们的生态位会发生根本性的变化，而且有的时候这种转换发生在非常短的时间内。请再次考虑两个北极猎人群体之间的差异，一个在离海岸至少有几公里的内陆捕猎大型猎物，另一个在海岸地区专门捕猎水生哺乳动物。这两项“专业”需要完全不同的技能组合，如果每个人都必须自己去发现有效的狩猎秘诀，那么这将是不可能完成的。当然，这个难题的解决方案我们其实非常熟悉，以至于我们很少会想到它实在值得惊叹。回想一下欧米伽原则，它指出任何成本高昂且长期存在的文化特征，都应该被视为具有适应性，并且文化的适应性元素并不是独立于基因的。

因此关键是，北极猎人中的长老们会通过上述第二种传承方式，也就是文化，将持久的知识和智慧传递给下一代。因为第二种方式是通过认知传递的，而不是通过遗传传递的，而且文化的变化比基因更快，所以我们利用的生态位可以以惊人的速度变化。正是这种可塑性，使人类群体能够像连贯的身体一样工作，而不同的任务就交给独立的“器官”承担。这些“身体”反过来可以在物理环境中分散，对各自的行为进行微调，以适应特定的居住地点，或者从根本上加以改变从而适应全新的食物来源。

在葡萄牙中部以页岩山为主要地貌的山区，耕作是极其辛苦的体力劳动。在整个大家庭中，父母承担着种植和收获粮食的艰苦工作，祖父母则负责抚养孩子。[16]因此在葡萄牙的这些地区，更年期可能标志着要去主动抚养孩子。更年期几乎是人类独有的，但它本身并不构成女性生命力的终结。它仅仅是直接生殖能力的终结，但同时意味着继续生产新生儿的风险已经不复存在，进入更年期之后的人能够向年轻人（子女和孙子女）传授智慧，给予他们关怀。我们可以认为这是一件伟大的礼物。

而在安达曼海（Andaman Sea）的岛屿上，莫肯人（Moken）的生活则与海洋息息相关。在他们讲述的海啸故事中，愤怒的众神在2004年节礼日海啸（Boxing Day tsunami）期间拯救了整个村庄。不过，在那场巨大的灾难发生之后，有一位老人说，救他的不是众神，而是他自己的直接经验救了自己，因为他小时候在缅甸经历过类似的事情。[17]这样的智慧不会过时，而且我们的长辈年纪越大，他们就越有可能直接体验其他改变世界的事件，并且知道如何应对。

在人类历史上，长者智慧的这种作用由来已久，并且很有必要。然而，当长者的智慧不再适合具体的场景或时间时，对长者的智慧持怀疑态度也是很有价值的。对于父母来说，让自己的后代在他们将会居住的任何环境中都能够表现出较高的适应能力，是最为重要的。如果心智“软件”需要更新，并且年轻人有能力完成更新，那么取代过时的范式符合每个人的利益。这就解释了为什么对于心理健康的父母来说，在孩子身上看到自己的影子，会让他们觉得安慰，但也会觉得不安，而看到他们的茁壮成长，则会觉得狂喜和放心。

这又回到了前面提到的一个观点：人类衰老问题的解决方案是儿童，将有用的技能、记忆和智慧组成的认知包“上传”到年轻的身体中，同时这些“身体”是天生预设好的，能够根据需要促进、增强和修正这种认知包。一个人想要长寿，并希望看到自己的后代为未来的生活做好了准备，是完全自然的。许多人认为，作为个体，我们有权获得更多，因此必须将个体的身体或大脑很好地保存下来。但这种愿望是错误的。这种保存将会中断人类创新和适应变化的主要机制。人类如果拒绝遵循前述古老的机制，很可能会给自己带来莫大的风险。

跨物种的爱

如果想更轻松一点，不考虑将孩子作为“避免衰老”的解药，如果你选择养宠物，那么有必要思考一下这个问题：我们爱宠物，但它们爱我们吗?

在全球范围内，人类已经驯化了数十种动物，主要是为了让它们提供食物或畜力。人类与许多已驯化的动物之间的关系，最初纯粹是功能性的：猫可以替我们捕捉老鼠，狗可以帮我们保护家园，不过后来，这种关系逐渐演变成了跨物种的友谊。与狗相比，猫与人类成为朋友的时间要晚得多，而且猫仍然比狗更加狂野，保留了更多原始的习性，只在适当的情况下与人类建立起紧密的联系。而早在农耕出现之前，许多人就已经驯养狗了。作为狩猎采集者，很多人早就将狗当作伙伴。[18]

确实，狗在很多方面都可以说是人类构建的产物。人类已经与它们共同进化了很长时间，以至于它们现在已经适应了人类的行为、语言和情感。那么，你可能会从另一个角度提出这样一个问题：我们是否可以说，犬科动物已经成为人类这一物种的一部分了呢？

你的宠物爱你吗？当然，你的宠物应该是爱你的，但是要加上限定词。你的宠物可能会爱你，前提是它是哺乳动物或少数几种鸟类中的某一种，比如说鹦鹉。如果你的宠物是壁虎、蟒蛇或金鱼，那么它们没有爱的能力。从进化的角度看，爱的出现是为了配对结合，而任何配对结合都需要奉献。我们爱宠物，宠物也爱我们。狗尤其是一个爱的生成器，它们会和你一起出去玩，让你知道自己并不孤单。狗的确是会爱的。

不妨观察一下猫和狗之间如何"交往"，以及它们如何与我们互动。它们虽然不使用语言来表达意图和情感，但它们确实会通过其他方式表达这些东西。你肯定注意到了，当你停止扔球时，你的狗会很失望；同样，你的猫更喜欢坐在你的大腿上。我们会给自己的情绪命名，比如爱、恐惧、悲伤等。不过，当我们将这些词用在动物身上时，可能会被指责过于拟人化了。但正如一生都在研究动物情绪的弗兰斯·德瓦尔（Frans de Waal）所指出，这种说法源于如下假设：不仅人类的出现是一种例外，而且人类与那些和我们有共同祖先的动物完全不同。[19] 在将情感和意图用在其他动物身上时，我们当然要小心谨慎，而且在人类这个物种内部使用这些情感时也应该如此。但是毫无疑问，许多其他物种的动物也都有能力做出计划，也会体验悲伤和爱，还懂得反思。

在与宠物的互动中，我们有时无需语言即可读懂它们的意思。事实上，在你与他人的互动中，有时将声音调低也会很有帮助。我们不妨偶尔像一个动物行为学家，或者像语言进化出来之前的人类那样去行动。人类经常利用语言去掩饰自己的真实感受。我们会欺骗，试图以种种说辞推卸责任。实际上，当你从比较远的地方观察他人尤其是陌生人时，往往更能读懂他当时的情绪。关注人们的行为，而不是人们讲述的关于这些行为的故事，这就是你的狗一直在做的事情。即便你的故事上了杂志封面，你的狗也不会去买一本来看，但它可能会原谅你的弱点。

独立进化的悲伤

奥维德（Ovid）在《变形记》（*Metamorphoses*）中讲述了一对老夫妻鲍西斯（Baucis）和腓利门（Philemon）的故事。他们一生赤贫，但非常慷慨。众神感念他们的正义，因此打算满足他们的愿望，于是问他们在世界上最想要什么。鲍西斯和腓利门提出的唯一要求是，当死神来敲门时，请让他们两人一起死，这样任何一个人都不要眼睁睁地看着另一个人死去，也不会一个人孤零零地留在世上。众神满足了他们的要求，最终的安排是这样的：这一对老夫妻兼有情人变成了两棵树，其中一棵是橡树，另一棵是菩提树。随着这两棵树越长越大，它们的枝条越来越紧密地相互交织起来。

如果没有宙斯的干预，那么避免悲伤的唯一方法就是过一种没有爱的生活。虽然在不同物种的动物当中，悲伤多次独立地进化出来，但是它总是在有双亲照顾的高度社会化的生物中产生。从根源上说，黑猩猩的悲伤，很可能与人类的悲伤是一样的。然而，狗的悲伤有着不同的起源，因为我们与狗最近的共同祖先是一种不起眼的小型哺乳动物，而社会结构并没有在这个物种中产生。关于狗是如何表现出悲伤之情的，最著名的也许是一只名为"八公"的漂亮秋田犬的故事。八公于1923年出生于日本，后来被农学教授上野英三（Hidesaburō Ueno）收留。上野乘火车上下班。每天，到上野快到家的时候，八公都会到火车站迎接他，然后他们一起步行回家。有一天，上野在讲课时因脑出血去世了，没有回来。然而八公却仍然每天都准时去火车站等它的主人，一直持续了将近十年，直到它自己去世为止。这只狗因此而被称为"忠犬八公"，为人称颂。

犬科动物，包括狼和家犬，它们的悲伤与人类的悲伤并不一样。大象也会悲伤，虎鲸也是如此。在所有这些物种中，悲伤都是独立进化出来的，但是彼此又非常相似，都表现为对亲密同伴的去世的极端情绪反应，其延续时间和表现形式均不可预测。

在现代社会中，有各种方法可用来应对失去亲人以及其他一些悲伤情绪，但它们往往都过分强调外在的衡量指标以及相关的事务问题，例如，他病了多少年？我怎样才能获得他的死亡证明？要注销他的银行账户吗？要取消他的约会吗？对于意义和叙事，我们往往极少费心，例如，他做了些什么？他带给了我们什么？如果他活着我们的生活会好多少？我们常常不想看到死者的身体，或者根本无法忍受尸体。死亡是如此近在咫尺，但是在这种特殊的超新奇情况下，现代人往往会选择不去面对所爱之人的尸体，这只会让我们在所爱之人死后更加困惑。

所爱的人去世了，我们的世界就失去了它最核心的一个部分。悲伤的过程，就是我们针对这样一个世界重新校准大脑的过程。我们必须重构自己的理解，因为我们再也不能向那个人（或动物）寻求智慧或安慰了。不过，这种关系虽然已经停止发展了，但是我们仍然记得，因此我们能够回忆、重温过去的点滴并获得安慰。我们不愿意相信他（它）们已经永远不在了，所以我们的大脑创造出了虚构的形式，即灵魂：在我们以前经常光顾的咖啡馆前转弯的那个人，是他吗？啊，正在上火车的那个人肯定是她，我记得她的发式、她的夹克！

因此，悲伤是强烈的相互依赖性的另一面。悲伤是爱的另一面。

现代人通过极力保护孩子，不让他们感受悲伤。例如，我们知道一些父母不允许孩子参加祖父母的葬礼，因为担心这会吓到孩子或让孩子感到悲伤。抚养孩子时的这种害怕和焦虑，反过来又会导致孩子们害怕和焦虑。在第 9 章中，我们将讨论童年生活，以及如何培养勇敢独立、爱探索和充满爱的孩子。

进化
新视角

A HUNTER-GATHERER'S GUIDE TO THE 21ST CENTURY

- **花时间以适合自己的方式表达悲伤。**当人们处于最深、最初的悲伤和哀痛情绪中时，有时会突然感到很振奋，有时会不再去想失去的人。悲伤的情绪如潮水般起起落落，可能会随着时间的推移而减弱，但它永远不会消失，会在某个时刻再次袭来。
- **亲人去世后，花时间陪伴他们的遗体。**如果亲人去世后遗体无法找到，通常人们会长时间处于悲痛之中。当我们观瞻死者遗容，在他们入土为安之前与他们待在一起并向他们倾诉心声时，我们的悲伤便有了安放之处，我们的神经会重新校准。
- **降低谈话的声音，注意观察他人的行为。**不妨表现得像一个动物行为学家，尤其是在解释你和伴侣之间的互动时。当你开始观察他人的行为而不再关注其言语时，就可以了解到很多实际的情绪信息。
- **从动物行为学家的角度审视自己的情绪状态。**你要认识到，如果你的内心对伴侣怀有蔑视、厌恶或持续的愤怒之情，那么你对对方的爱就会受到影响。
- **如果可以，务请避免使用约会软件。**在当今这个充斥着数十亿人的世界中，城市居民每天都要匿名与他人互动，约会软件也许是对数量近乎无限的可选对象进行分类的好方法。但这其中的风险也很大。比如，当你看到竟然有这么多潜在的伴侣时，可能会对与他人深入交往不再那么感兴趣。此外，在这样一个机会的海洋中，你也有可能会变成一个不合时宜的完美主义者。也就是说，你可能会觉得，只要持续使用约会软件，肯定能等到一个完美的人。如果你认为一段关系值得发展，那么最好尽早开始并经常与对方进行现实生活中的互动。

- **鼓励孩子接受一定程度的“替代父母抚养”（alloparenting），** 让祖父母、哥哥姐姐、朋友来帮助你抚养孩子。如果你的家庭中只有成年女性或成年男性，那么异性的“替代父母抚养”对你的孩子尤其有益。
- **如果可以，请用母乳喂养婴儿。** 与用奶瓶喂养长大成人的人相比，用母乳喂养长大的孩子拥有更坚实的上颚和更整齐的牙齿。[20] 母乳中包含了我们尚未完全了解清楚的多种营养素和信息。例如，它可能会引导婴儿建立自己的睡眠—觉醒周期。因此，如果你在进行母乳喂养时，需要在某些时间用吸奶器喂婴儿，那么请用一天中同一时间吸出的母乳喂养婴儿，这可能有助于培养婴儿的良好入睡习惯。换句话说，在母乳问题上，也要当心切斯特顿栅栏。[21]

第9章

童　年

童年是一段探索的时光。童年也是学习规则、打破规则和制订新规则的时期。

我们的大儿子扎克[①]很有创新精神，他在5岁那年就发明了一种下楼梯的新方法，所利用的工具是一个大橡皮球和一个床垫。一开始看起来一切顺利，直到后来事实证明并非如此。扎克重重地摔下了楼梯，导致手臂骨折，不得不通过外科手术植入了一些金属针以稳定肱骨生长板，并且在6周后又进行了一次手术将那些金属针取出来。不过，他愈合得非常好，而且在吃一堑长一智后马上开始继续“创新”。

一只跟在母亲身后穿过树林的小猩猩，可能会在遇到一条对它来说因太宽而无法跨越的沟壑时，发出呜咽声向母亲求助。小猩猩的母亲听到后会走回来，在沟上架好桥，让小猩猩既可以越过那条沟，又可以观察母亲是怎样解决这种问题的。[1]

年轻的乌鸦离开父母独立生活之后，在与长期的合作伙伴结成伴侣之前，会先在一个大型社会化群体中度过数年。它与伴侣的长期联盟就是在这个时期形成的，当然在此过程中也会出现冲突，不过那些学会了相互妥协的乌鸦在“人生”旅途中的侵略性会减少很多。[2]

① 扎卡里的昵称。——编者注

在日本的一个小岛上，住着一群雪猴。有一天，猴群中一只名叫伊莫的年轻雪猴完成了一项创新，它将红薯放进海水中清洗，然后吃掉。但是，伊莫所属的猴群中的成年雪猴的反应相当迟钝，在接下来的5年里，只有两只成年雪猴模仿了伊莫的行为。然而，年轻的猴子们，包括其他幼年猴子和亚成年猴子却懂得观察并学习。5年过去了，将近80%的幼猴都学会了用伊莫首创的方法清洗红薯。[3]

在童年时期，我们要学习如何成为一个人。我们也会逐步了解自己到底是谁，我们还会幻想自己可能成为什么样的人。

人类不是白板，但在地球上的所有生物中，人类应该接近于“最白的白板”。[4]人类在地球上所有物种中拥有最长的童年期，[5]并且刚刚来到这个世界上的时候，人类比其他任何物种都更具可塑性，这也说明人类的“硬件”预设程度是最低的。“软件”意味着经验和知识与能力的相互作用，这对人类来说比对于任何其他物种都更加重要。从人类在南北美洲定居和繁衍的历史中，可以很清楚地看出这一点。少数几个祖先带着石器时代的技术来到了新世界，然后人类在两大洲创造了数百种文化，发明了文字、天文学、建筑和城邦，这种变化的速度非常快，是不可能归因于基因的。事实上，所有这一切都发生在“软件”方面。

我们学习语言的能力是“硬件”的一部分。几乎所有人类婴儿都潜藏着这种能力。然而，婴儿会说哪种语言则完全取决于他的成长环境，因为那是“软件”的一部分。此外，无论我们属于哪个种族或世系，人类婴儿很快就会失去部分听到和构建其他语言音素和音调的能力，因为他不使用那种语言。正如我们天生具有的神经元潜能比真正用到的要多（大多数神经元在我们成年之前就已经“死亡”了），我们在刚出生时具备的语言潜能也比后来用到的要多，其中一些在童年期就丧失了。人类出生时具备的潜能非常大，但是随着时间的推移，会逐渐丧失。[6]

从表面上看，我们的初始能力的这种“结对减少”似乎是一种巨大的浪费。那么人类为什么要这样做呢？答案是，人类刚刚出生时，处于一种探索模式。人类无法提前准确预测会用到哪些神经元，或者会说哪种语言，所以人类天生就配置了“过剩”的能力。这样一来，人类就能够优化心智，以适应出生后的世界，而无须先验地准备特定的知识。人类生来就是要探索周围的世界、发现其中的秘密，并相应地构建心智的。一旦这项工作完成，我们就会摆脱过剩的能力，以免它变成一种代谢负担，因为如果那样的话，所有付出的成本都不会带来回报。

人类是社会性的，同时由于寿命很长，会出现代际交叠：祖父母、父母和孩子可能会一起生活。这些特征也出现在其他猿类、齿鲸类动物（如海豚和逆戟鲸）、大象、鹦鹉、鸦科动物（如乌鸦和松鸦）、狼和狮子等身上。

对于所有社会性的、寿命较长的、存在代际交叠的物种，它们通常也具有很长的童年期。这些物种的童年和人类一样，是在发脾气和玩耍、拓展情感深度和认知能力的过程中度过的。在其他物种中，由这样的“婴儿”成长起来的“成年人”，同样具有人类轻易就能识别的社会复杂性，例如，长吻原海豚会按精心编排的队形去集体狩猎，[7]新喀里多尼亚的乌鸦会在朋友之间分享信息，[8]大象会悲伤等。[9]

童年期使这些动物有机会了解自己所处的环境。因此，对人类来说，用各种各样的方法，包括将孩子们组织起来学习，指定他们玩的游戏，让他们远离风险，禁止他们自由探索，把他们的童年“偷走”，实际上反而会使他们在年龄达到成年时没有能力成为真正的成年人。所有这些行为尽管总是“出于善意”，实际上却阻止了人类的“软件”对生来就有的粗糙、原始的硬件进行改进和优化。

如果没有童年期，动物必须在更大程度上依赖于“硬件”，因此灵活性较差。在各类候鸟种群中，那些天生就知道如何、何时和向何地迁徙的鸟类，即那些完全按照它们与生俱来的预设指令迁徙的鸟类，所采用的迁徙路线有时效率极低。这些鸟类正因为天生就知道如何迁徙，所以才更加不容易适应环境。因此，当湖泊干涸、森林变成农田，或者气候变化将它们的繁殖地推到了更北的地方时，那些生来就知道如何迁徙的鸟类仍然会继续采用原来迁徙路线。相比之下，童年期很长的鸟类以及与父母一起迁徙的鸟类，则往往能够采用最有效的迁徙路线。[10] 童年期的存在，促进了文化信息的传递，而文化的进化速度比基因更快。因此，童年期赋予我们在这个不断变化的世界中生存所需的灵活性。[11]

放心让孩子去探索、去冒险

人类对后空翻的渴望几乎与双足行走一样古老。不过，“将自己学会做后空翻的过程记录下来”这种能力的出现，则要晚得多。在 YouTube（视频分享网站）上，你可以找到非常多的记录人们练习后空翻的视频，例如，有一个视频的内容是，一个年轻人是如何学会在连续两个后空翻后稳稳落地的。你必须有强烈的意愿去尝试，并且需要在许多天、几周甚至几个月里进行无数次尝试。因此，要学会后空翻，需要有不怕承担受伤风险的意愿，以及在失败后继续坚持练习的毅力。你无法确定需要多长时间才能学会，也没有固定不变的通往成功的路。如果你不能接受所有这些事情，你就不太可能学会后空翻。

坐在房间里，听别人讲述后空翻的技巧，不能让你学会后空翻，你学到的可能是与后空翻有关的知识。但是，这哪里算得上学习啊。你可能会像一个专家一样说得头头是道，但是实际上不具备任何实战经验。

孩子们会通过观察和自行体验来学习。虽然包括“怪异”国家的文化在内的各种文化都越来越注重直接教学，而学校是开展教学的正规化场所，但是，纳瓦霍人（Navajo）、因纽特人的文化却强调尽可能避免教学。[12]

儿童会向父母、兄弟姐妹、大家庭的其他成员和朋友学习。在历史上，兄弟姐妹一直是一个特别强大的矫正力量，因为当他们的兄弟或姐妹做得不够好或判断错误时，他们往往会非常诚实地直接指出来，有时甚至显得有些残忍。孩子们会将自己对于“表现好”的看法强加于其他孩子，而在这个过程中他们采取的方法，在成年人看来可能显得很刻薄，但是，只有当孩子们真正被允许自由地、成群结队地游荡并参与长时间的非结构性游戏时，那些“害群之马”（霸凌者）才更有可能失去权力，而不是获得权力。[13] 而且，每一个孩子都能学会如何制订和遵守有效的规则。研究者观察到，在各种存在着游戏的文化中，即便是那些非常年幼的儿童，当被准许在有潜在危险的地方进行没有成人监督的开放式游戏时，他们也往往能够更加迅速地解决纠纷，并且很少发生事故。[14]

不妨将这种游戏与儿童在现代学校里有严格作息时间规定的所谓游戏做个比较。在学校里，所有游戏都会受到监督，儿童通常不能随意玩也不能自行编创那种规定谁可以玩或多少人可以玩的游戏，因为据称这种做法有“排外”之嫌。而且，儿童之间出现任何分歧都会立即有成人来仲裁。[15] 在这种处处受限的环境中长大的孩子，不会成为真正有能力的成年人。

厄瓜多尔首都基多（Quito）是一个熙熙攘攘的大都市，各种车辆快速行驶，且不一定遵守交通规则。有一天，我们看到一个可能只有 4 岁大的孩子独自在那无比复杂的十字路口穿行，他穿过了好几条车道，这期间他完全安全，并且没有任何车辆专门为他停下来过。接着，他走进了一家小商店，买了一袋水果，然后按原路返回，最后消失在了一栋公寓楼里。我们推测，在那栋公寓楼里，可能住着他的母亲或阿姨，又或者是别的什么人，是她们或他们让他去买食物的。当时，我们自己的两个孩子已经分别 11 岁和 9 岁了，但是我们不相信他们能独自在那个十字路口安全穿行。他们从来没有接触过这种情况，他们怎么可能对它的风险了如指掌呢？然而，他们俩已经非常了解亚马孙雨林了，所以我们允许他们自由地探索丛林。这对基多的那个孩子来说肯定是不安全的，因为他应该从未去过亚马孙雨林。

是的，为人父母者，要做的事情就是穿针引线。给孩子足够的空间去做他们自己决定要做的事，允许他们犯错，同时保护他们免受真正危险的事物的伤害。在现代社会中，钟摆已经严重偏向一边，我们试图保护儿童免受一切伤害，避开所有风险，以至于许多在这种养育模式下长大的人，觉得所有的一切都是威胁，于是他们总是声称自己需要安全的空间，称他人的言语就是暴力。相比之下，接触过各种事物，有过各种经历，包括身体上的、心理上的和智力上的经历的孩子，则能够真正学会什么东西是可能的，他们的心胸和视野都会变得更加广阔。我们强调，儿童必须体验身体上、心理上和智力上的不适之感。如果没有这种经历，即便他们日后也能长大成人，但是他们仍会对真正的伤害感到困惑不解。他们最终只能成为有成年人身体的孩子。

在如下意义上，孩子们生来就已经被完美地“设计”好了：他们能够获得并想要获得成年后所需的技能。但是，我们现代人在很大程度上破坏了这一点。如果我们允许孩子们去尝试，他们其实有能力自己做好。与此类似，成年人应该做的是为自己的孩子提供成长环境的路线，除非受到了市场力量干预。我们将在本书末尾再回过头来介绍这部分内容。人们现在通常认为购买某种“万灵妙丹”，比如可能是“出于善意”而编著的权威育儿书籍，是好的育儿方式的标志，但是我们不应该这样做。之所以这样说，恰恰是因为我们知道自己在一定程度上也是作为权威在提供育儿建议。与此同时，信任自己的孩子，认为他们会做正确的事情，并放手让孩子去探索、去冒险，却会令旁观者皱眉侧目。[16] 这是一片何等神奇的倒退的土地！

人类的可塑性

孩子的童年生活以及父母的育儿行为，是爱与放手的相互作用，是将孩子紧紧抱在怀里，同时又给予他们探索的自由，甚至允许他们离你而去。在生物学中，我们经常谈到的可塑性，通常是指表型可塑性（phenotypic plasticity），它的含义是相同的初始材料可能会产生诸多不同的结果。粗略地讲，一个基因型（比如说棕色眼睛的等位基因）会产生一个表型（即真正的棕色眼睛）。表型是生物体的可观察形式。然而，对于许多性状，特定的基因型都编码了一系列可能的表型信息，[17] 与分子、细胞、妊娠过程和外部环境的相互作用决定了实际产生的表型。

表型可塑性允许个体对不断变化的环境做出实时反应，以避免被它们的基因引导到设定的模式和生活方式中去。

占统治地位的野生鬣狗的头骨大而结实，其顶部有很大的矢状嵴，脸颊则有宽阔的颧弓。这两种结构都为肌肉提供了附着的地方，因为如果你的主要任务就是用尖利的牙齿来维护统治地位，这些都是极其必要的。将这种野生鬣狗的头骨与圈养出生并长大的鬣狗的头骨进行比较，就会发现后者没有这种结构。[18] 因此野生鬣狗和圈养鬣狗的不同环境，影响了它们的形态（变形）。

同样，咀嚼柔软的深加工食品的人类儿童成年后的脸，要比咀嚼坚硬的未加工的食物的儿童要小。[19]

如果环境允许它们按部就班地慢慢长大，处于蝌蚪期的铲足蟾可以成长为杂食性形态；或者，如果它们生活在很快就会干涸的池塘里，非常拥挤，在这种没有多少时间和空间供它们成长的情况下，它们也可以更快地长成更大、更凶猛的食肉性形态，并以彼此为食。这些蝌蚪最终会发育成哪种形态，完全取决于环境。[20]

当温度飙升时，斑胸草雀能够将这个信息传达给尚未孵化的小鸟。这就是说，斑胸草雀父母会告诉还在蛋中的孩子外界的高温情况，从而塑造了雏鸟的乞食行为，而且这些雏鸟成年后，会更喜欢较热的巢穴。[21]

即使是人类身上极其重要的主动脉弓，也就是将含氧血液输送到身体各器官的第一个心脏动脉分支，在人类群体中也有好几种常见的解剖结构，但是它们都是从高度相似的基因起始门（genetic starting gates）发展而来的。[22]

是可塑性为不同表现型的出现提供了可能性，而且这一般是通过只给出简单规则（而“不规定”精确结果）来实现的。由此导致的结果是，随着复杂程度的增加，对新领域的探索越来越多。[23]

对人类来说，可塑性的一种表现是不同文化之间育儿方法的多样性。在塔吉克斯坦，人们会将婴儿和蹒跚学步期的孩子放置在一种被当地人称作“加沃拉斯”（gahvoras）的摇篮中，连续几小时限制他们的活动。加沃拉斯在塔吉克斯坦家庭中往往被视为珍宝并代代相传。在塔吉克斯坦，儿童是家庭生活的中心，母亲、祖母、阿姨和邻居“随时待命”，只要听到婴儿的哭声，她们就会立即用食物、歌声或其他安慰方法对摇篮中的婴儿做出回应。然而关键的问题是，与西方国家人们一般的做法相反，在塔吉克斯坦，婴儿在出生后的几周内会一直被安置在加沃拉斯中，他们的腿和躯干会被紧紧地用布条捆住，而他们的排泄物则通过摇篮上安装的漏斗和小孔洞排出。[24]被这样捆绑起来之后，孩子可以移动他们的头，但是身体的其他部分则基本上一动都不能动。这些孩子在婴儿时期几乎没有任何爬行或尝试走路的经验，因此他们不可能像在西方长大的孩子那么早就会走路。关于儿童什么时候开始走路，世界卫生组织给出的正式预测是 8 ～ 18 个月，[25]但是塔吉克斯坦的儿童可能要到 2 ～ 3 周岁才能学会走路。[26]那么，该国的婴儿是笨蛋吗？或者他们的身体特别无力吗？当然都不是。

相比之下，肯尼亚农村的孩子甚至比西方国家的婴儿更早学会坐和走路。[27]那么，肯尼亚婴儿是天生就注定了要成为伟大的运动员吗？他们早熟的运动技能真的预示着他们在其他领域也很早就能够掌握专业技能吗？当然也都不是。

人类育儿文化的巨大差异，恰恰充分表明了人类具有非常大的可塑性。肯尼亚婴儿确实比西方婴儿更早学会走路，但是除了有严重残疾的婴儿之外，所有西方婴儿也都很快就学会了走路。

“怪异”国家中的父母不仅关注自己的孩子，他们还特别关注那些便于记录并分享给他人的指标，例如，我们的孩子第一次微笑、第一次说话、第一次走路分别发生在出生后第几天。然而，一旦我们过分关注这些指标，很容易误以为它们不仅是衡量孩子健康状况的关键指标，而且是衡量他们未来能力的关键指标。我们本应对身体系统健康状况进行更广泛、更全面的分析，而这些容易测量的东西，比如身高、体重、第一次做某件事的日子，再一次变成了这种分析的不准确替代品。由于信奉了一种错误的观念——必须达到的各种各样的“基准”是对孩子健康状况和发育水平最明显的衡量标准，我们落入了过分恐慌的现代陷阱：我的孩子没能达到这个基准，太危险了；我没有强迫孩子在某个任意指定的截止日期前达到某个基准，太危险了。父母的这种关注会给孩子灌输恐惧，然后孩子就会将这种恐惧“发扬光大”，出现风险厌恶。

脆弱与反脆弱

人类是反脆弱的。[28] 我们在面对可管理的风险时会变得更加强大，并且能够不断突破既有界限。婴儿总要一步步长大成人，如果要让他们成为最好的自己，在身体上、情感上和智力上接触和体验不适感和不确定性是非常必要的。

在刚受精后的那段时间里，受精卵是非常脆弱的。有的怀孕过程会以孕早期流产而结束 [29]，而且事实上，在许多情况下，由于流产发生得实在太早，以至于女性甚至都不知道自己曾经怀过孕。随着时间一天天过去，受精卵变得更强壮、更灵活、更有能力，但是即便是在足月出生时，婴儿也没有完全做好来到人世间潇洒走一回的准备。我们出生时是“未成形”的，因而需要父母长时间积极的、几乎从不间断的照顾。

从极其脆弱的受精卵到相当脆弱的婴儿，再到不那么脆弱的儿童和年轻人，个体的目标是要让自己变成反脆弱的，而不仅是不脆弱的。父母们的目标也是如此。在某种程度上，要做到这一点就必须先认识到人的发展是一个连续的过程。正如我们建议准妈妈在怀孕期间不要饮酒以免影响胎儿一样，我们也不会给婴儿或幼儿提供酒精饮料。然而，随着时间的推移，这条分界线会变得越来越模糊，然后到了某个时候，就可以允许年轻人适量喝一点酒了。因为，他们的生理系统已经足够成熟，可以应对酒精的冲击和可能的伤害了。与此类似，只要我们能提供帮助，就不会让自己的孩子在子宫内面临任何身体上的或情感上的风险。出生似乎是一条明确的分界线，它划出了清楚的边界。在某些方面确实如此，但是在那之后，我们为婴儿设置的这种明确的分界线越少，婴儿长大后就会变得更强壮、更反脆弱。

因此，“让孩子直面风险和挑战”应该成为一条规则，而且就像复杂系统中的许多其他规则一样，这条规则也是依赖于具体情境的。因此，虽然让你的孩子在成长过程中面对更大的风险是让他们变得反脆弱的一个组成部分，但是你不能只是简单地将他们置于风险之中。你必须先确保孩子深知自己的父母深爱着自己，父母会毫无保留地支持自己，并且无论发生什么，只要他们遇到了麻烦，父母会尽全力帮助他们。

尽早与你的孩子建立起紧密的联系。正如我们已经阐明的，为了达到这个目标，在不同的文化中，人们会有不同的做法。我们两人是亲密育儿法（attachment parenting）的拥护者：带着你的孩子在世界各地旅行，让他们看到你所看到的，并与你保持真切的联系；和你的宝宝一起睡。与一些似是而非的报道所说的不同，这样做更方便父母带孩子，而不是令育儿过程更加艰难。当你的宝宝哭闹的时候，要予以安抚，让他感受到自己并不孤单。你这样对待你的孩子，他才有可能有信心早早出去冒险，因为他知道父母无论如何都会支持自己。[30]

由此也可以看出有的父母在培养孩子的“适应能力”时所采取的“关黑屋”做法的荒谬之处。他们把孩子一个人留在黑屋中，希望孩子能够学会自我安慰，这些父母根本不明白自己的孩子是一种什么样的存在！在人类数百万年的进化史中，从来没有什么能让婴儿在单独待在一间黑屋中时感到安全。婴儿在这种情况下发出的尖叫，不但会让父母觉得抓狂，而且很可能也是婴儿评估自己是否远离危险的一种方式。只有在他觉得安全时，他才可以继续进行他的“事业”，即学习如何做人，而且与大学生不同，无助的婴儿确实需要安全空间。乍一看，他似乎学得不多，但是他其实学到了很多东西。而且，婴儿“铺设”的神经回路在如下两种相反的情境中会有所不同：一种是“我很自信，也觉得很安全，因为我得到了很好的照顾”；另一种是“我根本不知道什么是什么”。后者很可能会产生恐惧和焦虑。

孩子不知道自己在做什么，也不知道为什么要去做这些事，这个事实并不会显得不那么真实，或者不那么具备进化特点。对蜗牛壳的构造分析涉及微积分，这是真的，但是没有任何有理智的人会据此得出结论说，蜗牛会有意识地进行微积分计算。

孩子越小，他就越需要知道自己是安全的、受保护的。这种感觉会创造内在的力量和韧性，从而让他更早地、以更多的技巧和更大的勇气走出去探索外面的世界。父母很疼爱自己的孩子，为了保护他们宁愿自己受到伤害，但是这并不代表孩子知道这一点。婴儿就像微小的“幼虫”一样，他们怎么可能知道呢？婴儿可以接受的唯一输入是：当我用哭声表达需求时，是否能够得到满足；当我要向父母求助时，我是否能确保他们一定会到场。

当然，孩子们能够很快学会对系统进行各种测试，并尝试对父母要一些花招。自然选择早就决定了，当父母和孩子长期在一起的时候，孩子们很快就学会猜测父母未来会有什么举动，并试图去操纵他们。事实上，孩子对父母的操纵在出生之前就开始了。[31] 自然选择一方面要求胎儿从自己的母亲那里获取资源；另一方面，它要求母亲喂养胎儿，同时也要求她保留一些储备，这既是为了她自己的健康着想，也是为了未来孩子的健康考虑。[32]

任何静态的规则都很难对孩子起作用。规则必须足够灵活，能够随着孩子的逐渐成熟而改变，并能对孩子的需求和策略做出实时反应。俗话说得好，“教子不嫌早”。实际上，它应远远早于期望孩子能够理解你在说什么的时期。尽可能耐心地与你的孩子交谈，就好像他们是成熟的和负责任的成年人一样。让他们为自己的行为负责，并让他们为长大后的更多需求负责。让他们去做有意义的工作，而不是让他们一直忙碌但又不知道自己在忙什么。不要做出虚假的威胁，比如“如果你继续这样吵闹个不停，我就掉转车头回家去了！”。始终确保孩子知道自己是被爱着的。

确保自己已经充分地理解了运气和时机是一个家庭无法控制的，即便你为子女做了最周全的计划，为他们提供了最周到的养育环境，也不能保证他们一定会取得成功。我们从小学开始就要求孩子们在上学的日子里自己准备早餐和午餐，每天喂宠物，每周自己洗衣服。我们还循序渐进地让他们面对各种各样的风险。当他们长到10岁时，我们就放手让他们到各个有一定危险性的地方历练了：在华盛顿东部的平顶山上登山、在亚马孙雨林中探险（那里有珊瑚蛇出没）、在森林里漫游、在海上冲浪（不过，他们在城市里的生活能力相对较差）。当然，他们免不了受点轻伤。在他们受了伤后，我们不会小题大做，不会把他们缠成“绷带人”，而是告诉他们，跌倒了要自己站起来，然后重新骑上自行车或踏板车，或重新爬到树上去。

但是，当他们两人还很小的时候，我们会保证有一个人经常与孩子保持肢体接触，比如帮着他穿衣服、抱着他、和他一起睡觉。现在，他们既勇于冒险又彬彬有礼，同时极富幽默感和正义感。他们已经懂得尊重好的规则并质疑坏的规则。我们告诉他们，有时我们做父母的也会犯错，可能会要求他们遵守不好的规则，但是我们百分之百支持他们，他们可以提问为什么规则会是这样的，但是不要为了打破规则而打破规则，因为那样做没有什么好处。在大多数情况下，他们不会打破规则。

例如，在“怪异”国家，许多父母都有一整套关于就寝时间的规则，但是孩子们经常违反规则。你如何提高孩子在临近就寝时间时不会从卧室走出来的可能性（我们已经做到了），从而保证可以为你生活中的其他成年人留下几小时、几周、几个月的时间？在他们人生中的第一年里，我们的孩子都和我们一起睡或就睡在我们旁边，他们哭的时候，我们会迅速做出反应。我们有时确实会觉得这简直没完没了，但是事实上，他们并不怎么哭。后来，当他们开始睡在自己的房间里之后，我们就制订了一套睡前仪式，比如说给他们读故事，同时我们也明确表示，就寝时间就是就寝时间，定下来了就不可更改，他们不能跟我们“斗智斗勇”。这样到了睡觉的时间，我们就让他们回屋睡觉，他们从来没有在夜间走出来要这要那过。我们认为，这在一定程度上是因为他们知道父母就在那里，如果他们真的需要，我们就会及时来到他们身边。

游戏、探索与运动

人类是一个既具有竞争性又具有协作性的物种。如果没有这两样东西，我们也就不能成为人类了，而在儿童当中进行的非结构化游戏很好地揭示了两者。

有人认为，游戏有助于哺乳动物幼崽培养运动技能上的和情感上的灵活性，它们在意外和无法控制的情况下非常有用。[33] 金狮面狨是生活在巴西的一种长着橙色鬃毛的小型猴子，在年轻的金狮面狨中，游戏显得既狂野又喧闹。这种游戏不仅要消耗代谢能量，而且需要成年人为这些小家伙“放哨”，因为对于这些体形较小的小猴子来说，被鹰、大型猫科动物和蛇捕食的风险是真实存在的。[34] 尽管存在着如此巨大的成本和风险，它们仍然坚持要玩许多相当复杂的游戏，因此游戏必定是适应性的。读者回过头去对照一下我们在本书第 3 章中给出的“适应性检验的三个要素”就可以看得很清楚。

对于游戏，我们可以从很多角度来看。宽泛地说，游戏可以用来探索物理世界、社会世界或两者的某种组合。修修补补，取出某件东西摆弄摆弄并拆开来试试能不能重新组装回去，所有这些都具有极大的价值。我们这些年纪比较大的男人，都应该记得在业余爱好者商店和 RadioShack 连锁店里消磨掉的时光，它们为我们提供了组装积木、玩耍嬉戏和探索未知的场地。这种空间逐渐衰落和消亡，再加上随着科技的进步，机械零件被电子元器件大量取代，从汽车到烤面包机的几乎所有东西都不再适合拆开重新组装。因此，这类空间现在已很难寻觅。然而，去寻找这种空间确实是非常值得的。寻觅机械空间，与穿越物理空间的远足一样具有探索性。相比之下，女孩可能更想去探索特定的社交空间，她们会举办“茶会”，在接待现实世界中真正的客人之前，她们在茶会上将客人的话语和意图“演”出来，“客人”可能是玩偶和毛绒玩具。这种活动当然也是探索性的。

正式的运动通常能够将对机械空间的探索和远足结合起来进行，尤其是团队运动。团队运动能够以兼具趣味性和创造性的方式，将身体运动和社交活动联系到一起，因而是一个非常宝贵的探索平台。尽管运动并不适合所有人，但它们是确保我们获得身体技能的一个途径，而身体技能能够让头脑更清晰、意志力更强。当然话虽如此，团队运动并不能完全替代非结构化游戏或与大多数人称之为“工作”的世界的身体接触（即进行体力劳动）。工作是必须完成的，而且孩子们通过做一些体力工作能够得到很好的锻炼。例如，如果栅栏都是现成的（它们是由某人事先建造好的），那些从未建造过栅栏的年轻人很容易想当然地认为，建造栅栏这项工作是非常简单的，或相当平庸的。白领家庭中的孩子只在特定的时间、专门设立的体育运动场所进行体育锻炼，并且需要父母接送，那么他们就会产生一种错觉，即真正的体力劳动是一个可选项，可有可无。虽然这可能符合你设定的阶层愿景（并且它可能反映了你的生活现状），但是它并不适合你的孩子。运动是有价值的，而且它不应该完全取代体力劳动。

所以正式的体育运动是很有价值的，同时体力劳动也很有价值，但是具有更深层次价值的是那些简单的游戏，它们不需要执行自上而下的规则。当孩子们在自家住处附近玩接球游戏并一边玩一边制订规则时，或者，当他们为自己发现的任何一个“球场”和运动“装备”修改既定的游戏规则时，他们都会从游戏中学到许多深刻的道理。如果这些孩子的年龄和技能有很大差异，那么他们将会学到更多。年幼的孩子将有机会参与他们无法独自完成的活动，并可借此机会观察他们还没有完全准备好去参与的活动，以及在活动过程中，获得同龄人无法提供的指导和情感关怀。与此类似，在这种混合年龄组中，年龄较大的儿童也可以更好地练习如何组织、培养、带领和指导他人，并且经常可以获得创造性活动的灵感。[35]

请不要忘记切斯特顿栅栏原则，对于某一个对你来说有刺激性的事物，在你清楚了解了它的目的之前，不应该将它移除。同时好好考虑一下切斯特顿游戏，要有足够的多样性，即便显得杂乱也无关紧要。根除这种杂乱的多样性，只会给你和你的孩子带来不好的后果。

不要让无生命物体照看你的孩子

千万不要让任何无生命的物体照看你的孩子。让孩子独自面对看起来、听上去都栩栩如生但其实并不是活物（因而也不能对人以及其他活的生物体做出反应）的播放设备，无论它们播放的是人类演员表演的影视作品还是动画片，孩子都只能“学到”错误的教训。为什么现在孤独症这一类疾病的确诊数量不断上升？[36]我们认为，部分原因与“由电视抚养”长大的孩子的数量增加有关，这些孩子整天盯着屏幕上似乎是活着的但实际上没有生命的动画角色。那些看似活着的生物，不能也不会对孩子的表情、手势或问题做出反应，这就是向孩子尚在发育中的大脑传递这样一条信息：他所生活的世界，不是一个对情绪敏感的世界。对于这样的一个世界，孩子应该怎样对待呢？这样长大的孩子又如何发展出微妙的心智理论，即心理状态会受他人影响，并且理解他人可以并且确实拥有与自己不同欲望和观点的能力？

认识到其他人虽然与自己不同，但是同样值得尊重和公平对待的能力，并不是人类所独有的。例如，狒狒也已经发展出深入的心智理论（能力）。当两只雌性狒狒走在一起时，其中一只狒狒能够根据它们之间最近的社交互动，准确地评估另一只雌性狒狒发出的威胁性的声音是不是针对它的。狒狒明白，当它的同类看着食物时，如果觉得食物有被抢走的威胁，很可能就会采取行动保护食物。然而，狒狒也无法完成一些对人类来说显而易见的任务，比如当狒狒母亲抱幼崽时，通常会将幼崽放在自己肚子的位置，而且当狒狒母亲在岛屿之间涉水穿行时，它们仍然继续这样做，因此有的时候会淹死那些没在水下的婴儿。[37]

人类对心智理论的调用比任何其他物种都更加频繁、更加深刻。我们以不同的方式与无生命和有生命的物体互动，并且早就学会了不要向那些不会做出反应的物体表达意图。让无生命的物体照看你年幼的孩子可能会向孩子传达这样的信息：世界上的其他人既不会做出反应，也不值得尊重和公平对待。

被药物“控制”的儿童

严格限制孩子接触风险和游戏的机会（直升机式育儿法），以及将电子屏幕设备当作“保姆”，再加上定期给予儿童服用各种各样的“合法药物”，所有这些合在一起制造出了一场伤害我们的孩子的多因素完美风暴。

在过去的几十年里，让儿童服用的改变情绪、纠正行为的药物明显增多了。[38] 我们认为，对于儿童抵制学校文化的这种态度，人们在一定程度上借由这些药物做出了反应（对于学校文化，我们将第10章中进一步探讨）。现在，男孩更有可能被诊断为有“注意力缺陷多动障碍”，即患有多动症，然后医生就会给他们开具处方药，并宣称吃这些药能够让这些儿童更好地集中注意力，同时增加他们的忍耐力，让他们能够更好地做到长时间安静地面朝前坐着或排成整齐的队列。在我们现有的社会文化氛围下，各种各样微妙的甚至不可言说的敏感因素随时都有可能被触发，以往那种粗犷的、打闹式的游戏已经不再适合了，因此我们更愿意通过给我们的孩子“下药”来让他们屈从。与此同时，女孩也变得越来越不愿意展示真实的自我，从而让自己显得随和且容易相处，但是她们因此变得更容易焦虑，更有可能服用抗焦虑药和抗抑郁药。大多数学校似乎也变得更适合女孩的生活方式和学习方式，而不再适合男孩的生活方式和学习方式了。[39] 当然，这样说并不意味着现在的学校对女孩来说就是适合的。

男孩最容易被诊断出的疾病通常被归类为学习障碍，或者最近被归类为神经多样性（neurodiversity），后面这个术语听起来似乎不怎么令人担忧。对于所谓的神经多样性，我们在这里要指出两点。

首先，除了若干非常罕见的极端例子外，许多表现出神经多样性的人其实都是权衡的受益者，即所谓的神经多样性能够使他们在其他领域获得更强的洞察力或技能。事实上，神经多样性作为一种罕见的表型，本身就非常有价值，因为这样的人看待世界的方式与大多数人不同。这种分析逻辑不仅适用于患有孤独症这一类精神障碍的人（特别是如果他们在某些方面有很强的能力的话），而且适用于患有多动症或阅读障碍、图形认知障碍的人，以及色盲、左撇子或具有其他同类特征的人。[40] 如果可以选择，你可能不会为你自己或你的孩子选择这些特征中的任何一个，但是这种偏好的存在其实进一步说明了人类未能真正理解权衡，尤其是那种神秘莫测的智力权衡。是的，这种偏好并不能体现什么（特征）对于个人和社会是真正有益的。

其次，虽然学习上的各种差异本质上并没有好坏之分，但是允许它们存在可能有助于打破不良的教育关系。良好的师生关系有助于释放学生的天性，但是糟糕的师生关系则可能给学生带来毁灭性影响，而当前的各种量化指标更有可能让教师变成“海豹训练师”而不是“全人教育者”。一旦教育变得高度渠道化，即坚定不移地引导受教育者做出平庸的通用性选择，那么渠道本身就会变得“有毒”。有些患有这类所谓的学习障碍的人，不仅能够从这种有毒的渠道中解脱出来，而且甚至可能反过来“玩弄”它们。这种可能性意味着，这些年轻人能够开辟自己的教育道路。因此，他们的存在，不仅提供了一个视角，用于探查当前这种过于看重量化指标的教育系统，让我们认识到这个教育系统往往无法展现人们真正的智慧或能力，而且使我们得以瞥见在未来有可能替代当前这个系统的“另类教育系统”的面貌。这种另类教育系统有多种途径可以让受教育者成为成功的、有所作为的和反脆弱的人。

然而糟糕的是，制药行业又在神经多样性中发现了获利之机。因为“安静”和“顺从”的学生特别适合孩子太多而资源太少的学校，所以现在很多神经多样性都被人们用药物手段抑制了。

我们从事大学本科教学的 15 年多以来，我们几乎每一个学期都要查看所有选修我们课程的学生的健康史资料，因为我们要带他们去华盛顿东部、圣胡安群岛、俄勒冈海岸等地进行为期几周的野外研究。到了 2008

年和2009年，我们发现，这些学生中有超过一半的人正在服用调节情绪的药物，或者在孩提时曾经服用过这类药物，而且与前面所说的情况类似，男孩们服用的通常是治疗多动症的药物，女孩们服用的是抗焦虑药和抗抑郁药。在随后的几年里，服用这几种药的学生的总数虽然确实有所下降，但与此同时，在医生开具的处方中，外源性激素和激素阻滞剂也在大幅增加，而且总是有相当一部分学生要依赖于其他处方药物。好消息是，这些学生中有许多人都在积极尝试戒掉这些药物疗法，其中一些人取得了成功。

蝴蝶记得自己当初如何成为一只毛毛虫吗

随着孩子的不断成长，从蹒跚学步的婴儿到年幼的儿童，再到青少年，孩子会发生一系列变化。然而，改变的不仅仅是孩子的解剖结构和生理机能，如身高、体形，以及身体各部分的比例等，他们的大脑也在发生变化，他们的心理也在发生变化。这些变化，也就是我们学习如何成为成年人的过程，这确实是童年的关键。

因此，在我们这个时代，孩子每个成长阶段都会留下永久性的、能够引发回忆的东西，这对一个孩子来说，具有特别大的挑战性。当你13岁的时候，看到了一张自己6岁时的照片，你就会知道现在的你和当年的你既是同一个人，又存在一些差别。你正处于转变当中。身为人类，我们当然还可以而且确实会在我们的一生中继续转变，但是转变最剧烈的时期无疑是童年期，那也是我们的个性形成的时期。这种转变可能意味着，调和童年早期的你和童年晚期的你是一件相当不容易的事情。不过，更具挑战性的是如何调和童年晚期的你（那时你可能认为自己已经是一个成年人了）和已步入成年但很年轻的你。以往各个阶段留下的永久性记录，会不停地出现在你眼前，这使调和变得更加困难。

如果在偶尔看到以前的照片时，你很难将照片中的你与现在的你相调和，那么社交媒体无疑会使这种情况变得更糟。如果你今年 14 岁，出生在“怪异”国家中的一个中产家庭，那么你很可能会在社交媒体上发布一些内容，来证明你的“我何等了不起”。然后，只需要再过上几年，那些早些时候发布的内容却似乎只证明了你曾经是一个什么样的人。可能你自己知道，那些内容说得好听一点是特意修饰过的，说得难听一点则是彻头彻尾的谎言。孩子们现在正在与早期版本的自己竞争。当孩子们正在转变为成人时，“做真实的自己”这一要求与“力求永远正确”的西方文化规范相结合，使他们注定会被以往在社交媒体上发布的内容迷惑和阻碍。

如果说发现你和你的同龄人十几岁时在社交媒体上发布的照片会给你带来困扰，那么你应该知道，这种记录开始得越早，情况就越糟。如果你在中学时期就活跃在社交媒体上，那么你的身份肯定会变得混乱和令人迷惑。如果你的父母在社交媒体上发布了你 7 岁时的照片，同时你也会用这些照片来做对比，那么就会导致更严重的问题。是的，我们应该拥有孩子各个发展阶段的照片，但是一般来说，这些照片不应该展示给所有人看，除非它们清晰无误地代表了一个并不具有普遍意义的特定时刻。

我们正在被现代性固化在某种状态上，而在以前的时代，这些状态本来是更加短暂的。请考虑一下古希腊哲学家最先提出的一个名为“忒修斯之船”的哲学问题吧：有一艘用多块木板拼接成的船，如果随着时间的推移，有一块木板烂掉了，因此换上了一块新木板，然后，同样的事情不断发生，一块又一块的木板相继被换掉了，到最后整艘船上的所有木板都被换了一遍，那么它还是原来的那艘船吗？或者，它与原来的船还是同一艘船吗？对于有机体个体来说，这个问题的答案在某一种意义上是肯定的，而在另一种意义上是否定的。是的，我们从出生到死亡，构成了一条连续转变的生命线。然而，在所有的转变过程中，从童年到成年的转变过程最为剧烈，它意味着我们必须不再是原来的自己，即如果我们试图让自己保持以前的身份，就会限制自己的未来。

那么，蝴蝶还记得它当初是如何成为毛毛虫的吗？它不记得。在蝴蝶这个例子中，记忆的不完整性并不是先天设定的“程序”中的一个缺陷。蝴蝶确实不需要记住它当初作为毛毛虫的生活。与此类似，一般来说，成年人准确地记住他们年少轻狂时对世界的看法，并不是过上美好生活所必需的，尤其是如果相关的想法和图像已经被篡改了，不能反映真实情况的话。不断地被提醒我们以前的样子、以前的行为方式、我们作为年轻人决定在社交媒体上发帖时的想法……与现在有什么不同，我们成长的能力必定会受到影响。这个结论不仅适用于成人，也适用于儿童。

- **不要指望你的孩子能够跟上“别人家孩子”的步伐。**有些类型的发育延迟确实是存在的，它们表明身体或神经系统可能出了问题。但是，儿童的发育过程具有极高的灵活度，并不一定遵循固定的顺序或时间。如果你的孩子在小学二年级时不肯看书，请不要惊慌，他长大后会因此成为文盲的可能性微乎其微。更早不一定更好，更早学会走路、更早会说话、更早懂得阅读，并不一定代表个体成年后会更敏捷、更聪明或更高效。
- **鼓励孩子积极主动地探索现实世界。**这一点主要是通过让他向榜样学习来实现的，此外你也可以为他创造更好的机会。要让这种活动变得更简单、更有趣。要允许孩子犯错。要预料到可能会发生一些事故：孩子会跌倒，可能会受点儿轻伤。还要做好准备，以防孩子受更重的伤。请记住，人们有时候需要通过亲自实践去学习，尤其是在探索真理时。他们必须自己去承担风险，自己去尝试。
- **不要让无生命的物体照看你的孩子。**尤其是当这些物体被伪装成有生命的物体时。
- **尽可能地让孩子在没有成人监督的情况下玩耍。**包括让他们参与有既定规则的游戏和运动。[41]
- **遵守你的承诺，无论是积极的，还是消极的。**千万不要威胁完孩子又不了了之，例如，你威胁孩子说，如果他继续尖叫，就拿走他的玩具，结果并没有这样去做。最好从一开始就不要做出这样的威胁，但是如果你确实这样说了，那么就一定要说到做到。

- **建立值得尊重的系统。**成为一个成年人，在一定程度上就是要弄清楚“系统”是什么、它的弱点在哪里，以及如何利用这些弱点。孩子们是在家庭提供的系统中学会这一点的。建立值得尊重的系统，在孩子委屈时倾听他们的意见，从小就认真对待他们，但是不要向他们、你自己或其他任何人假装你这样做是出于友谊而不是出于亲子关系。打消操纵孩子的念头。
- **不要过度保护孩子，也不要为他们扫清一切障碍。**要允许孩子犯错，也要制订明确的规则。有了明确的规则，孩子们就知道自己需要承担什么样的风险、他们需要预先制订什么样的备用计划，以及怎样保护自己。
- **不要宠溺孩子，让他们尽早认识到自己的责任。**一个有求必应的孩子，肯定会指望他人迎合自己，并注定会对原生家庭以外的世界不满，而且也不愿意甚至无法为自己的人生努力奋斗。
- **尽可能让孩子参与每一次谈话。**鼓励孩子的好奇心，不要贬低孩子，不要称他们的想法是愚蠢的。尽管很显然，在不同发展阶段和不同年龄，肯定有些事情是不适合孩子参与讨论的，而且关于这些事情是什么、适合在什么时间讨论，每个人的看法不尽相同。但总的来说，你要相信孩子是很聪慧的，可以理解和回应成人之间的谈话。不要试图去让孩子们对你认为有价值的东西感兴趣，你要做的就是拥有自己的兴趣，通过你的行动证明它是有价值的，然后他们也会开始珍视它，就像对待食物一样。同样，要让他们参与真正有用的任务，并让他们通过这些任务加深对世界的理解。

- **让孩子们互相学习，当他们产生分歧或争吵时不要干涉。**如果他们争得实在不可开交，你不得不介入时，请不要鼓励这种行为。他们应该尽早学会自己解决自己的纠纷。
- **让孩子获得充足的睡眠。**睡眠在大脑发育中起着至关重要的作用，当突触（神经元之间的连接）以非常高的速度生成时，所需的睡眠时间也随之增加。[42]
- **不要屈从于社会对父母的主流"期望"。**这些期望大多是愚蠢的、没有必要的，甚至有害的。遵从自己的内心，不要迫于其他人的压力而做出自己并不认同的事情，或者你的孩子觉得不对劲的事情，比如经常举办"游戏聚会"，给孩子报大量的培训班等。
- **不要养成在社交媒体上"晒娃"的习惯。**
- **为你的孩子留出充足的自由时间，并可以在确保安全的情况下让他独处。**当然，很可惜，许多现代人生活在不允许这样做的环境中。
- **自己成为你希望孩子成为的那种人。**榜样的力量是无穷的。如果你自己经常吃深加工食品并看到什么都想买，那么你在孩子身上看到同样的问题就没什么好惊讶的。

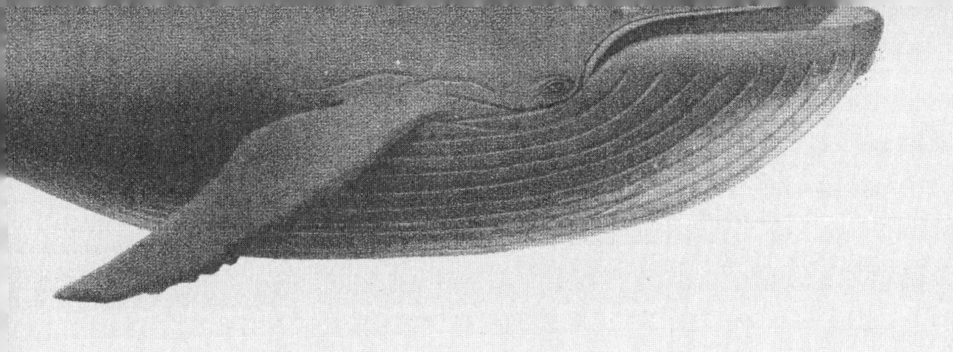

第10章

学　校

A HUNTER-
GATHERER'S GUIDE TO
THE 21ST CENTURY

曾几何时，在许多文化中，孩子们无须上正式的学校就可以成功地长大成人，并成为社会的有用一员。然而，进入21世纪之后，我们发现自己已经无法想象没有上过学的童年是什么样子的了。

大卫·兰西（David Lancy）

《童年人类学》[1]

真正的教育的主要目标不是提供事实，而是引导学生了解真相，让他们能够对自己的生活负责。

约翰·泰勒·加托（John Taylor Gatto）

《另类老师》[2]

亚马孙西部正在经历一场严重的干旱。我们带着一个班的30名本科生和我们家的两个男孩（一个9岁，另一个11岁），进入了亚马孙雨林。我们的驻地位于希里普诺河（Shiripuno River）边上的一个人迹罕至的地方。希里普诺河汇入科诺纳科河（Cononaco），后者则为库拉赖河（Curaray）的发源地，然后流入纳波河（Napo），最后流入亚马孙河。[3]天气炎热，阳光刺眼。布雷特、我们家的两个男孩、10名学生和我们能干的向导费尔南多正在徒步穿越丛林，我们一行人的目标是找到一处盐渍地，因为动物会聚集在那里补充宝贵的营养。丛林中通常总是漆黑一片，但由于太久没有下雨，树冠并不像往常那样遮天蔽日，有些许光线照射进来。突然之间，大雨倾盆而下。很快，小径上就积满了水，变成了一条小溪，不久之后，小径就完全淹没在洪水中了。费尔南多让其他所有人留在原地不要动，他自己循着原来的路折了回去，重新找到了小径。狂风大作，如同巨大的无形鞭子疯狂地抽打着树冠和枝条。猴子似乎都吓坏了，开始彻底安静下来，森林本身则开始"嚎叫"，通过藤本植物连接到一起的树木相互拉扯着，发出巨响。气氛马上变得异常紧张，人们发出了阵阵惊恐的尖叫。就在这时，传来了一道清晰而尖锐的爆裂声。咔嚓！一棵大树倒了下来！

布雷特见势不妙，一跃而起，跳到了两个男孩旁边，用自己的身体遮掩住他们，把他们压在地上。他们一起消失在了一棵大树的树冠下。树叶和枝条把他们埋在下面。谢天谢地，他们只是被树冠击中，但是没有被树干砸到，因此都没有受伤。学生们立即齐声喊了起来，然后冲到了他们身边。扎克！托比！他们大喊大叫，完全被吓坏了。

几分钟后，扎克、托比和布雷特从乱成一团的树冠底下爬了出来，奇迹般地毫发无伤，只是被蚂蚁咬了几口。风依旧很大，雨水倾泻而下，一道道湍急的溪流在地面上汇集成了迷宫。所有人都安然无恙。

就在那几周之后，科隆群岛海域的巨浪导致的一次事故，险些让我（希瑟）和船长丧生。如果运气不好，那次航船事故很有可能会令船上所有人都葬身大海，其中包括我们的8名学生，有几名学生也是刚刚讲到的大树倒下事件的亲历者。这个故事又长又可怕，我们在其他地方也提到过它。[4]我们从这个事故与其他许多事故中得到的相同教训是，一定时刻保持机警，同时要意志坚定，坚信你可以渡过难关，不要认为自己必死无疑。重要的是建立一个根基深厚的共同体，并且在建立之后，相信它会给你非常大的助力。

我们在选择参与这个海外野外研究项目的学生时，主要考虑的是他们是否同时具备智力、技能、好奇心、良好的身体素质和解决问题的能力以及共同体意识，而没有考虑他们是否拥有潜在的育儿技能或兴趣。然而，到了这里之后，他们中的许多人确实几乎表现得像父母一样。我们的教育方法的核心是建立共同体，使其中的每个人建立起实际的、真正的关系，这种关系不仅存在于学生之间、学生与老师之间，而且在这次为期甚长的出国研学之旅中，我们还要在这两位学龄儿童与这些大学生之间建立这种关系。这些大学生中大部分人与我们家的两个男孩的年龄差距较小，与我们两人的年龄差距更大，还有一些人则与我们年纪相仿。因此，这是一场针对所有人的教育，包括我们的学生、我们的孩子以及我们自己。

学校在人类进化史上是一个全新的事物。它比农业出现得更晚，也比书面语言出现得晚。像所有具有漫长童年期并且几代人一起生活的社会性长寿生物一样，人类需要学习如何成为成年人。然而，需要成长与需要被教育是不同的概念。

在人类进化史上，学校是很少见的，就连正式的教学活动也不多见。[5]有一些证据表明，在人类以外的物种中，也存在着“教学”活动，在这方面，下面这些例子相当吸引眼球。

例如，在许多蚂蚁种群中，当那些充当“觅食者”的蚂蚁发现了某个值得去进一步了解的事物，如食物来源或可能的巢穴之后，它们会通过与其他蚂蚁一起"一前一后奔跑"的方式回蚁穴，将这些信息传达给其他蚂蚁，引导它们找到新的机会。有些"知识渊博"的"觅食者"甚至会将它们留在蚁穴中的"不知情"伙伴背在背上，带往目的地。事实上，很多时候它们确实就是这样做的，因为这样做速度更快，效率最高。但是这些被背走的蚂蚁比较难以通过这种方式了解到前往目的地的路线，部分原因是它们往往倒挂在觅食蚁的背上并且面朝后。[6]因此，虽然一批批蚂蚁跑回蚁穴传递信息对知情的蚂蚁来说需要更长时间，但是以这种方式了解信息的蚂蚁，最终将会比那些被直接背在背上前往目的地的蚂蚁，了解到更多信息并且更有效率。[7]

猫鼬属于与人类关系较近的物种，猫鼬会捕捉并食用各种各样的小动物，其中有一些小动物，比如说蝎子，既不容易捕捉又具有潜在的危险性。成年猫鼬会为幼崽提供已经被杀死的猎物。猫鼬幼崽出生几个月后，成年猫鼬会把活的猎物放到幼崽面前，教它们处理食物和捕猎，并捉回那些从越来越熟练的幼崽手下逃脱的猎物。[8]与此类似，猎豹和家猫都会将猎物带回来，让它们的幼崽练习捕猎并让其参与处理食物，而不是直接交给它们吃掉。有一些大西洋斑点海豚的母亲会将幼崽带到捕食现场，而且觅食时间会持续得更久，捕食动作也显得更加夸张。[9]甚至许多非人类灵长目动物——尽管不是黑猩猩，有时也表现出类似的倾向来教育它们的后代。[10]但是无论如何，除了"怪异"国家的人类之外没有任何其他物种，会将绝大多数学习"外包"给学校，而且除了"怪异"国家之外，这种现象也未出现在其他人类文化中。

事实上，许多人类文化都有意识地积极回避教学。例如，在日本，存在这样一群特殊的捕鱼人，名为"海女"。我们曾遇到过一位潜水捕捉鲍鱼的女人，她提起，几十年前刚开始学习潜水捕捉鲍鱼时，母亲就直接把她推进海里，让她自己去寻找鲍鱼。对此她依然耿耿于怀。她说："(我的母亲）冲我厉声尖叫，要我离她远远的，自己去找鲍鱼，完全不考虑那有多危险。"[11] 在其他一些与日本"海女"很不同的文化中，例如西伯利亚的尤卡吉尔人（Yukaghir）狩猎者以及20世纪危地马拉玛雅人中的电力织机操作工，也都是在没有直接指导的情况下学习技能的。在所有这些例子中，不仅不存在教学，还会极力避免教学。[12]

既然在其他物种和其他人类文化中，教学如此少见，人类难道不应该问一问自己：我们需要学会什么才能成为最好的自己？在我们确实需要学会的那些事物中，哪些需要他人来教？哪些可以通过其他方式学习？例如，通过直接体验，或者通过观察和动手实践来学习。换句话说：我们到底需要学校做什么？

学走路不需要去学校，学说话也不需要去学校。

学校的一个作用是，教授阅读和写作。或者更确切地说，大多数人需要有人来指导自己阅读和写作。事实上，阅读和写作都是非常"新"的事物，以至于我们要想学会它们，就需要接受正规教育。对于细胞生物学、有文字以来的历史，以及除了最基本的数字运算之外的数学等知识，我们适合在学校学习。然而，如同数学和根据第一性原理进行思考一样，读写能力也像一个适应性的山麓，一旦你学会了认字（计算或逻辑推理），你就可以通过自学学到很多东西了。

学校的另一个作用是，我们还可以在学校与其他人讨论文本和教材，学到我们以前不了解的思维方法和表示世界的方式，并获得设计和实施科学实验的经验。学校也许不是从事任何这些活动所必需的，但是它确实可能对从事这些活动很有帮助。

此外，在学校里，我们也可能有机会了解到，当不可调和的立场相遇后会出现什么情况。这可以让一个有洞察力的人在自己的心里试验同样的事情，即同时在他们的脑海中保持两个不可调和的立场。如果能做到这一点，其价值是不可估量的。因为这样一来，人们就可以通过“与自己争论”来学习论证，而这有助于提高人们发现和识别真相的能力。人类所拥有的心智理论——理解他人观点的能力，甚至当这些观点可能与自己的观点不同时，能够探索矛盾和悖论的能力，是独一无二的。再说一遍：当我们站在错误的地方，用错误的模型处理看到的东西时，就会发现悖论。例如，为什么马达加斯加人在他们大概率会挨饿的情况下还会定期举办盛宴？悖论是藏宝图上的 × 记号，提醒我们必须在那里挖掘下去。虽然西方人倾向于尽可能地避免悖论并认为它们会带来麻烦，但是东方传统更有可能接受不一致。例如，我们认为，佛教充满矛盾对立的观点，而这个特点是适应性的，[13] 并且正好与我们所倡导的教育模式的目的相一致。与此类似，课堂上也应该充斥着悖论，让各种不同的解释状态并存，以便于儿童和年龄更大的学生去发现、探索、理解。

我们也可以利用学校来训练记忆，但我们还是要强调，要做到这一点不一定需要学校。伟大的阿根廷作家博尔赫斯写了一则有关惊人的记忆力的警示性寓言《博闻强识的富内斯》。在这则寓言中，主角富内斯注定要记住他所经历的一切。不费吹灰之力，他就学会了英语、法语、葡萄牙语和拉丁语。尽管如此，我怀疑他的思考能力并不强。思考就是忘记差异，进行概括和抽象。在富内斯过于丰富的世界中，只有细节，而且是几乎连续的细节。[14] 简而言之，富内斯这个人一直被“树”所困，因而看不到“森林”。

因为记忆力和回忆很容易评估和衡量，所以它们很容易成为学生、教师和学校共同追逐的指标。批判性思维、逻辑能力和创造力更难教授和量化，但它们同样有价值，甚至更有价值。记忆练习倾向于只关注细节，只记住不受情境变化影响的事实。但是权衡无处不在，如果只专注于记住细节，那么就可能因无法把握全局而付出代价。

学校在教授科学和艺术方面也起到了重要作用，如果孩子们本来就具有潜在的科学和艺术倾向，那么这项任务就会变得更加容易。虽然人们对科学方法的形式化没有直觉，但是孩子们天生就擅长观察模式，提出关于模式成因的想法，并试图弄清楚它们是否正确。所有人都倾向于做一个验证者，去寻找可以证明自己观点正确性的证实性证据，而不愿意去寻找证伪性证据，而其实只有当找不到证伪性证据时，才能说明他们的宝贵想法更有可能是正确的。学校，或者参与教育活动的父母或朋友，又或者直接和重复的经验，可以教导学生证伪的价值。但是，学校是否真的能够在这方面发挥更大的作用呢？

同样，虽然个人无法凭直觉掌握用调色板调配颜料的方法或艺术运动的历史，但是个人天生就倾向于以各种方式观察和表征世界，包括现实的方式和完全源自幻想的方式，并且不需要正规教育来教他们。

如果不加干涉的话，事实将证明人们往往更容易成为科学家和艺术家。

什么是学校

对于孩子们而言，可以将学校理解为爱和育儿的商品化形式，或者换句话说，学校教育的一部分就是“外包”的育儿。我们在前面各章中已经介绍了还原论的诸多危害和风险，这里还要补充一点，那就是，还原论促成了易于量化的事物的商品化，同时倾向于忽略那些不太可量化的事物。因此，学校就开始围绕着特定的衡量标准来运行了，比如多少、多快、多好等标准：孩子读了多少本书、是否记住了乘法表、背熟了几首诗。毋庸置疑，阅读、乘法计算和诗歌都具有明确而持久的价值。然而，只关注速度和数量的做法是错误的。有很多非常有用的东西是在学校里没法学到的，因为它们不太容易用还原论进行评估。学校以经济效率为基础，同时对可以实现的目标又极度缺乏想象力。学校的经济学思维，往往只能使学生的头脑中充满知识，但无法向他们展示通往智慧的道路。[15]

也许，应该把学校的目标定为帮助年轻人解决如下问题：我是谁，我该怎样做才能成为我自己？[16]或者换一种表述：我可以用我的天赋和技能解决的最大和最重要的问题是什么？又或者，我如何找到我的意识、最真实的自我？

如果我们把教会孩子们如何理解和破解他们自己的激励结构作为学校的目标之一，结果又会怎样呢？帮助他们摆脱他们肯定会“陷入”的低适应的局部高峰（“我不擅长数学、语言、体育……”或者反过来，“我非常擅长数学、语言、体育……因此其他任何事情都无法让我集中注意力。”），如此一来，他们虽然进入了属于非舒适区的山谷，但是从那里开始，有许多可以攀登的更高的山峰。[17]

或者，也许学校应该告诉孩子们，要多探索和思考各种各样的边缘性问题，而不能因为这些问题不受欢迎就立即放到一边。从不在边缘地带押注，无疑是一个更容易下的赌注，一般也是赢面更大的赌注。另外，如果这种倾向是在家长主义式放纵或专制的蔑视姿态下形成的，通常一切异议都会消失。虽然大多数边缘想法实际上可能是错误的，但是进步恰恰来自边缘地带。那正是范式转移发生的地方。[18] 那也是创新或者说创造性发生的地方。没错，大部分创新都是错误的或无用的，但是我们现在理解世界和社会的最重要想法全都来自边缘地带：太阳是太阳系的中心；随着时间的推移，物种会适应环境；人类可以发明技术，从而能够跨越时空进行交流、旅行、创造和探索虚拟世界。所有这些，最初都是不切实际的想法，在当时显得非常好笑。今天，那些嘲笑所有边缘想法的人，倘若回到那个时代，想必也会嘲笑那个时代所有这类想法吧。

学校本来就应该是有趣的场所，但是它不应该是“可操纵的”。一个孩子本来就不应该从学校里“赢”得什么（尽管很多人做到了，但输的人是大多数）。社会规则和习俗是可以在学校教授的，但是从根本上说，学校存在的意义应该是帮助孩子学会具有普遍性和特殊性的道理。

无论好坏，学校是父母、亲属群体以及与孩子有共同命运的人的一个“替身”。

因此，学校不应通过制造恐惧情绪来进行教学。风险和挑战有助于儿童学习。与育儿一样，学校需要在早期就建立起与孩子之间的紧密联系，因为早期建立起来的安全“根据地”，可以让孩子们有信心尽早出去冒险，因为他们知道无论如何都会有人支持自己。依赖恐惧运行的学校则只会向孩子灌输相反的经验。

由于课堂上的体罚在许多（但不是全部）地方已被禁止，所以心理和情绪控制逐渐取而代之。心理和情绪控制留下的痕迹更少。孩子们面临着压低评级、考试给低分以及如果表现不佳就告知家长的威胁（大多数孩子都会听到“你是个坏家伙”这类评语）。教育系统内部指标的兴起往往伴随着社会信任的衰败，它们通常过于简单、经常错误百出且都是伪量化的。[19]优秀的教师，被困在外部强加的不断升级的指标体系中，如何才能与这种“主流文化力量”抗衡？一种方法是让教师明确地放弃自己的权威，告诉学生不要仅仅因为自己站在教室讲台上就相信自己所说的一切。这种方法对年龄较大的儿童和年轻人更有效。当一位老师确实赢得了学生的尊重和信任，从而成了一位公认的权威时，他的权威性是靠自己赢得的而不是默认的，因此他的这种权威就能够更好地为学生和教育服务。

利用恐惧让孩子们在座位上坐成整齐的一排，要求他们眼睛向前看、闭上嘴，强迫他们除了每天的几个规定时间外不得移动身体……这些做法必须引起我们的警惕，因为它们只会导致孩子长大成人后无法自行调节身体和感官，无法相信自己的决策能力，并且在成年后仍然可能需要类似的受控环境。我们要为孩子们提供安全的空间。

对于年幼的学童来说，一种解决方案是在学校里建造一座花园，并且让孩子们在各种天气都花一定时间待在花园里。经常去郊游，花些时间到户外活动，而不是只停留在气候严格受控的所谓“自然中心”中，也会有所帮助。孩子们这样做会一直很舒服吗？当然不会。有些孩子会对下雨、刮风或晒太阳不太适应吗？是的，他们会。但重要的是，他们能够从早期犯的小错误中吸取教训，并开始对自己的身体和命运负责，从而更好地驾驭世界吗？是的，他们能。

人类是反脆弱的，非常有必要接触各种各样的不适和不确定性，无论是身体上的、情感上的，还是智力上的。让学生做好准备、了解风险，能够鼓励他们扩展自己的世界观，进而获得走向成熟的经验。当然，这确实是有代价的：了解风险并不能保证免受危险。

总而言之，既然说到“风险”，那么风险当然是存在的！悲剧可能会发生，这绝对不是小事。对于我们这些幸运地避免了类似情况的人来说，几乎无法想象那些因孩子不幸离世的人或者导致别人的孩子不幸离世的人，到底怎样才能正常地生活下去。在学校组织的旅行中，当有人引入了某种风险因素而导致悲剧发生时，我们很容易确定是谁的责任。这类故事通常很容易讲述，也往往更引人关注。相比之下，种群层面的悲剧，那些因为整个种群难以驾驭风险而发生的悲剧也是悲剧，而且影响更加深远，因此需要不惜一切代价去避免。

而可悲的是，现代社会中的学校往往会为了防止个人悲剧的发生，而酿成更大的社会悲剧。而在家里，家长却教导小男孩和小女孩，让他们认为自己是整个宇宙的中心，他们可以（而且实际上应该）随时打断大人。家长会教导孩子称，他们可以发脾气，而且只要他们一发脾气别人就会屈服，并告诉孩子他们是最宝贵、最不可能犯错的人，因此任何批评都是对他们“核心自我”的冒犯。

在这种环境下长大的孩子，无法理解从家里和学校传来的混乱而令人困惑的信息，对于这种情况我们实在不应该惊讶。当他们被那些他们最容易操纵的系统所吸引时，我们也不应该惊讶：

> 妈妈不喜欢我尖叫或发牢骚，但是如果我一直这样做，她为了让我停下来就会做出让步。哈哈，我记住啦。
>
> 如果我不时在课堂上发言并取得好成绩，那么即便我从课本上什么也没学到，老师也会对我听之任之。噢噢，我知道了。

恭喜了，社会！你成功地造就了这样一些自鸣得意的人，他们总能得到想要的东西并且对这种情况习以为常。他们善于“接受教育”，但是不善于思考，他们实际上既不聪明更无智慧。

世界与你无关吗

孩子们受到了20世纪末和21世纪初兴起的一系列社会因素促成的完美风暴的伤害，这不是他们的错。对此，我们在前面已经进行了回顾。儿童处方药的兴起、直升机式育儿法和铲雪车式育儿法的流行，以及几乎无处不在的屏幕（更不用说屏幕上显示的内容了），都使学校变成了一个比以往任何时候都难待下去的地方。在美国，还要再加上一系列经济和政治因素，它们在增加考试力度的同时却减少了学校的资金，从而削弱了教师的创造力和自由。

当我（希瑟）帮助学生们做好出国前往巴拿马或厄瓜多尔进行野外研究的准备时，我不仅要教会他们进行学术研究所需的学术技能，还要培养他们在国外长途旅行期间所需的社交技能，并帮助他做好心理准备。他们中的大多数人以前从未有过类似经历。我会问他们：“你怎样看待风险？你又是怎样看待‘舒适’的？你现在说你可以忍受虫子叮咬、不惧道路泥泞，你现在说没有互联网也没有关系，但到时候你未必真的可以做到这些。不过也许最重要的是：我们必须对各种意外做好心理准备。我们无法知道这次旅行中会发生什么。我们马上要出发了，肯定会有一些有趣的事情发生。”

这些对话包括了对风险的讨论：在无法进行责任诉讼的地方（这种诉讼会使环境变得更安全一些）、在无法及时得到医疗救助的地方，我们面临的风险与平时熟悉的那种风险截然不同。我们还谈到了丛林的隐患，如河水暴涨、树木倒塌等。相比于人们天生最害怕的蛇和大型猫科动物等熟悉的隐患，河水暴涨这类隐患的风险可能更大。

但是，风险和潜力向来是相携而行的。我们需要让孩子们（包括大学生）冒一些受伤的风险。让他们免受一切疼痛之苦的过度保护，反而导致了他们未来的软弱、脆弱和更深的痛苦。不适可能是身体层面的、情绪层面的或智力层面的：我的脚踝真疼啊！我的感觉糟透啦！我的世界观崩塌了。孩子要学习，要成长，就需要经历所有这些。

我们带出国进行野外研究的那些学生都是经过精心挑选的，他们成熟、能干、聪明、机敏。即便如此，由于无法控制周围的环境，再加上丛林中层出不穷的意外特别容易让人产生退缩的念头，他们中的许多人陷入了情绪混乱状态（有时表现为愤怒）。在出发前，很多人强调自己对探索和发现充满热情……但是，这种良好的心态只有在一切看起来和感觉上都与预期完全相符时才能保持。向孩子们灌输秩序必定比混乱要好的观念，优先应付那些容易应付的事情，是完成学校教育的“光荣”方式（因此，许多人进一步推断，这也是过上好生活的“光荣”方式），社会成功地创造了这样的成年人：他们在遇到意想不到的新情况时就会变得出离愤怒。等你真的走进丛林，你才会发现再真实的自然纪录片也没办法展现丛林的真实面貌，以及你深入其中的感受。巴拿马城或基多街道上的人也根本不是你心目中的样子。如果你摘下“眼罩”，让自己沉浸其中，去感受这个世界，而不是用过于个人化的视角去看待世界，那么云雾缭绕的森林和将它称为“家”的人（他们比印加人或西班牙人更早来到这里）会令你感到惊讶。其他的一切也会是如此。在大多数情况下，世界与你无关，它从来不是围着你转的，但是你可以从中学到很多。教育应该允许你做到这一点。

高等教育的更多可能性

现在请你想象一下，学者通常的形象是什么样的？如果抛开那些表面化的刻板印象——厚厚的眼镜、衣服肘部打着绒面革补丁，那么你就很可能会认识到，任何一位学者，首先都要消费他人生产出来的“学术产品”。也许，在你的心目中，一个学者的典型标志是他正在读一本书，或者也可能是他正在图书馆的书堆里翻来翻去。当学生们进入大学时，已经对这个隐喻心照不宣了。作为一名学者，首先你要阅读前人的著作，然后做出回应。或许，有一天，你也会写出这样一部巨著，而其他学者也会反过来阅读你的著作并做出回应。如此循环下去。[20]

然而，这种学术活动的模式，即学者拥有自己的精神生活，成为一个有批判性的、积极参与的世界公民，对于很多学术领域来说，都不正确。尤其是科学和艺术（很多人错误地认为它们分别位于“追求真理和意义”光谱的两端），它们影响世界的方式从来不是对之前的事物进行仔细、深思熟虑的评估和批判。没错，我们是站在巨人的肩膀上，前人的思想和创造的历史是我们所知道、所思考和所要做的事情的基础，但是这些并不意味着它就应该成为我们的主要关注点，或者成为我们的使命。

太阳底下的确有“新事”，但是人们总是认为一切都来得太晚，所有事物都已经有了相应的解释，而且最好的应对措施无非就是陷入虚无主义的混沌。这几乎成了每一代人的宿命。

在最好的情况下，大学教育应该有潜力打开新世界，一个充满奇迹、创造力、发现、表达和联系的新世界。美国常青州立学院是太平洋西北部的一所小型公立文理学院，我们在那里度过的 15 年里，做的就是这件事。在那里，我们与熟悉的学生一起，提高深入研究复杂主题的能力，在教室、实验室和野外（无论是靠近校园的地方还是远离尘世的偏远地区），我们为探索高等教育的更多可能性推开了一扇窗。

我们以前的一位学生德鲁·施奈德勒（Drew Schneidler）是一位智力超群的人。他读大学时，曾经苦熬过一段与我（布雷特）一样艰难的时光（他现在依然是我们的朋友，同时也是我们准备这本书时的研究助理），在我们写作这本书时他对我们说："走进你们的教室，就像走进了一种祖先模式，对于它，我早就准备好了，随时可以启动，但是我以前根本不知道它的存在。"

这句话，就像本书中的其他要点一样，值得专门写一本书来深入探讨。下面我们将要描述的，就是我们在担任高等院校教师期间学到的一些东西和我们自己做出的若干创新。

工具比事实更有价值

我们向学生传递的第一条信息就是：有些智力工具比事实更有价值，一个原因是它们更难获得。当你精准地利用这些工具时，它们就会显现出强大的力量。有了它们，你可能会发现一些可能从来没有质疑过的事物。

但是，作为教师，你怎么才能做到在"真空"中教导学生掌握和使用工具呢？在不涉及"思考内容"的情况下，你怎么可能教会人们思考呢？这说起来似乎挺容易，但是关键是怎样才能做到呢？一个善意的批评家可能会指出，要让学生思考，总得有一些事情供他们思考吧？当然，有东西可讨论会使事情变得更容易一些，但是一旦引入了某样东西，那么每一个人，包括学生和教师，都很容易陷入“告知者”和“被告知者”这样一种更容易的历史角色。其中一个很具代表性的例子是，在一场看似很能启迪心智的讨论之后，一个学生高高举起了手，然后问道：“现在说的这些考试会考吗？”

一个难题是如何打破“胡萝卜加大棒”的传统教育范式。这需要我们明确地告诉学生他们之间不是相互竞争的关系。当学生相互合作时，他们实际上能够学到更多。一定要让学生知道，从来不存在一条会导致某些人注定失败的、迫在眉睫的“区分线”。

另一个难题是如何打破“我们只能在每天的某个固定时间接受教育”的传统范式。方法是，走出教室并让大家花更多时间聚在一起。如果学生和教师真正做到了可以随时共处，并在几天、几周甚至几个月里日复一日地一起进餐，那么很明显，好的问题就肯定会在一天中的所有时间、一周内的所有日子里浮现。同时，如果你带着自己通过逻辑、创造力和实践培育和锤炼出来的智力工具包旅行，那么你就可以随时随地讨论冒出来的这些问题，而不是只能等到拥有适当学位的学术权威站在讲台上时，你的问题才会得到回答，而且他回答问题一般来说是有酬劳的。

智识上的独立自主

晚上，当我走出门抬头仰望星空时，我没有感受到安慰。我的感觉是一种“甜美”的不安，因为我知道外面有太多太多我不明白的东西，同时也很高兴我认识到了仍有巨大的谜团存在。这当然不是一件令人舒心的事情。不过我认为，这正是教育最主要的礼物。

泰勒（Teller）

《教学：就像表演魔术一样》。[21]

请读者想象一下这个情景：一位教授着手动摇学生的先入之见，即让他们对自己知道的事情不再笃定，并迫使他们与自我、感知、权威进行“对质”。当人们对自己所知的一切都非常笃定且感觉舒适，而世界看起来却与期望的样子不一致时，他们就会面临相当大的风险，会觉得自己被玩弄、被操控了，并会因此变得非常愤怒，他们的行为也将无法保持前后一致。

然而，如果你对自己所知道的一切都觉得舒适如意，你也就无法形成独特的见解，也就无法成长了。你可以将知识添加到你已有的“地基”上，就像往你正在建造的房屋墙壁上添加砖块一样。房子建成后，它的外观和你预想的差不多。然而，对于我们大多数人来说，我们在成年初期奠定的基础，并不一定能够成为我们想要生活于其中的智识之屋的基础。

问题在于墙壁上的那些砖块，它们不仅扼杀了创造力，还扼杀了好奇心。它们的存在让人觉得从头开始（也许根本不用什么蓝图或基础）是根本不可能的。那些砖块还会让我们觉得舒适，因此我们很容易把砖块砌得越来越高。

这种“砖墙模型”所创造的心智都是相似的。关键是，这类心智产生或思考奇怪的新想法的能力会越来越低，而且这种心智会被混乱和不确定性“激怒”。

到最后，几乎我们教过的每一个学生都需要接受挑战，而且实际上他们也确实受到了挑战，我们会告诉他们，什么时候是他们错了，什么时候是我们错了，并告诉他们需要学会提出真正的问题，然后要求他们在未知状态下摸索足够长的时间，最终想清楚怎样才能解决问题。

作为教师，我们的目标应该是让学生远离课堂，最好是去没有互联网或图书馆的地方，比如华盛顿东部的火山地带、巴拿马的库纳亚拉、厄瓜多尔的亚马孙。一旦来到了这些地方，大家马上就会提出许多问题：那些岩石是如何出现在这里的？当地人是怎么钓鱼的？那些鹦鹉在做些什么？所有这些问题都有答案，但是学生需要学会运用逻辑推理，以第一性原理为基础，通过严谨的研究，最终才能找到答案。这样一来，课堂上的空洞对话，也就转变为在此时此地具体场景下发生的对话了：他们只能运用自己的大脑，而不能借助于互联网的"集体大脑"来组织自己的答案，然后尽可能地去拟合他们观察到的一切。如果他们需要坐在轮子上重新发明轮子，那就让他们那样去做吧。只有这样，他们才能在提出科学假说、做出预测、设计实验、进行逻辑推理等各个方面更好地磨炼自己的技能。一旦学生们真正做到了这一点，他们就不仅接受了教育，而且掌握了一种自我教育的方法。

有人可能会问，在"成功"的课堂讨论中，当提出了一个事实问题而教室里似乎没有人能够在自己的脑海中找到答案时，为什么不让他们去网上搜索一下呢？通过谷歌搜索来确定门捷列夫当年给出的第一个元素周期表与现在的是否一样、有多少人在德累斯顿大轰炸中丧生、白令人是在什么时候第一次进入新世界的……这种做法难道会带来什么危害吗？在网上查找简单问题的答案会带来什么危害？坏处一目了然：它会"规训"我们，使所有人都变得不那么自力更生，它会让我们无法在自己的大脑中建立联系，它还会使我们更不愿意去搜索已经了解的相关事物，而且也会阻碍我们尝试将这些事物的原理应用到自己不太了解的系统中去。

如果说，通过敲几下键盘来快速回答“如何”问题这种做法会阻碍智识独立自主性的发展，那么以同样的方式去寻求“为什么”问题的做法又会如何呢？它更有可能扼杀逻辑推理能力和创造性思维。鸟类为什么要迁徙？为什么越靠近赤道物种就越多？为什么这里会有这种景观？查找答案之前，请你先想一想。请带着问题入睡。请经常与他人去讨论各种问题。与你的朋友分享你的想法，当他们不同意时，请求同存异。有很多时候，“同意不同意”是唯一的途径。不过，在通常情况下，只要你稍微深入挖掘一下，就可以学到更多东西，而你和你的朋友们最终将变得更有能力去理解这个世界。

静下心来，提升自己

在亚马孙雨林中指导一个海外研学项目时，我（希瑟）眼睁睁地看着很多关于亚马孙危险、狂野和邪恶的谣言四起。当时我们所在的偏远的野外考察站还有另外一个班级入驻，那个班级的带队教授一直向她自己的学生讲述蜘蛛、野猪和蟾蜍会带来的“致命危险”。所有这些谣言当然全都是假的，但是那位教授把它们说得好像真的一样。其中一个特别逼真的谣言是，当某种蟾蜍将毒素射入人的眼睛后（这确实可能发生），会使人永久性失明（这是假的）。谣言传开的时候，我的一名学生的眼睛刚好被那种蟾蜍喷进了毒素，于是那个学生陷入了巨大的恐慌之中（如果她从未听说过那个谣言，本来不会那么恐慌），她问了一位优秀的博物学家向导拉米罗（Ramiro），她的眼睛到底会发生什么事情。拉米罗和所有好的向导一样小心谨慎，所以告诉她，“有人说”这种蟾蜍毒素可以致人失明。这个学生最后当然没有什么事，但是她经历了完全不必要的恐慌，而这完全是因为有人将恐惧和夸张当成了扩大自己权威的工具。

在过去，一个人如果不深入了解自己的栖息地，那么就很难找到自己的适当位置。要么你从长辈那里得到关于那个栖息地的智慧，要么你得从边缘地带进入，然后亲自去了解。然而，我们现代人生活在一个变化如此迅速且不可预测的栖息地中，没有人可以说自己是彻头彻尾的“土著”。我们还面临着人类祖先没有遇到过的另一个“突然出现的边界”问题，或者说，一条奇怪的、用来区分安全与不安全的清晰分界线：游泳池、垃圾处理站、马路边……都有这种分界线。

恐惧、愤怒和夸张，都有助于推销产品、吸引观众，并且还是一种有用的控制工具。然而，它们并不能代表人类能做到的最好的事情。引发恐惧的故事可能是促使现代人采取适当行为的一种技巧。在现代社会，能够先到熙熙攘攘的国际大都会基多市睡上一晚，然后再在亚马孙雨林深处睡上一晚，是十分奢侈的事情。但如果你这样做了，你就进入了从未体验过也没有多少准备的环境。此外，我们这些第一次来到亚马孙雨林的人，大多来自“律师遍地走”的地方，那里的一切都经过了审查并有相应的法律手段确保其安全性，至少在短期内是这样的。靠制造恐慌让学生们做出可接受的行为，其实是失败的教育。毫无疑问，如果教育的最终目标是培养有能力、有好奇心且富有同情心的成年人，那么帮助学生保持冷静和理性，而不是让他们一直处于恐慌状态，才是达成这一目标的更好途径。

观察与自然

高等教育的其中一个目标应该是教导学生如何培养直觉，让他们在世界上获得足够的经验，使他们不仅能够可靠地识别各种模式，还能做到在试图解释观察到的现象时回到第一性原理上，并且拒绝接受仅仅因为有权威“背书”而得出的解释。

而这就需要教师和学生花更多时间聚在一起，并建立稳固的联系、长期的共处。比如，一起在野外进行考察研究是一件特别奢侈的事情，并不是所有教师都能够做到这一点，但是也许所有人都应该努力尝试去做。教师需要有对学生说出实情的意愿：“不，那是错的，而原因就在这里。”否则，这些学生可能一生都会认为老师说的一切都是对的，老师所做的一切都值得称赞。教师也需要修正自己的错误的意愿，教师要为学生树立榜样，并一定要让学生看到，想法是怎么形成、提炼和检验，然后又被拒绝或接受的这整个真实过程，从而使他们能够摆脱大多数学校教育和几乎每本教科书都会灌输给他们的知识获取的线性模型。

在多次国内外旅行过程中，我们欣喜地看到，学生们确实能够以他们在学校里根本无法做到的方式去迎接各种挑战。我们特意选择偏远的野外考察地点，不仅因为这些地方的自然环境更独特也更完整（你会看到很多的藤本植物向光生长，也有很多的藤蔓蛇模仿那些藤本植物），还因为要想感受大自然的“最原始”状态，通常必须以与外部世界断绝联系为“代价”。远离记录我们一举一动的“电子眼”，我们才会将更真实的自我向自己、向他人展示。

但是，这样做当然也有风险，蚂蚁会叮咬你，真菌会侵入你的体内，倒下来的树木可能会砸到你，乘坐的小船可能会翻沉。我们为什么要冒这么大的风险呢？研究土地利用的政治学、早期美洲人的文化或蝴蝶的领地，真的值得吗？当然值得。

在野外考察时，我们观察到，有的学生一度陷入了自己的黑暗世界中，被抑郁情绪笼罩。我们同样看着他们从黑暗世界中走了出来，变得更坚强、更从容了。他们对丛林的浪漫想法，在汗水不断流淌和昆虫一直叮咬的现实面前逐渐消失了。然后，他们逐渐开始意识到，为了观察那些极有魅力的动物做的有趣的事情，你必须走出营地，隐入森林，然后耐心等待。

当然，有些人很讨厌这种情况。他们无法忍受自己失去了控制权的情境，也无法接受大自然不像风光纪录片的事实。然而，大多数学生都发现了自己隐藏的力量并获得了意想不到的自由。

就拿我们在亚马孙雨林中度过的一个晚上来说吧。那晚，当暴风雨袭来时，我们的几个学生正准备开始展示他们的研究报告。大颗雨点敲打着波纹金属制成的屋顶，发出了很响的声音，我们不得不重新安排时间，因为在那种情况下，你没有办法听清别人说的话。当然，我们也没有其他地方可去，于是大家分散开来，有的人趁机补个觉，有的人则打算冒险在这个暴风雨的夜晚到森林深处去漫步，接受热带雨林温暖潮湿的拥抱。如果教育的本质就是在一定程度上帮助学生准备好迎接一个不可预测和不断变化的世界，那么首先要做的是培养勇气和好奇心。

当然，我们确实也会在课堂上阅读很多东西，比如阅读重要的科学文献和各种类型的专著、散文、小说，而且我们阅读的一些内容与另一些内容之间存在着矛盾。然而，推动学生去打造一个属于他自己的工具包，教会他们在新想法或新数据出现时积极地、自信地评估世界，所有这些都需要摆脱教科书的抽象文本。我们必须到外面去接触物理世界，以及它所孕育的无数仍在不断进化中的“居民”。路易斯·阿加西斯（Louis Agassiz）是19世纪最杰出的博物学家之一，他敦促人们“亲近大自然，亲自去掌握事实，亲眼去观察”。教师要尽可能多地为学生创造融入大自然的机会，不管你所属的学科领域是什么，也不管你试图教会学生什么，只有这样你才能让学生开始相信自己，而不是只相信别人口中的所谓真理。

当你像我们一样，在长途旅行中开展教学，每一次都要与一小群学生朝夕相处两个季度甚至三个季度时，教育也就变得个性化了。正是在这个过程中，我们告诉学生许多他们也许从来没有想到过的事情：

- 我们需要隐喻来理解复杂的系统。
- 你不是作为一个消费者来到这里的，同时我们也不售卖任何东西。
- 现实或许并不民主。

反过来，当他们仅仅给出平淡无奇的“常规性回应”时，我们也不会接受。我们会在智识上给他们强大的触动，而他们则被迫竭尽所能地思考并回应，因为向我们简单地重复现成的事实材料是无法过关的。我们想认识他们每一个人，了解他们各自的特质，这样我们也可以向他们学习。

但是，许多教授则试图把学生培养成没有头脑、没有心智的工人。有一位教授曾经口无遮拦地（而且他并不是在讽刺什么）告诉我（希瑟），他认为让学生成为“齿轮”就是他的职责，因为他认为毕竟那就是这些学生的命运。教职员工应该更清楚学校意味着什么，但是对于学生来说就不一样了。seduction（诱惑）和education（教育）是一对同源词。学生可能会误以为自己想要被诱惑，因而被虚假的赞美引入了歧途，因为在得到赞美的那一刻，感觉确实很不错。然而，我们遇到的大多数学生确实都希望受到教育，让自己摆脱狭隘的、基于信仰的信念，成为一个在智识上独立自主的人，从而能够从第一性原理出发评估世界及其要求，尊重和同情一切。

学校与父母，应该教导孩子们做下面这些事

- **要尊重，而不要恐惧。**
- **遵守好的规则，质疑坏的规则。**所有人都会遇到不好的规则，无论是在法律体系中、在家里、在学校还是在其他地方。如果你已经为人父母，请努力向你的孩子证明你肯定会百分之百支持他们，无论他们遇到了什么麻烦，你都会这样做。应该让孩子们自由发问，为什么要有这样那样的规则，同时让他们明白，仅仅为了打破规则而打破规则是没有意义的行为。
- **走出舒适区，探索新想法。**[22] 只停留在你对自己所知的一切最确信无疑的领域里，你能够学到的东西将会是最少的，无论你知道的那些东西是否真的准确。
- **了解现实世界中真实事物的价值。**当你拥有了物理现实感时，你就不太可能被社交领域迷惑了。绝不接受权威给出的未经验证的结论。如果你发现别人教授的内容与你对世界的体验不相符，请不要默默接受。大胆追求不一致。
- **努力理解复杂系统，**即便这些系统的“混乱”程度超出了教科书的范围。大自然就是这类系统。大自然纠正了情绪痛苦等同于身体痛苦、生命是完全安全的（或可以让生命变得完全安全），以及其他许多谬见。认识到事物的复杂性是至关重要的。

高等教育从业者应该意识到下面这些问题

- **文明需要的是心态开放和热爱探索的公民。**因此，这些才应该是受过高等教育的标志。我们的学生需要有灵活的思维、创造力，以及回归第一性原理的能力，而不是依赖于助记符和现成的所谓智慧。而且，当人类进入 21 世纪之后，这些特质都将变得越来越重要。[23] 对未来工作的误解正在促使学生们更早、更狭隘地朝着专才的方向努力。高等教育机构应该成为抗衡这种趋势的自然场所，并推动学生成为眼界更广、能够洞察细微差别、整合能力更强的人。因为在今天，学生在读大学时无法准确预测他们到 30 岁、50 岁、70 岁时的职业状况。大学应该是培养广度的地方。
- 正如著名社会心理学家乔纳森·海特（Jonathan Haidt）所指出的那样，**大学不能同时最大限度地追求真理和社会正义。**[24] 这是一个基本的权衡，而且不可避免。因此，重要的是要追问设立大学的目的究竟是什么。我们有必要专注于追求真理吗？是的，我们的确应该这样做。
- **学生必须在智力上、心理上和情感上承担一定的社会风险。**但是要在陌生人面前做到这一点尤其困难。小班化授课和长时间携手建立共同体，都是改善彼此不熟悉这一现状的方法。
- **绝对不能让权威成为思想交流的障碍。**杰出的进化生物学家、我们在大学时代的导师罗伯特·特里弗斯（Robert Trivers）曾经建议我们，一定要成为一名教本科生的老师。他的理由是这样的：本科生还不了解这个领域，所以很可能会问你们一些意想不到的、看似愚蠢的问题，或者你们本来以为已经解决了的问题。当教育者被问及这样的问题时，做以下三件事情的其中一件可能是正确的。

- 有时，那个领域的原有知识是正确的，而且答案很简单。问题解决了。
- 有时，那个领域的原有知识是正确的，但是答案很复杂或者不够明显，需要巧妙的解释。任何一个有资格获得“思想者”称号的人都值得花上一些时间意识到这一点。
- 有时，那个领域的原有知识是错误的，而且没有明确的答案，但是问出这个问题本身就需要将自己设想为一个不具备相关知识背景的人。[25]

- **现在的教室实际上是一个远离现实世界的“无菌环境”。**在这种情况下，学生很难学到东西，因为你在教室里不会遇到需要学习但是无法等别人来教的东西。比如，如何在树木倒下时、船只翻沉时让自己幸存下来，以及如何在发生地震时逃生（我们将在第 11 章中详细介绍）。

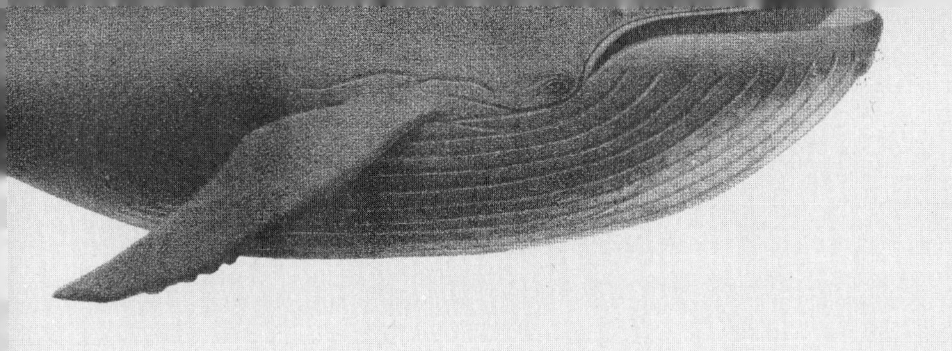

第 11 章

成长为成年人

婴儿出生，孩童长大成人，成人结婚生子，慢慢变老，而后去世。在许多文化中，这一系列变化发生时，人们都会举行相应的仪式。成年礼标志着一个人正式步入成年。成年礼在不同文化中有不同的形式，比如美洲土著内兹佩尔塞人（Nez Perce）年轻男子的“灵境探寻仪式”（vision quest）[1]，纳瓦霍人年轻女性的清洁、跑步和着装仪式[2]等。这些仪式都有很重要的象征意义，能够帮助年轻人进入新角色。而生活在“怪异”国家的你，类似的时刻可能包括你的十八岁生日聚会、高中或大学毕业典礼、你找到了第一份工作、买下一套房子等。它们就像时光之沙中的一条分界线，将以往和以后区分开来。我们使用这些仪式的目的是让复杂系统中的边界变得分明，而这恰恰反映出复杂系统本身很少有如此清晰的分界线。

将成年礼作为一个转变的标志是非常有用的：现在你已经是一个成年男人了，或者从今天起你就是一个成年女人了。但是，它们在“怪异”世界的人群中反而并不常见，或者已经变得不那么仪式化了，这也导致我们失去了许多成年特征的踪迹。从历史上看，成年人是这样的：他们知道如何养活和保护自己，懂得如何成为团队中一个有用、有效率的成员，知道如何进行批判性思考。但是，所有这些知识都不会随着年龄的增长而神奇地自动增加。它们必定是你辛苦“挣得”的。

请读者回想一下第 3 章中的适应性检验的三个要素。我们认为，如果一个特征具有复杂性，具有因个体而异的能量成本或物质成本，即变化性，并且在进化过程中具有持久性，那么它就是一种适应。在本章中，我们主要关注最后一个要素，即时间要素，并将它放在文化进化的视角下加以考量：如果一个特征在“文化时间”上具有持久性，那么它很可能就是一种文化适应。当然，这并不代表这个特征对个人或社会来说本质上一定是好的，也不意味着过去它所适应的条件没有发生任何变化，因此它现在变得与文化无关了或不再适应文化了。总的来说，如果我们在改变旧事物时能够谨慎行事，也许遵循“切斯特顿栅栏”这一概念的传统，就不太可能破坏那些对人类本身和周遭世界一直起着重要作用的东西。

因此，在各种各样的文化中，社会都会通过一定的仪式向作为个体的你传递一些明确的信号，告诉你已经走了多远，以及社会对你有什么期望。如果没有了这些信号或标记，很多人就更有可能陷入困惑。例如，许多 30 岁的人实际上仍然是“孩子”，完全不知道自己应该承担的责任；而许多 8 岁的孩子却在一些很重要的决策中被赋予了成年人的角色，例如，要求他们马上说出自己真正的性别是什么。因此，举办特定的仪式，可以协调社会对处于不同发展阶段的个体的期望，这些仪式有两种形式：一是时间方面的，目的是告诉你，你已经到了应该或可以做某些事情的时间了，那是你随着年龄的增长而自然得到的权力；二是成绩方面的，目的是表明，你在做哪些事情时取得了优良的成绩，那是你努力“挣得”的。年龄是关于一个人应该能够做些什么的粗略指南，而优良的成绩是关于一个人有能力做哪些事情的具体指南，比如婚姻是通过有能力签订契约显示出来的。这些仪式，在“怪异”文化中很大程度上已经被舍弃或破坏掉了，时间方面的仪式早就变得随意且不一致了，同时，为取得优良成绩而举办的仪式则在很大程度上是可操纵的。

真正有资格被称为“成年人”的那些人，能够持怀疑态度认真地观察自己，并且经常会问自己这样一些问题：我是否做到了对自己的行为负责？我是一个思维封闭的人吗？我是不是过于固守某个世界观了，如果是，为什么会这样？我是独立地得出了结论，还是直接接受了某种意识形态，从而让别人来代替我自己思考？如果达成合作有很大的挑战性，我是否会回避一些有价值的合作？我是否让情绪支配了我的决策，尤其是那些炽热、强烈的情绪？我是否放弃了身为成年人的责任，并为此找了借口？

归根结底，上面所有这些问题其实都是一个问题的不同形式而已：我是否做了应做之事，而且做得足够好？我们通过前述两类成年仪式中的一种，可以更加容易地找到这个问题的答案。年龄方面的仪式告诉人们对个体可以有什么样的期待，并且当个体无法很好地适应新角色时，社会就会追究其责任。这类仪式也可以引导我们问自己：我现在是否做到了应该做的事情？因为别人的期待我们已经做到了。

优良的成绩方面的仪式则能教会我们怎样看待自己，当我们取得了优良的成绩时，就应将自己视为一个掌握了知识和技能的人。这类仪式能够向社会传达这方面的信息，从而提高社会对你的期待标准并更新“做好你的事情”这一要求的含义。期待和责任的相互作用自然会导致更多的自我审视，以确保你不会辜负他人的期待。

是的，我们确实已经忘记了成年的诸多特征，但是当今这个世界的超新奇性，特别是市场的影响力，也真的使“成年”变得更加困难了。市场上到处都是骗术大师，他们特别希望你忽视作为成年人的责任。成年人的责任之一就是不要在每一种最新的事物上花冤枉钱。让消费者延迟满足的销售策略不太可能是成功的商业策略，因此在市场上极难见到。相反，市场上总是充斥着可以给你带来即时满足的垃圾，从垃圾食品、垃圾娱乐到垃圾新闻。因此，从总体上说，市场是在售卖对幼稚者有价值的东西，它们会使你成为一个理想的消费者，但也会使你成为一个糟糕的成年人。

如果不存在21世纪各种“怪异”社会的超新奇性和不受约束的市场力量，你在童年期会从长辈那里获取信息，并在身体上和认知上探索和发现你所在的世界。因而，成年期则是你将所学知识付诸实践并变成一个有用之人的人生阶段。

广告商的主要策略就是让你对自己产生不满，同时给你留下其他人的生活更令人满意的印象。在此不妨举一个有据可查的例子：在斐济岛引进了电视后不久，当地十几岁的女孩就开始被电视中出现的西方世界的审美理念所吸引，而那些理念与她们自己的文化规范背道而驰。[3] 虽然服务器远在斐济海岸之外，但是社交媒体的算法现在也已经进入了这个生态位。广告商制造不满的能力得益于这样一个事实，即人类对叙事的自然痴迷，能够通过特定的叙事生成机制得到满足，在这种机制中，故事不需要经受时间的检验。我们听到的许多叙事都是为销售产品而量身定制的，因此是广告商和算法希望我们相信的，而不是我们需要知道的。

而且，我们也不再在社会层面共享叙事了。我们在挑拣和选择叙事方面的巨大选择空间意味着，当我们与他人合作时，通常只不过是在使用同一种语言而已，而不是像祖先那样拥有共同的基本信念或价值观。从历史上看，那些共享的叙事，或者至少在叙事中存在“异花授粉”（交叉传播）的叙事，其被操纵的程度是受到严格限制的。但是到了现在，这些约束系统正在加速崩溃。过去，创造和使用这些叙事的人，无论他们的叙事内容是宗教还是神话、新闻还是八卦，都有着共同的命运，而且他们知道这一点。现在，我们生活在了一个碎片化程度如此高的社会中，大多数人都对共同命运没有多少感觉。比如，对人类都生活在同一个赖以生存的星球上这一点，我们没什么感觉。因此，虽然我们似乎生活在同一个越来越多元化的世界中，例如，在当今世界上，有不同宗教信仰的人可以不怀任何仇恨地生活在一起，但是我们的政治部落主义也已经达到了极其狂热的程度，并且在算法的“帮助”下，我们被分割成了无数孤岛。

自我的实验室

所谓“自我”，本质上是一件逸事、一个样本。因此，“将自我作为实验室”这个观念将会使那些训练有素的科学家坐立不安。对于试图弄清楚如何才能在世界上更好地生活的人类来说，问题在于，每个人都是一个独一无二的复杂系统。当然，人与人之间肯定存在着一些共性，比如所有人都可能会面临毒素、广告和久坐不动的生活方式带来的风险，其中许多风险我们已经讨论过了。但是，请考虑一下：不同个体的“内部布线”千差万别，因此在面对许多问题时，对甲有效的解决方案，很可能对乙完全无效。

不妨化用托尔斯泰的一句话：每个功能正常的肝脏本质上都是相同的，而每一个现代人的思想却都各有各的功能失调之处。你最好的朋友和你表弟的焦虑、睡眠紊乱和完美主义倾向，无论是在病因上还是临床表现上都全然不同。

糟糕的是，现代性又导致这个问题复杂了千百倍。人类能够进驻任何一个曾经被开发过的人类生态位，因为人类具有超可塑性。而这种超可塑性与超嘈杂的现代环境相结合，又使每个人极易出现互不相同的功能失调。这就意味着每个人都必须能够分辨哪些建议对自己有用。其他人给出的建议在适用性上存在非常大的差异，某些建议对提出建议的人确实有效，但对其他人未必适用。我们必须擦亮眼睛并知道如何用科学方法对这些建议加以检验，从而确定哪些真的会给我们个体化的复杂系统带来积极影响。

当然，人人都会提出建议。无数人声称他们找到的方法可以帮助我们成为最好的自己。我们知道，从某种意义上说，我们在本书中给出的建议也属于这种情况。大体上说，这些想成为“自助大师”的人提出的建议可以分为如下 4 类：

- 骗子的一种伎俩。
- 提出建议的人自己就是一个“糊涂蛋”。
- 建议是正确的，但适用性极其有限。
- 建议具有普适性。

我们认为，许多进化真相具有普适性，同时希望你也认同这一点。

我们很难很快识别高明的骗子，但是我们都应该学会识破他们的骗术。提出第二类建议的人其实是一些“糊涂蛋”，他们只是因为“智慧”能够带来名和利，就开始大肆宣扬所谓的“智慧”，却根本没有意识到这种“智慧”可能既非真理也没有任何价值。无论是骗子，还是“糊涂蛋”，通常都在玩一种完全社交化的把戏。许多骗子和“糊涂蛋”似乎完全放弃了核心信念，在完全社交化的模式下无知无畏地前行，根本不考虑外部的现实。他们在提出某个观点时，并不在意这个观点是否脱离现实，而是完全根据受众的接受程度来制造观点。当然，有时他们如何呈现材料的“秘诀”也会暴露于光天化日之下。无论你是怎么看清他们的本质的，都不要向他们寻求任何建议。

提出第三类建议的人，声称他们发现了一些对他们有用的东西，但是他们可能没有意识到，对他们有用的东西未必对别人同样适用。他们的智慧适用性有限。最后是第四类，有极少数人能够提出一些普遍适用的建议。

因此，判断某条建议是否可取的诀窍就在于，学会下面 3 件事：

- 如何摆脱骗子和“糊涂蛋”，即直接摒弃前两类建议。
- 如何对第三类建议加以区分，一是区分哪些建议只对提建议者自己有用但对你并不适用；二是提建议者确实掌握了一些东西，如果你能弄清楚如何应用它们，你的生活应该很快就能得到改善。通过进行科学的“禅修”可以做到这一点：消除噪声，注意潜在的小模式，并在自己的头脑中检验假说，看看哪些东西是有效的。
- 采纳第四类建议，它们是好建议，由极少数真正能够提出普适性建议的人提出。

多年前，当“怪异”世界的许多人开始沉迷于无麸质食品时，看起来似乎真的出现了一股新的时尚潮流，它至少适用于一小部分人。当时，我（布雷特）已经与哮喘搏斗了几十年，每天都要吸入类固醇散剂并服用其他药物，而且似乎一直看不到最终的出路何在。医生除了建议我尝试更多处方药，并且在日常生活中尽量避免接触灰尘和猫之外，也没有其他办法了。不仅如此，我还从饮食中去掉了麸质，不是尽量减少麸质的摄入量，而是完全不吃了。很多年后，到了今天，我的哮喘症状已经好几年没有出现了。不仅如此，其他几乎所有令人恼火的小毛病也都神奇地消失了。虽然我们确实尝试过减少家中的灰尘，但是我们并没有远离猫。那么，这是不是意味着从饮食中去掉麸质的做法也适合你呢？也许是，也许不是。这取决于你所处的发育阶段、免疫水平、饮食习惯以及可能的遗传史，你最好通过亲自实验找出答案。麸质过敏问题不是虚构的，但也不是普遍现象。

“自我”与其他一切事物，都遵循相同的科学原理。当你在尝试研究这个领域的生物现象时，也会遇到同样类型的限制。复杂性和噪声是信号的天敌。考虑到环境的约束条件，在探寻解决方案时，你要尽可能全面地控制实验变量。记住一次只改变一个变量。彻底全面地做下去，如果你作弊，那么你获得的信息就是不准确的，而且你可能会误以为自己已经拥有了所需的信息。记住，解决方案需要一些时间才能发挥作用。

现实的类型

读者应该还记得“大笨狼怀尔”吧？在系列动画片《兔八哥》（*Looney Tunes*）中，这只大笨狼一辈子都在疯狂地追逐那只哔哔鸟。在一路紧追不舍的过程中，大笨狼经常会冲到悬崖上，收不住脚时它会悬挂在崖壁上，然后再悬浮在半空中，这时它会惊恐地向下看。接下来，一直要等到这只大笨狼意识到它应该会在重力的作用下掉下去时，重力才真的开始发挥作用。这看上去非常有趣，因此也很可笑。当然，从科学的角度看，这是非常荒谬的。然而，有太多的现代人似乎也认为，通过改变人们的观点或视角，你就能改变现实。简而言之，他们相信现实本身就是一种社会建构。

我们刚刚提到，前两类建议通常是一种完全在社交化层面上要的把戏，提建议的人不会在分析的层面上与你讨论。你要怎样做才能避免成为一个只根据社会反应而不是基于分析来评估世界的人呢？这样的人，正是最容易被骗子和糊涂蛋愚弄的一类人。我们有两个很好的应对策略，一是定期接触物理世界，二是充分理解“惊险时刻”（close call）的价值。

然而可悲的事实是，在今天，你的受教育程度越高，就越难做到这一点。这是因为，我们目前的高等教育系统日益深陷在一种怀疑一切的哲学思维当中，甚至怀疑我们感知物理世界的能力。这种哲学就是通常所称的“后现代主义”。[4]

后现代主义者倡导“现实只是一种社会建构”，认为这种观点就是前沿。后现代主义及其思想产物“后结构主义”，曾经只是哲学界一个不起眼的小流派。当然，这种意识形态确实包含了真理的内核。它们告诉我们，人的感觉器官会让人产生偏差，而且大多数人在大多数情况下都没有意识到这种偏差。后现代主义者和后结构主义者“揭露”，学校、工厂和监狱都通过权力来控制人类，它们的本质完全相同。可以参考米歇尔·福柯（Michel Foucault）通过隐喻式扩展对边沁所说的“全景式监狱”进行的分析。再比如批判性种族理论（critical race theory），它确实以真实的观察结果为基础，即美国法律制度在摆脱其种族主义“旧债”过程中经历了一段特别困难的时期，而且至今尚未从过去那个困难时期中完全恢复过来。但是，这些也几乎就是这种意识形态对我们这个世界做出的全部真实且有价值的贡献了。大多数后现代主义的当代表现，真可谓每况愈下。

问题是，在许多时候，当那些边缘化的学术思想开始变得过激或走上了“歪门邪道”之后，它们继续存在的时间反而变长了，尽管它们的影响一般仍然局限于少数大学院系，但是后现代主义及其下游意识形态的影响却完全不是这样。校园里发生的事情在校园之外产生了广泛影响。后现代主义及其追随者已经渗透到了远远超出高等教育领域的几乎所有系统，从科技部门到 K12 学校再到媒体，并且正在造成相当大的伤害。[5]

一些后现代主义者得出的最令人震惊的一个结论是，所有现实都是社会建构的。他们甚至对牛顿、爱因斯坦等人的科学结论提出了异议，而理由竟然是：这些人作为科学家的“特权”在他们提出的方程式中显而易见，同时作为“老派”白人，这些科学家与生俱来的偏见使他们无法了解世界上任何真实的事物。[6]这种倒退的世界观认为，具有特定表型的人不可能获得真相。这种世界观的本质就是生物学决定论！这是何等荒谬啊！

你怎么会变成这样一个“糊涂蛋”，竟然相信所有现实都是社会建构的？原因就在于，你在现实世界中几乎没有任何经验。没有一个木匠或电工可能相信所有现实都是社会建构的。也没有一个叉车操作员或水手会这么认为。运动员也不会认同这种观点。[7]物理行为会带来物理改变，在现实世界中工作过的每个人都知道这一点。

如果你没有扔过或接过很多次球，没有使用过任何手工工具，没有铺过瓷砖，没有操作过变速杆……简而言之，如果你对自己的行为在现实世界中产生的后果几乎没有什么经验，因此也没有机会观察到它们产生的反应，那么你将会更倾向于相信一个完全主观的世界。据后现代主义者称，在这样的世界中，每一个观点都是同样有效的。

每一个观点不可能都是同样有效的。很多结果不会仅仅因为你希望它们改变，它们就会改变。如果你大吵大闹或乱发脾气，社会结果可能会改变，但是物理结果肯定不会。

每一个人，无论他们被困在怎样的身体中，都有各自的缺陷和优势，都有机会在物理世界中体验行为及其反应。当然，并不是每个人都可以学会骑自行车，但是对于那些会骑自行车或正在学骑自行车的人来说，骑车的过程中肯定要应对树根、丘陵和重力等客观存在。考虑到每个人的身体各不相同，你会如何要求你自己的心智和身体与物理现实"对抗"呢？

不妨思考这样一个例子。我们的眼睛不会产生（像一张照片那样的）静态图像，相反，眼睛是大脑的工具，是用来观察世界的。我们都是充分"具身化的"，我们的身体并不是大脑的事后产物，也不是大脑在解释世界时根本不需要的部位。人类的眼睛长在头骨中、位于脖子上方、随着躯干和腿脚的移动而移动，所有这些都是感知的一部分。感知就是一种行为。[8]

因此，无论你受到了怎样的限制，你移动得越多，对世界的感知就可能越全面、越完整、越准确。

移动会增进你的智慧。接触不同的观点能够增长经验，游历更多地方也是如此。我们既需要表达自由，也需要探索自由，因为这两者都说明了结果不确定的环境的价值。我们多花些时间融入大自然，就能获得更多智慧的力量，从而校准我们对自身重要性的理解。[9]

人类是朝反脆弱方向进化的。通过承担可管理的风险，突破原有的界限，培养对意外事件和未知事物的开放态度，我们变得越来越强大了。骨骼和大脑也都是如此。在现实世界中做一些结果具体而确定的事情，比如玩滑板、种植蔬菜、攀登高峰等，可以纠正许多原本可能被误认为是见多识广的错误想法，其中一些例子包括：所有的现实都是一种社会建构，情感上的痛苦等同于身体上的痛苦，生活应该是且完全可以是安全的，等等。[10]

我们的研究生导师乔治·埃斯塔布鲁克（George Estabrook）是一位数理生态学家，不过他还与葡萄牙山区传统农业从业者一起工作和生活过很多年。埃斯塔布鲁克在一篇论文的引言中这样写道：

> 这是非常值得注意的，人类努力在自然界中求生存这种持续的经验主义，产生了在生态层面上有极大意义的实践，尽管这些实践可能是被编码在特定仪式中的，或者被以某种肤浅的或在生态学上不具备说服力的方式进行解释。实际上，当地的实际从业者对于“什么才是有用的解释”可能有他们自己的概念，这些概念同样合理，只不过与学术界的概念有很大不同。[11]

对于这些村民赖以生存的某件物品，如果必须在村民给我们提供的“有用解释”与某个普通学者给出的解释之间做出选择，我们肯定会选择村民的解释。我们在引言中提到的那个哥斯达黎加村民，让我们远离水位快速上升的河流，从而挽救了我们的生命。他要比我们这些崭露头角的学者更加了解当时所处的环境，并能够对环境释放的各种信号做出更好的解释。

你可以骗过一个人，别人也可以骗过你，但是你骗不了一棵树、一辆拖拉机、一条赛道或一块冲浪板。因此，你要追求物理现实，而不仅是社会经验。到人类所处环境之外的广阔宇宙中去寻求反馈。当反馈到来时请注意观察你自己的反应。你花越多的时间去探索那些不能被操纵的或不会被误导的物理现实，你就越不可能将自己的错误归咎于他人。

惊险时刻的好处

“如果我获得了成功，那是因为我既努力又有智慧；而倘若我遭到了失败，那是因为整个体系对我不利，是因为我运气不佳。”如果把话说得如此直白，那么所有人都很容易看出这种观点的问题，所以不会有多少人真的这么说。但是事实上，今天的大多数成年人在日常生活中的态度其实都受到了这种观点的某种变体的影响。我们中有很多人确实都倾向于认为失败是厄运所致，但是又不愿意把成功归因于好运，因此从错误中吸取教训变得更加困难。

每当我们的儿子遇到挫折时，比如摔碎了玻璃杯、在楼梯上滑倒，或者摔断了胳膊，我们都会问他们：“你们从这件事情中学到了什么没有？”与此同时，令他们在很长一段时间里都耿耿于怀的是，我们还经常会在他们差点出现以上挫折时问这个问题。当然，他们现在已经变得期待我们这样做了。不过总的来说，当你在有人“出了事”后提出这样一个问题时，无论是儿童还是成人，大多数人的第一反应都是觉得你的做法令人难以置信。必竟，主流的看法是，提出这个问题通常被视为指责，而不是同情。许多人往往会认为，同情才是人们在出了事故或受了伤后想要的。尽管你现在很想得到别人的安慰，但如果你能从刚刚发生的事故中吸取教训，从而减少再次经历同样的不幸事件的可能性，你不就可以成为一个更有效率、更加投入地生活的人吗？正如我们经常对孩子们强调的那样，这与未来有关。一味地试图为过去的事故寻找理由，而不是从中学习经验教训并继续前行，无疑是对时间和智识资源的不当利用。

经历“惊险时刻”，是一个人真正成长所必须的一系列经历中的一种。如果你对子女保护过度，让他们过着完全没有风险的生活，那么你在养育子女方面的做法可以说是相当糟糕了。以这种方式养大的孩子将没有能力根据自己的经历推断日后面对的其他情况，即便在成年之后也有可能会这样。如果你作为一个成年人感觉安全无虞，那么你很可能还没有发挥出自己的潜力。

然而，所谓的“安全”究竟是什么意思呢？当我们考虑安全性时，往往倾向于制订一个通用规则并一直坚持下去。但是和所有事情一样，这个规则也取决于具体情境。静态规则虽然很容易被记住，但是它们往往没什么用。坐过山车很危险吗？你还要进一步考虑，是选择到迪士尼乐园那样成熟的主题公园中玩过山车，还是到某个流动的嘉年华会场玩过山车。主题公园有永久性的建筑，各种游乐设施早已就位，因此安全性肯定比经常拆掉和重新搭建的流动嘉年华会场上的游乐设施更高。

再来思考一下电动工具的风险。可以肯定的是，所有由电力驱动的刀片都是危险的，需要特别注意并多加练习才能确保自己和周围人的安全。但是，如果你认为“小心，这是一种电动工具”这句话的警告级别就足够高了，那么你很可能还不具备足够的知识来保证自己的安全。再考虑带锯、圆锯、台锯和径向臂锯等，它们的风险等级依次增加。如果你在使用不同的工具时对不同的风险等级有清晰的了解，那么你就更有可能经历惊险时刻，而不是直接失去一根手指或出现更糟糕的状况。

此外，再想一想在美国郊区森林散步，与在美国加利福尼亚州中部的约塞米蒂国家公园散步的风险哪个更大，以及与在亚马孙雨林中散步的风险哪个更大。环境风险在这几种情况下显然非常不同，例如，在郊区公园中，其他人带来的威胁要比在约塞米蒂国家公园中大得多，而在亚马孙雨林和约塞米蒂国家公园，受伤的可能性要更大一些。然而，对于人类健康而言，风险的主要区别取决于可提供医疗服务的场所的远近，因而，在约塞米蒂国家公园散步的风险比在郊区公园高，但比在亚马孙雨林散步的风险低。我们在出国进行野外考察之前经常告诉学生："一定要勇敢，但是要意识到自身能力的局限性，对自己面临的风险负责。当你距离可以提供医疗服务的地方很远时，评估风险时要采取不同的方式。律师们并没有去过我们将会去的那些地方，因此他们无法保证那里的环境是安全的。事实上，我们在旅途中既能享受到很多乐趣，也会面临很多危险，原因主要就在这里。"

2016 年，我们预先给为期 11 周的厄瓜多尔野外考察之旅制订了一条最主要且非常明确的规则：不能让任何一个人出现意外。在那次旅行中以及稍后的日子里，我们遇到了三次相当惊险的时刻。前文已经介绍过倒下的大树砸到了人那件事。几周后，在科隆群岛，一场惊心动魄的翻船事故差点儿夺去了希瑟和船长的生命。事实上，当时在船上的所有 12 个人，包括 8 名学生，都差点儿丧命。这场事故令希瑟陷入崩溃，她几乎丧失了行动能力，但是总归没有丧命。[12] 我们的学生奥黛特和雷切尔也是那场事故的亲历者：奥黛特受了轻伤，雷切尔则毫发未损。半个月之后，她们两人又一起经历了一场意外，并一起死里逃生。那个事故更富戏剧性，最好由她们自己来讲述，不过我们在这里不妨讲述个大概。

当时，我们的 30 名学生分散在多个不同的考察站进行为期 5 周的独立研究。奥黛特和雷切尔当时在厄瓜多尔沿海的一个野外考察站进行研究，不过那天她们去了最近的一个城镇，一方面是为了与我们进行每周一次的电子邮件联系，另一方面是为了庆祝雷切尔的生日。她们在一家名为“皇家酒店”的宾馆二楼订好了一个房间，那是佩德纳莱斯最高的建筑，一栋六层楼高的无钢筋砖石建筑。那一天，她们刚看完日落回到皇家酒店的房间，整栋房子就开始剧烈地晃动起来。地震了！她们两人紧紧地抱在一起，双膝着地，跪在两张结实的单人床之间。然后整个酒店都倒塌了。她们在经历短暂的自由落体运动之后落在了地面上，周围是几个楼层的残渣。

那一天是 2016 年 4 月 16 日。那场地震震级达到了里氏 7.8 级，摧毁了厄瓜多尔沿海的大部分地区。佩德纳莱斯正位于震中，当地绝大部分建筑都被摧毁了。

地震发生后不到一小时，我们就得知了地震的消息。我们知道所有的学生的位置，只有少数几个人处于危险区域。我们很快就联系上了除奥黛特和雷切尔之外的所有人。我们知道，她俩周末去了一个沿海城市，估计是去了佩德纳莱斯。厄瓜多尔沿海地区的报道称目前的形势非常严峻。我们多次与奥黛特的母亲交谈，试图让她安心一点，并联系了负责管理那两个女孩所在的野外考察站的人，确定那里的工作人员已经出发搜救了。其中一些工作人员也失踪了。我（布雷特）开始计划回到厄瓜多尔去寻找她们。当时希瑟因翻船事故受了伤，仍然几乎无法动弹，但是我已经可以行动了。我不清楚这是不是明智之举，但这确实是唯一可以采取的行动，我们需要知道女孩们一切安好。

第二天中午，在经过了 20 小时的焦急等待之后，我们终于收到了雷切尔发来的一封简短的电子邮件，她向我们报了平安。她们还活着。她们几乎一无所有了，但还活着。

后来我们了解到，雷切尔和奥黛特是皇家酒店仅有的两名幸存者。她们幸运地落在了正确的地方，落在了两张异常坚固的床之间。床顶住了几层楼的砖石，所以她俩实在是太幸运了。然后，两人凭借着自己的智慧和清醒的头脑，熬过了将近 24 小时的恐怖时光。

她们被困在混凝土碎石和瓦砾中间，四周一片黑暗，在奥黛特的平板电脑发出的微光的映照下，她俩看上去像两个幽灵。那台平板电脑竟然没有坏掉，并在地震发生后立即被她们找到了。余震很快就开始了。她们头上的混凝土板轻微地移动起来。就在这时，她们听到外面有人，于是连忙大声求救。三个男人听到了她们的呼救声，齐心协力徒手在碎石瓦砾上挖出了一个洞，然后扩大为一个缝，再进一步扩大到足以让那两个女孩钻出来的程度，最终将两个女孩救了出来。奥黛特受了重伤，但是没有生命危险。作为一名芭蕾舞演员，奥黛特早已习惯了疼痛，但是这一次情况大不相同，她无法走路了。雷切尔再一次奇迹般地安然无恙。

她们需要前往基多，那段旅程注定充满艰辛。她们得到了许多好心人的帮助，同时也遭到了许多无暇自顾的人的忽视或拒绝。佩德纳莱斯一片狼藉。她们看到一个女人将已经去世的孩子紧紧地抱在怀里。她们还听到有人说这里可能会发生海啸。有一次，她们马上就要出城了，但是司机在得知家人不幸殒命后，又折返了。她们两人还搭乘过一辆多功能货车，车上的一名临时医生清理了奥黛特脚上的那道长长的伤口并进行了缝合（但是她的伤势很重，后来又做了多次手术伤口才完全愈合），不过最终还是没能出城。她们还遇到过搭乘的车中途没油的情况，以及当汽车开上了一座桥后，才发现桥的对面已经坍塌了，于是不得不掉头。两人一次又一次尝试离开又一次次无功而返，再次回到到处都是混凝土碎块和哭泣的人们的佩德纳莱斯，那里的一切都蒙上了一层细细的白色灰尘，其中有一部分是皇家酒店的遗物。最终，她们挤上了一辆开往基多的公共汽车，半路又遭遇了地震造成的大规模山体滑坡，道路几乎全被堵死了。公共汽车刚慢慢地沿着路的边缘驶过去，大片大片的泥石就滑了下来，消失在下面的裂缝中。

历经重重磨难，她们终于到达了基多。最重要的是她们还活着，而且已经脱离了危险。

在那次的野外考察中，没有人不幸丧生。尽管身体受了重伤，心理上也留下了创伤，奥黛特后来还是对我们这样说道："这次经历非常奇特而惊险，既可怕又非凡。然而，即便我事先就知道将会发生在我身上的一切，我仍然会去。这对我来说太重要了。"

公平与心智理论

许多人成年后，在很多方面都没有表现出一个成年人应有的样子。我们是在美国常青州立学院获得终身教职的，这是一所我们非常喜爱的大学。但是，当常青州立学院在经历一系列有预谋的、以"社会正义"为名的激进行动而陷入混乱之时，却几乎没有任何成年人挺身而出维护真正的正义。对于世界上大多数关注这个事件的人来说，这件事的经过就是一群自称"有权利"的大学生强行接管了一所学院。没错，事件的经过的确如此，但其背后的原因更耐人寻味：一些教师将自己的偏激思想灌输给了学生，受到影响的学生强行接管了几个关键的职能部门；而学院管理层则严重失职，当局面失控时，这些拿着高薪的人本应表现得像个成年人。[13] 在某种程度上，作为一个成年人，就意味着不能放弃自己的责任，尤其是当其他人都指望你能承担起这份责任时。

成为成年人还意味着必须在多个层面上与他人合作。我们可以用各种模型来描述各个层面上的合作：亲缘选择（优先帮助亲人）、直接互惠（我帮你建谷仓或搬家，你日后再帮我）、间接互惠（我公开做一件好事，从而提高了声誉）等。[14] 当然，人类在现实世界中采取行动时很少会意识到这些理论模型。我们的道德就是在所有这些合作形式的某种“流动性混合”的基础上扩展而来的。从对其他群体成员的承诺和群体成功的角度来说，群体内部随着时间的推移而发生的大部分变化，都可以用群体稳定性来解释。[15] 当你所属群体的生存受到威胁时，群体成员会团结起来，从而使群体内部的联系变得更强。然而，在“好”日子里，当各种事情都很容易办成时，群体稳定性往往会受到侵蚀，这种侵蚀从边缘开始，向中心发展。再一次，经济市场利用了这种趋势，破坏了我们的自我意识和共同体意识，致使我们不得不到其他地方去寻找那些缺失的要素，这些要素最终会让我们快乐、高效和安全。

人类特别擅长的一件事是，我们能够认识到自己对世界的看法并不会得到所有人的认同。这种意识到其他人会以不同方式理解世界的能力就是心智理论，我们在本书中已经多次引用了这种理论。

拥有心智理论的生物体具有区分主体和客体的能力。例如，生活在博茨瓦纳奥卡万戈三角洲的狒狒知道“它威胁我姐姐”与“我姐姐威胁它”之间的区别。这些狒狒身上显示了心智理论的第一道曙光，它们不仅能够追踪自己的现实模型，还能追踪其他狒狒的现实模型，即便其他狒狒的模型与它们自己的模型不同。[16]我们还可以推断出，所有通常的“嫌疑动物”，如狼和大象、乌鸦和鹦鹉，也都拥有心智理论，我们的依据是：它们是社会动物、寿命较长、家庭成员由多代组成，而且父母会精心照顾子女。

心智理论给了我们讨论许多问题的全新视角，其中之一是关于公平感的问题。“公平”的概念最早并非由哲学家提出。它最早也不是出现在城邦国家或农业社会中的。事实上，对于狩猎采集者或人类最早的双足直立行走的祖先来说，公平就已经不是一个新鲜事物了。猴子已经懂得判断什么是公平和不公平的了，并且对于在它们的社会领域中出现的不公平做法，它们已经形成了不同的观点。

作为生活在大型社会群体中的新世界猴子卷尾猴来说，当它们在被圈养时会乐此不疲地与人类进行以物易物活动，尤其是在涉及食物交换的情况下。我给你一块石头，你请我吃上一餐。如果你把两只猴子放在一个笼子里，并给每只猴子一片黄瓜，换它们手里的石头，它们会非常高兴地交换。然而，如果你给一只猴子黄瓜，给另一只猴子葡萄，而猴子们普遍更喜欢葡萄而不是黄瓜，那么仍然只能得到黄瓜的那只猴子就会把黄瓜扔到实验者身上。尽管这只猴子仍然可以通过努力搜寻石头获得相同的“报酬”，因此它的境况并没有发生改变，但是对比另一只得到葡萄的猴子，得到黄瓜的那只猴子认为自己受到了不公平的对待。此外，这只猴子现在甚至愿意放弃已有收益，比如黄瓜，向实验者表达不满。[17]

市场也利用了我们的公平感。因为市场能够愚弄我们，让我们以为其他人都得到了葡萄，而自己却只能得到黄瓜。如果其他人已经拥有了那些更好的东西，为什么我们就不能拥有呢？我们的公平感会因此而失去平衡，即总是会受到“看不见”的其他消费者的威胁：他们又拥有了一个“大件”，因此肯定比我们做得更好。我们仍在努力跟上琼斯一家的步伐，但是琼斯一家早就不再是我们的邻居了。他们现在成了全球精英中的一员，他们的照片出现在了我们的各种屏幕上，当然，必定是先用美颜软件处理过的。

作为人类，我们测试道德水准、评估一个群体的情绪及其界限的一个方法是幽默感。它有助于缓解公平问题。幽默是我们确定可以说和不能说的灰色区域的机制。一个没有幽默感的社会、社群，或一群没有幽默感的人，在其表面之下可能潜藏着非常大的问题。此外，试图以“无机”的方式引人发笑，就像“罐头笑声”（laugh track）[①] 一样，则是市场再一次试图干涉人类的一个可敬倾向的尝试，这种可敬的倾向是指通过分享经验和理解来建立联系。罐头笑声最终会使人类更加缺乏幽默感，并且降低人与人之间建立联系的能力。

成瘾问题

许多事物都有其“病理版本”。病理因素与通常所说的两面性中的另一面不同，比如衰老是早期适应性特征的另一面，但它不是病理性的。相比之下，傲慢则是自信的病理形式。

积极的痴迷（positive obsession）有很多同义词：激情、专注、有动力。

① 人们将电视节目中播放的提前录制好的笑声称为“罐头笑声”，因为这类笑声是千篇一律的，“味道”就像罐头。——编者注

而消极的痴迷、病理性痴迷的主要表现都是成瘾。

对于所痴迷的事物到底是健康的还是不健康的这个问题，痴迷本身可以说是不可知论的。你可能会痴迷于你所钟爱的某个兴趣，它可能会令你更加热爱生活；你也可能会痴迷于某个特定品种的芒果，而这可能会导致你花费更多时间去寻找那种芒果；你还可能会痴迷于粉刷墙壁所用的某种颜色、写文章时特别的段落顺序；你可能还会犹豫是不是要告诉你的朋友她的丈夫是个笨蛋……

不健康的痴迷的终点就是成瘾。

在一个实验中，研究人员设置了一个杠杆，只要老鼠压下杠杆，就可以得到事先准备好的药物。当然，它们会压下杠杆。如果这些老鼠再没有其他可以用来消磨时间的事情了，它们就会上瘾。不过，如果给它们创造一个丰富多彩的环境，让它们有机会做很多很酷的事，它们就不会成瘾。它们会对做其他有益的事情上瘾，而不是对拉下杠杆上瘾。[18] 事实上，也许这恰恰是因为老鼠可以自由地痴迷于健康的事物。

那么，什么东西才能称得上是健康的呢？当然，由于几乎在每一个决策中都会有市场力量在起作用，所以破译这个谜题会更加困难。将人类自身理解为一种进化现象这个思路，我们在本书中就是这样做的，需要假设所有人的心智都会在幕后，对我们认为自己拥有的所有可选项进行成本收益分析。从如何走路到读什么书，都要进行以提高适合度为目标的成本收益分析。人类的心智软件力求最大限度地提高人类的适合度，即便我们的有意识的心智没有其他优先事项需要处理。但是现代性使得心智软件越来越难以从噪声中分辨信号了，因为在祖先世界中能够提高适合度的地图，并不能帮助人类在现代世界做好准备。

因此，我们对行为的适合度价值的直觉，在现代世界中往往是错误的。在工业革命之前，在超新奇事物变得无处不在之前，人类的直觉更有可能引导自身做出正确的选择。许多人现在还会压下“杠杆”，就像老鼠为了获得药物而压下杠杆并获得集中爆发的短暂快感一样，这不仅掩盖了这种快感的风险，而且导致我们在将来越来越离不开它。这也是“傻瓜的蠢行”的例子：奖励掩盖了成本。

每种药物或其他潜在的成瘾对象都会产生奖励，奖励的水平随其他一些参数而变化。奖励不是二元的，并不是非正面就是负面的。奖励的效价和大小部分取决于其他可能性是什么，即机会成本如何。我应该去追求那个人来做我的伴侣吗？我应该追奈飞最新的热门剧吗？我应该浏览社交媒体吗？这些问题其实全都是不完整的，除非你知道为了和他在一起、为了追剧或为了刷社交媒体，你必须放弃什么。这也就是说，除非你将做的这件事与你可以花那些时间做的其他事情进行比较，否则成本收益分析就是不完整的。

老鼠为什么频繁地去压下杠杆以获得药物呢？实验结果表明，成瘾的一个因素可能是无聊。或者更具体地说，对机会成本缺乏认识或者混淆了机会成本。无聊实际上是“机会成本为零”的同义词：如果你认为没有其他事情值得让你花时间去做，那么计算要不要做某件事时就会出现偏差，尤其是做这件事会带来充实感的话，哪怕那只是一种虚假的感觉。

当然，说无聊导致成瘾有点把问题简单化了。因为，在成瘾过程中，还有很多因素在起作用，比如：祖先环境的限制性决定了，人类祖先不需要对大多数物质或行为进行自我调节，而现代人则相反；创伤和心理障碍都会扰乱决策过程；情绪被成瘾的物质和行为所控制，从而形成虚假的激励结构；社会压力往往也会促使成本收益计算变得偏向于消费等。

所有这些都是方程式的一部分。在这里最有意思且可能最有启发性的一点是，上面列出的所有其他因素实际上都扭曲了成本收益分析，并模糊了我们对机会成本的理解。无聊，作为“机会成本为零”的代表，似乎是成瘾故事的一条主线。

在现代社会中，有人通过创建一系列会演变得令人上瘾的系统，从而利用人类的脆弱性。社交媒体就是一个很好的例子。[19] 现在回想起来，我们其实不应该对自己创建的系统甚至会让其创建者本人上瘾感到惊讶。因此在未来，我们应该更加小心，不要打开潘多拉的魔盒。我们应该创造，并且要鼓励在更大的社会范围内创造更多让人们可以参与、创新、发现和行动的新机会，令会导致成瘾的无聊没有可乘之机。

进化
新视角

A HUNTER-GATHERER'S GUIDE TO THE 21ST CENTURY

如何提升自己

- **明确成为成年人的目标。**要做到这一点，一种方法是定期问自己本章开头提出的那些问题（我是不是做到了对自己的行为负责？我是不是一个思想封闭的人……），并最大限度地减少市场对你的影响。
- **不要让源源不断的外界信息左右你的感觉与行动。**不要让它占据你的大脑，不要让它引导你的决策。必须保证你的内部奖励机制是独立的、不可被操纵的。反过来，这种独立性可以保证你能够与其他同样独立的人很好地开展合作。对那些也许很好心但是已经被外部信息“摆布”的人，要保持警惕。
- **永远不要停止学习。**寻找合作者。在竞争时保持放松的心态，并做好准备，当竞争开始变得不择手段时立即退出。如果你发现某种创新治疗方案的理论依据尚不明确或经过深思熟虑后发现它的理论依据不够充分，那就应该对它持怀疑态度，当然这并不是说应该多疑。
- **恢复或创造代表进入全新人生阶段的仪式。**不仅要庆祝时间的流逝（生日、假期），还要庆祝发生的转变。需要仪式的场合或事件包括：毕业和结婚，出生和死亡，还有职业和工作的变化（以及晋升），重要的研究项目或创造性任务的完成，以及时代的结束。
- **追寻物理现实，而不仅仅是社会经验。**追求来自真实世界的反馈，而不仅仅是来自主观社会资源的反馈。动起来！利用模型系统，积累经验，体会世间万物的实际运行方式。

- **克服你的偏见。**拥抱变化。性别、种族乃至阶级、神经多样性、个性特征等，所有这些方面的多样性能够帮助人类在地球上创造更大的成就。
- **摆正平等的位置。**平等的核心在于平等地看待我们的差异。平等绝不代表应该强求一致。
- **对人友善。**用更多的微笑面对与你住在一起的人、站在柜台后面的人、街上碰到的陌生人。
- **永远心怀感激。**
- **每天和其他人一起开怀大笑。**
- **放下手机。**真的，快放下吧。
- **学会给出有用的评价，不让对方陷入困境。**当我们的孩子从独轮车上摔下来或在数学考试中表现不佳时，我们会告诉他们："这可不是你的最佳水平。"我们不需要假装孩子的每一个举动都应该得到一朵小红花。我们要让他们知道他们可以做得更好。
- **少计数，多做事。**尽量不要去计算卡路里、步数、时间等。
- **对惊险时刻做到有备无患。**当惊险时刻真的出现后，要制订一个计划，以便利用它来更好地了解自己和世界。冷静下来，提升自我。
- **及时跳到新的增长曲线上。**收益递减是每一个复杂现象都有的一个特点，所以要学会跃离原有曲线。换句话说，必要时考虑学习新事物，而不是尝试将你已经非常擅长的事情做到完美。我们将在第 13 章中对此进行更加深入的讨论。

第12章

文化与意识

A HUNTER-
GATHERER'S GUIDE TO
THE 21ST CENTURY

那是 10 月的一个宜人的夜晚，天气晴好，夜空中闪烁着很多星星。我们在美国最西北端的奥卡斯岛岸边架起了篝火。我们带的那个班的许多学生都围坐在篝火旁。几名学生弹起了吉他，还有一个学生吹响了口琴，琴声悠扬。我们有时沉浸在优美的音乐声中，有时则相互交谈。篝火温暖了我们的身体，音乐激活了我们的思路。我们回忆了当天的活动，分享了各自的想法，重点讨论了这样一个问题：我们所在的这个岛上的生物多样性，是否会随着海拔变化而变化？我们讨论了各个研究小组为了回答这个问题而提出的研究设计。重要的是，这个问题其实在几千年前就已经引起了小岛居民的关注，只不过他们用的不是现代人所使用的术语，因为猎人和采集者必定要到最有可能找到食物的地方，去捕猎和寻找食物，他们可能是下意识地这么做的。我们还谈到了人类是怎样取暖的。

多年来，我们经常围坐在篝火旁。

信息时代有可能使众人围坐在篝火旁（只是一种隐喻）成为现实。据称，那是一种去中心化的事物，能让在现实生活中从未见过面的人们看到他人，与他人分享思想并进行反思，从而感受到温暖。

然而，网络世界虽然充满了希望，但是一直未能形成一个结构，使互联网上的讨论能够像围绕篝火讨论那样有价值。祖传的篝火将每个人在其一生中获得的声誉置于首位和中心。当围绕着祖传的篝火团团而坐时，每个人在提高或降低要求，提出建议时都有一定的依据。他们会考虑每个人明显的优势和劣势，同时将讨论的历史也考虑在内。相比之下，网络中的虚拟篝火是对所有人开放的。在网络上，人们相互之间并不真正了解，而且我们展示给他人看的历史往往是具有误导性的，甚至有许多用户是匿名的，并且很多参与者都会在交流中暗暗地留一手……这样的缺陷可以列出一个长长的清单。现在，传统的篝火正在减少，而虚拟篝火则只带来了很多新问题。还有其他方法可以让篝火复兴吗？我们非常需要。隐喻性的篝火和真正的篝火，是文化和意识的交汇点。在这些交汇点上，人们真诚地聚集在一起学习古老的智慧，并勇敢地对它提出挑战。

先来给出文化和意识的定义。本书对它们的定义与其他人给出的定义不完全相同，但在此之前，先界定清楚我们要讨论的内容是非常重要的。

为了便于理解，我们将“文化”定义为在某个种群的成员之间分享并传递的信念和惯例。这些信念从字面意义上看往往可能是错误的，但是在隐喻的层面上则是正确的，这就意味着如果人们在行动时认为它们是正确的，那么尽管它们是不准确的或不可证伪的，其适合度仍会提升。文化是一种特殊的传播方式，因为它可以横向传播，这使文化进化比基因进化更快、更灵活。这还使文化在短期内会变得很“嘈杂”，因为一时无法看出新思想能不能经受住时间的考验。相比之下，文化的长期特征则是对那些已通过验证的模式的有效封装。文化虽然可以横向传播，但是它所包含的那些产生了重要结果的部分，最终还是会纵向代代相传。文化是公认的智慧，一般是由祖先传递给你的，并会有效地继续传递下去。

根据本书第 1 章阐述的内容，我们将“意识”定义为认知中新近封装好的、用于交流的那一部分。[1]这个定义意味着，有意识的想法是那些如果有人问你在想什么，你就可以告诉他的想法。因此，意识是涌现的认知，是创新和快速“精炼”发生的地方。当然，有些有意识的想法可能永远不会传播出去，但是它们确实可以传播，而且最重要的那些有意识的想法都得到了传播。这是因为意识从根本上说是一个汇集的过程，在这个过程中，许多人的洞察力和技能汇集到了一起，从而发现了以前不能理解的东西。如果人们最终证明意识的产物是有用的，那么这些产物最终会被封装到高度可传播的文化中去。

我们在第 1 章中已经指出过，人类生态位就是生态位转换。说得更具体一些就是，我们认为人类生态位就是在成对的、相反的文化和意识模式之间来回移动。

我们不妨看一看已经在太平洋西北部生活了数千年之久的内兹佩尔塞人。自从来到这里以后，他们就一直居住在这片富饶的土地上，到现在他们拥有了完善的文化规则，可以保证种族的安全和繁荣。植物的鳞茎长期以来一直在他们的饮食中占据相当重要的位置。鳞茎是植物储存营养物质的器官，植物当然“不希望”自己的鳞茎被人吃掉。在这些内兹佩尔塞人前来定居的土地上，同时生长着棋盘花（camas）和死亡棋盘花（death camas）。前者会长出很有营养的鳞茎，后者会长出有毒的鳞茎。不开花的时候，人们很难分辨这两种植物。内兹佩尔塞人可能不是最早生活在这片土地上的人，在他们之前应该也有人生活在这里。而那些最早来到这里的人只是知道有这样两种长得差不多的植物，这可能并没有什么用。不管怎样，人们学会了分辨这两种植物，大概是通过反复试错，那很可能是一个混乱而悲惨的过程。总之，到了 19 世纪，西班牙人来到了内兹佩尔塞人居住的土地上并记录了他们的所见所闻，此时，分辨两种棋盘花的知识系统已经几近完美了。这就是文化。

当人类可以利用某个众所周知的机会时，文化就是主流。就像内兹佩尔塞人分辨棋盘花和死亡棋盘花那样。但是，当出现祖先的智慧不足以应付的新奇性时，就像更古老的“古”内兹佩尔塞人刚刚到达太平洋西北部时那样，人类就需要借助意识了。通过非常多个人的智慧“并行”处理，我们的意识可以变成集体形式，从而解决个体无法解决而祖先也想象不到的问题。

换一种表述就是：

> 在稳定时期，当凭借继承下来的智慧，个体就能够在相对同质的景观中繁衍并走向繁荣时，文化占主导地位。
>
> 在向新边疆扩张的时代，当创新、对新思想的解释和对新思想的传播至关重要时，意识就会占主导地位。

这也就是说，超新奇的新奇性（我们现在正在经历的就是如此），引发了一种特殊的风险。它意味着今天的人类需要，而且是迫切地需要按照以前从未见过的规模唤起意识。

其他动物的意识

在其他动物中，当社会性的、物种层面的“通才”已经占据了广大的地理范围之后，个体通常会开始成为解决问题的专家，并与同族成员分享自己的见解。这种现象存在于人类和狼、海豚、乌鸦、狒狒等有类似特点的动物中。我们可以认为，这些动物已经拥有了某种形式的意识。

然而，树蛙、章鱼和鲑鱼都是没有意识的。它们所属的三个进化枝在生活史和智力上有非常大的差异：章鱼以聪明著称，擅长“解谜”；树蛙和鲑鱼虽然也有一些颇吸引人的特点，却没有章鱼那么强的认知能力。所有这些进化枝的共同点是，这些动物都是个体性动物，而不是社会性动物。

早春之夜，在美国密歇根州的一个池塘里，一大群青蛙聚在一起开始了“西部大合唱”。虽然蛙叫声汇成了噪声的洪流，但是它们并不是一个社交群体。这些青蛙聚集在一起是为了交配，但是一旦交配完成，它们就会分道扬镳，彼此之间再也不会进行任何互动了。参与这场西部大合唱的青蛙父母甚至从来不会与它们的后代见上一面。类似地，鲑鱼成群结队地向上游游去，并花不少时间竞争最好的巢穴，但是这种聚集当然也不等同于社交。

这种聚集与社交之间的区别，就好像一群陌生人同时出现在同一节地铁车厢里与几个人同住在一个合租屋里之间的区别，而在大多数情况下，你会与你的室友进行社交活动。当然，这个例子不能说特别完美，因为作为人类，在乘坐地铁时，我们确实会注意到甚至会记住车厢里的某些人，特别是如果我们每天都会看到他们，或者如果觉得某些人很有趣的话。哪怕我们从不与之交流，但这些也属于社交活动。聚集只是出现在同一个空间里。地铁从功能上可以说是人类的一个“聚合器”，而且地铁也可能会给我们带来社交的机会，部分原因在于人类总是在寻找社交机会。一列满载树蛙的地铁不会变成一个“社会”，不管它们一起“通勤”多少次。

相比之下，奥卡万戈三角洲的大型狒狒群体则有能力持久地进行社交。在这些狒狒群体内部，存在多个等级，因此可以预测谁先吃东西，谁的宝宝能够茁壮成长。狒狒不仅能记住个体，而且能够记住个体之间的关系。[2]它们的文化在不断进化，就像人类的文化一样。

社会性涉及对个体的识别、对各自社会命运的追踪，以及至少能够在合理的情况下持续到未来的反复互动。

在祖先智慧的边缘处创新

来到了新世界定居后，人们在什么情况下依赖意识比依赖文化更加有效？在什么情况下文化规则更值得信赖？

随着内兹佩尔塞人或他们的祖先进入了生长着棋盘花和死亡棋盘花的地域之后，他们就开始在越来越陌生的环境中寻找食物了。他们此前已经了解的主要食物是其文化传统的一部分。由于熟悉的食物越来越难以获得，创新也就变得越来越有必要了。他们正在触及祖先智慧的极限，并面临一个难题，而解决这个难题最好的工具就是意识。

当人们在不同地区之间来回迁移时，由于祖先的智慧变得不那么适用了，因此相对来说比较容易注意到这一点。然而，当人们在一个地方定居下来之后，就像所有人一样，长者可能不会意识到自己的智慧会随着时间的推移而变得过时。但是，年轻人则更容易看到这一点。因此，界限的改变，通常都是由那些在变革时代成长起来的人推动的，这并不是一种偶然。同时，语言和规范也会随着每一代人的出现而有所变化。在历史上的大部分时间里，祖先的智慧通常在很长的一段时间内都能发挥作用，等新一代人站稳脚跟并知道需要反对什么之后，它们才开始失效。然而，如果我们是在一个瞬息万变的时代里成长起来的，就像现在这样，那么就很难知道如何应对祖先智慧日益变得派不上用场而导致的问题，以及该用什么东西来替代祖先智慧。而且，祖先智慧的边缘，也极少是完全刚性、不容改变的。当触及了这些边缘地带后，无论它们的具体位置在哪里，都到了进行生态位转换的时候了。

人类在往昔岁月里学习和创新的情境大体上可以分为三种。第一种情境是全新想法的涌现，即创新者的想法往往是没来由地涌入他的脑海中的。最早的玛雅人、美索不达米亚人和中国人[3]发明农业时就是如此。推动轮子、冶金术和陶器出现的创新也属于这种情况。在这些事物出现之前，没有人知道它们会出现。第二种情境是，你知道某个事物是可能出现的，理由是类似的事物已经存在，只是你一时不清楚如何发明它。这方面的一个例子是，莱特兄弟看到鸟类会飞行，并坚信可以利用机器飞上天。第三种情境是，你可能是在别人的指导下进行创新，你知道你的努力方向是什么，并且有人（或特定的一套规则、说明）告诉你如何去实现。在学校里、在 YouTube 视频分享网站上，我们中的许多人经常将这第三种情境中涉及的学习误认为唯一可能的学习。第三种情境中的学习方式是最具“文化性”的，即学习那些已经得到了公认的智慧。相比之下，在前两种情境下，人类的“意识性”是最强的，因此也是最具创新性的。

当现状不能满足人类的需求时，人类就必须寻求创新，超越以往的惯常做法。现状与人类独一无二的洞察力存在着内在的紧张关系。我们在夜深人静之时突然涌现的那些想法往往是综合性的，反映了将一般性的线索聚合成不寻常的意义的过程。

成为一个敢于质疑的独行者

1951 年，社会心理学家所罗门·阿希（Solomon Asch）提出了这样一个问题：社会力量会在多大程度上改变人们的观点。像狒狒一样，人类肯定会留意他人的想法。但是，了解他人的想法，到底会在多大程度上改变我们自己早先声明的看法呢？

为此，阿希开展了一项实验。时至今日，阿希的这项实验已经成为公认的关于从众性的经典实验。在这项实验中，阿希向被试提出了一个非常简单的事实性问题：在他们看到的三条线中，哪一条线与第四条线的长度相同？问题不难，答案也非常明确。然而，当让一个不明真相的被试与几个“卧底”（帮助实验组织者实施他的诡计的人）同处一个房间，并让那几个“卧底”先给出同样的错误答案，此时只有 1/4 不明真相的被试总能抵挡住社会压力并做出正确的回答。尽管只有一小部分不明真相的被试在第一次就给出了错误的答案，但他们中的绝大多数最终都会屈服于社会压力。[4]

与许多其他经典心理学实验不同，阿希的实验经受住了时间的考验。该实验已经在各种各样的条件下进行了广泛复制。自从阿希于 20 世纪中叶首次开展这项实验研究以来，心理学家已经利用它做出了很多发现，其中之一就是发现女性的顺从率要高于男性，这个发现与女性“更愿意迁就他人”的观察结果相一致[5]。从众性的强弱，可能依赖于具体的时间和地点等因素，这就像大多数“人性特征”一样，而且也不能简单地说从众一定就比不从众更糟糕或更好。

面对明显不一致的结论，从众与不从众之间当然会存在矛盾对立。这种矛盾对立是人类的隐藏力量，反映了人类的智慧与创新、人类的文化与意识之间存在的某种“拉锯战”。

人类在物种层面是“通才”，但是在个体层面往往是“专家”。回顾历史，人类是以社会群体的形式联合各种力量的，每一个群体中许多拥有不同技能的人组成一个整体时，创新的想法会在这样的整体中涌现。在这样的整体中，即便该群体的所有成员都是专家，通才能力也能够涌现。不过，现在到了要创新的时候了，因为变化的速度正在加快，而公认的文化智慧远远不足以应对这些变化。同时，个体也变得更加通才化了（例如，通过学习各种跨领域的技能，而不是仅仅深入研究一个领域），这种向通才方向的转变也有助于应对这些变化。

了解群体的“想法”很重要，但是这并不意味着必须相信或强化群体的想法。特别是在现在这个瞬息万变的时代，非常重要的一点是要有意愿成为一个敢于质疑的独行者。要做一个不会为了迎合大众而屈从于明显错误的陈述的人，做一个“阿希阴性者”。

字面上错误、隐喻上正确的文化信念

文化信念从字面上看往往是错误的，但是从隐喻上说是正确的。不妨想一想生活在危地马拉高原上的农民，他们有一个悠久的传统，即规定只有在满月时才能种植和收获庄稼。他们给出的理由是，这样做能使庄稼长得更好，且更能抵抗虫害。月相对于农作物的茁壮成长真能起到什么作用吗？应该不能。但是，月相确实可以让农民的行为同步化。满月实际上是一个巨大的、挂在天空中的“时钟”，也是那个地区每个人都可以看到的“时间守护者”。如果整个地区的所有农民都认为满月对自家的作物有好处，那么他们就很可能会将种植和收获作物的时间限制在满月之时。事实上，这样做确实能够让农作物受益，只不过受益的原因并不是这些农民所认为的那样。相信月亮具有直接影响农作物的力量，在短时间内满足了掠食者的需求。[6]也就是说，通过将庄稼收割集中压缩在了如此短的时间内，就可以保证农作物的掠食者无法吃掉每个人的所有庄稼。

许多古老的神话和文化信念之所以很容易被驳倒，就是因为它们从字面意义上理解确实是错误的。事实上，从这个角度驳斥神话和文化信念，几乎成了一些“头脑冷静人士”的一项脑力运动。以占星术为例。怎么可以说我们看到的那些恒星正在直接影响着人类行为呢？其中许多恒星其实距离我们数千光年之遥。这显然是许多现代人无法想象的。同样，认为一群愤怒的神明制造了海啸也明显是毫无道理的。但是在莫肯人当中，信奉这些神明的人比不信奉这些神明的人的存活率更高。相信满月可以令作物茁壮成长肯定是没有道理的，但是在危地马拉农民中，正是这种信念带来了更高的农作物产量。

在上面所举的每一个例子中，文化信念字面上的意义上都是错误的，但是隐喻层面的意义上都是正确的。

这就意味着，这些“封面故事”不是真的，但是当人们都表现得好像它们是真的一样时，他们能够走向繁荣。这就是宗教和其他信仰结构的传播方式。即使这些事物在字面意义上不是真实的，也要像它们能够造福于人一样行事。有时，这样做甚至有益于他们生活的土地上的生物多样性和可持续性。[7]

在现代社会里，小报上讨论的那种占星术当然是无稽之谈。但是在历史上，占星术很可能并不是在每个地方都一直如此。如果你能够控制一个人的出生地，这当然极不可能，那么他们在一年中的哪个时间出生，是不是有可能影响他们日后的发展，从而影响他们最终成为什么样的人呢？在某种意义上说，星座不就是一种记录月份的古老方法吗？如果我们以这种方式看待占星术，而不是将它视为一种完全脱离了环境和历史、没有意义的当代迷信，那么就能看出它也不是毫无意义的。举例来说，在明尼苏达州，冬季出生的婴儿是否与夏季出生的婴儿接触到的病原体类型完全相同？当然不是。

事实上，这个想法已经得到了一系列研究的证实。在一项研究中，研究者从美国纽约长老会医院（New York-Presbyterian）和美国哥伦比亚大学医学中心获得了超过 175 万条记录。在对数据进行了适当处理后，研究者发现，对于 1900 年至 2000 年出生的人，出生月份与一生中罹患 55 种不同疾病的风险之间存在明显的相关性。[8] 从心血管系统疾病到呼吸系统疾病，从神经系统疾病到感觉系统疾病，不同月份出生的人，在一生中患上这些疾病的风险都存在差异，所涉及的疾病的绝对数量和影响范围，足以让任何一个真正有思想的人重新思考：全盘否定审慎的占星术思维是否正确？

这是因为我们可以进一步推想，既然出生月份不同的人在患病风险上存在着明显差异，那么我们为什么还要假设出生月份对人的个性差异没有影响呢？

顺便再说一句，这种占星术思维的一个预测是，如果同时考虑出生地点和出生日期，那么你的出生地越接近赤道，占星术预测终生疾病风险的能力就越弱，因为赤道地区的季节性远没有温带地区那么明显。还有一个预测是，一个人在孩提时期迁移得越频繁，占星术对他的预测能力就越弱，而如果你不考虑出生地，那么占星术就根本没有任何预测能力。

所有这些有助于你的生存和成长的“认知扭曲”都是适应性的。神话和禁忌对外来者往往毫无意义，而且其中一些肯定有误导性，甚至可能会对那些尊重它们的人产生反作用。我们需要理解的是，一些异常精确的禁忌可能是对实际事件的过度概括。例如，在生活在巴西亚马孙河畔的卡玛尤拉人（Camayura）中，孕妇和她们的丈夫都禁止吃无鳞鱼。[9]这个禁忌很可能源于很久以前，可怕的厄运降临到了某个女人、她未出生的孩子身上，甚至所有家庭成员身上，那一切都发生在她吃了无鳞鱼之后，于是吃无鳞鱼就成了惨剧的唯一解释。类似地，在马达加斯加高原马哈钦祖（Mahatsinjo）的乡村里，流传着禁止食用鹈鹕的近亲锤头鹳的禁忌。这个禁忌的直接源头是：村民们在某个人死去之前，曾经看到一只锤头鹳飞过。[10]在马达加斯加的其他地方，还有很多看似稀奇古怪的禁忌：年轻人在求爱前忌吃羊肉；孕妇不能吃刺猬肉，或不能在南瓜田中穿行；儿子的房子不能建在父亲的房子的北边或东边等。[11]当然，在西方人看来，这些似乎全都是迷信，不需要别的解释。

在马达加斯加语中，fady（禁忌）一词本身就有着非常复杂的含义。在马达加斯加东北部的贝齐米萨拉卡（Betsimisaraka），fady 同时包含了禁忌和神圣的意思。[12] fady 代表必须服从的祖先的命令，包括必须做和不能做两类命令。

尽管上面这几个例子似乎有点荒谬，但是它们的基本原则仍然是，许多信念、神话和禁忌字面上的含义是错误的，而在隐喻层面上却是正确的。马达加斯加的 fady 是以众神和祖先之名传递出的，但是如果你直接看看那些禁忌本身，仍然很容易看出其中许多都包含了人类的智慧：不要在刚刚发生过山体滑坡的地方或在发生过滑坡的山对面建造房屋。不要踩到死狗，因为你可能会患上恐水症（即狂犬病）。不要在妻子怀孕期间与她离婚。[13] 我们有理由推测，那些流传时间最长的禁忌，最有可能隐藏着某个显而易见的重要文化真相。请小心对待切斯特顿禁忌，旧思想可能隐藏着真相，一旦被简单地推倒或拆除，这些真相就可能很难恢复了。

约瑟夫·坎贝尔（Joseph Campbell）① 观察到“神话是生物学的一种功能”。[14] 他当然是对的。作为一种进化而来的生物，你天生就是为了取得成功，而在有的时候，要想成功就需要给自己讲故事。你的木筏被急流冲到了一个极度危险的大瀑布附近，你很可能马上就要掉下去淹死了。在这个时候，如果你说服自己河岸触手可及，并且拼命划桨，那么你也许有机会逃出生天。那些不相信“奇迹”的人不会在历史上留下任何痕迹。有无信仰可能是生与死的区别。

宗教与仪式

所有的文化都有很多不同的仪式。死亡仪式存在于一切文化中，出生仪式则几乎会出现在每种文化之中。有一些仪式用来庆祝人生的不同阶段：出生、成年和结婚等。还有一些仪式，或者叫传统，会反复出现，用来庆祝一年中的第一次播种和收获，以及冬（夏）至和春（秋）分这类节气的到来或天文事件的发生。由于人类群体的规模越来越大，我们在

① 约瑟夫·坎贝尔是影响世界的神话大师。他创造了一系列影响力较强的神话学巨作，包括《英雄之旅》《千面英雄》《千面女神》等。这些书的中文简体字版均已由湛庐引进，前两本由浙江人民出版社，《千面女神》由北京联合出版社出版。——编者注

日常生活中经常被琐事缠身，所以固定的假期以及它们附带的共同文化规范，所能发挥的作用无非是帮助我们与他人保持同步，并表现得好像我们实际上是某个比个体更大的事物的一部分。仪式本身并不具有宗教性，但是往往带有强烈的宗教倾向。一般而言，这类仪式都离不开食物、音乐和舞蹈。[15]

宗教信仰是适应性的，[16]而且道德化的神明虽然不是社会复杂性进化的先决条件，但是似乎确实有助于多民族帝国的维系。[17]作为现代人，我们常常渴望摆脱过去的精神和宗教束缚，但是请务必当心“切斯特顿众神”。宗教是过去的智慧的“有效封装”：过去的智慧，被包裹在了这个直觉性的、启示性的和难以逃脱的包装之内。

在祖先的智慧“耗尽”之后，人类会将各自拥有的不同经验和专业知识汇集起来，以发现引导、启动某种新的生存方式的途径。当然，要确定某个特定领域的祖先智慧在什么时候会“耗尽”是非常困难的，想要坚持到底的人与寻求打破传统并尝试新方式的人之间，总是会存在矛盾对立。所有真正能够良好运转的系统，都必须能够同时接纳这些存在矛盾对立的事物——文化和意识、正统和异端、神圣的事物和萨满教式事物。

进化
新视角

A HUNTER-
GATHERER'S
GUIDE TO
THE 21ST CENTURY

- **寻找更多机会围坐在篝火边。**
- **尊重传统，或者创造一些仪式。**每年、每季度、每周，甚至每一天都重复一遍。这些仪式可能是古老的、起初有宗教含义的，例如，遵守安息日或四旬期，那是让自己暂时处于选择性匮乏状态、融入共同体的时机；它们也可以是天文性的，例如认识和庆祝夏至和冬至、春分和秋分等节气。当然，你和你的家人也可以创造一些全新的仪式。
- **不为迎合大众而屈从于错误，做一个“阿希阴性者”。**
- **教孩子学会引导和启动他们自己的“意识”，培养他们的个体意识。**前文描述的文化与意识之间的矛盾对立，也会出现在孩子的成长过程中。一味地向孩子们灌输以前的文化规则，以此来教导他们如何成为成年人，是行不通的。在今天这个超新奇世界中，文化许多方面的相关性越来越低了，因此意识是必不可少的。

第13章

第四边疆

A HUNTER-
GATHERER'S GUIDE TO
THE 21ST CENTURY

人类能够理解过去并想象未来。在这方面，人类不仅得到了本人大脑内部大得出奇的额叶的帮助，而且还得到了其他人的帮助。举例来说，我们的孩子有非常强烈的好奇心，他们向成年人学习，也向彼此学习；他们从环境中学习，也从经验中学习。人类在大型群体中相互团结，几代人并肩工作、共同生活。人类使用语言，体验更年期，哀悼死者，并通过特定仪式纪念各种事件和节气。人类将地球、海洋和天空的资源为自己所用；人类驯化其他生物，从而获得食物和制作纺织品，将它们投入生产劳动并用作运输工具，还可以达到保护人类自身免受野生动物攻击和增进友谊的目的。人类讲述故事，这些故事既有真实发生的，也有虚构的。人类已经解开了宇宙的诸多秘密，并且已经在很大程度上从创造人类的自然秩序中解放出来。

但是，人类的许多优势同时是潜在的弱点。人类超大的大脑容易出现混乱，发生“接线”错误。人类的孩子生来软弱无助，与其他动物相比，他们在极长的时间里仍然极度依赖成人。人类语言的复杂多样性严重限制了彼此间的交流。尽管双足直立行走十分便于在地面上移动和搬运东西，但是在分娩时，这种身体结构也会给母亲和婴儿带来极大危险，并且很有可能会导致母亲背痛。我们爱闲谈，多愁善感而且容易迷信。我们为虚构的神建造奢华的神庙和纪念碑。我们傲慢而困惑，经常误认为不太可能发生的事情一定会发生，但又不够重视巨大而明显的危险。在任何事情上，我们都会权衡。

生物总是在寻找新的机会，并加以利用。成功抓住新机遇，能够暂时提高在特定栖息地存活的个体数量的上限，从而产生了一些相对富足的时期。在这些时期，出生人数超过了死亡人数，人口逐渐增加，从而再次超出了新的承载能力。富足的时代也是经济增长的时代。当出生和死亡再次实现平衡，正常秩序重新恢复时，平衡也得以恢复，于是生活再一次变得艰难起来。经济增长给人的感觉很好，因此我们对它着迷也就不足为奇了。痴迷于增长是适应性的，或者至少一直到现在为止都是如此。

我们对增长的痴迷造成了两个问题。首先，我们确信增长是常态，并且会一直持续下去。当然，这种想法非常荒谬，就像寻找永动机一样，能够给人希望且非常具有迷惑性，会让我们停止探索其他可能性。同时，虽然这种希望大大降低了错过增长机会的可能性，但也阻碍了认识和追求其他更加可持续的选项。其次，因为人们认为增长是常态而不是一种例外情况，所以会采取破坏性行动来满足人类的“增长之瘾”。

在一些情况下，人们会编造各种理由，对那些拥有资源但没有能力保护资源的群体实施窃取和掠夺，这种做法违背了人类既定的价值观。在另一些情况下，我们会拖累整个世界，为了实现当前的扩张，让子孙后代承受衰退，即承受增长的反面之苦。前一类情况导致了历史上许多极为严重的暴行。后一类情况则解释了现代人的一种行为，即眼睁睁地看着地球上的良好秩序被摧毁。“增长就是一切”无疑是一种灾难性的信条。

人类在地球上的任何一个陆地栖息地上几乎都能繁衍生息，欣欣向荣。人类从群体上看是一个通才物种，同时拥有高度专业化的个体，他们已经完成了转变并适应了地球上的几乎所有环境。这也就意味着，人类必须一次又一次地与边疆互动。在本书前面的章节中，我们已经描述了历史上的三类边疆：地理边疆（geographic frontiers）、技术边疆（technological frontiers）和资源转移边疆（transfer of resource frontiers）。在本章中，我们将讨论第四边疆。

提到边疆时，我们往往会首先想到地理边疆：广阔的、未受破坏的原野，丰富的、尚未被人类计算在内的资源等。对白令人来说，整个新大陆，北美洲和南美洲、加勒比海以及靠近海岸的每个岛屿，都属于广阔的地理边疆。新世界的边疆是分散的，所以第一批美洲人的后裔很快就发现了更多边疆：对于阿瓦尼奇（Ahwahneechee）印第安人来说，约塞米蒂山谷是一个地理边疆；对泰诺人（Taino）来说，加勒比地区是一个地理边疆；而对于智利南部的塞尔克南人（Selk' nam）来说，火地岛是一个地理边疆。

技术边疆指的是由于创新，人类能够创造更多、制造更多或增长更多的那些时刻。举例来说，人类社会中任何一种文化，只要曾经在山坡上修建过梯田，从而减少径流冲刷并增加农作物产量，就说明这种文化打破了技术边疆，比如安第斯山脉印加人的文明、马达加斯加高原上马达加斯加人的文明，都是如此。中国、美索不达米亚平原和中美洲的第一批农民就开拓了技术边疆，最早的一批陶器制作者也是如此：他们挖出黏土，然后捏塑成有用的形状，再用火烧制成陶器。

与地理边疆和技术边疆不同，资源转移边疆本质上是“盗窃”的一种形式。当来自旧世界的人们横渡大西洋来到了新世界时，他们一开始可能以为自己偶然发现了广阔的地理边疆，但事实并非如此。据估计，在 1491 年，新大陆的人口数量为5 000万～1亿，文化多源，语言繁多。他们有些人住在城邦里，担任天文学家、工匠、抄写员等，其他人则大多是狩猎采集者。[1]对于弗朗西斯科·皮萨罗（Francisco Pizarro）而言，印加帝国就是他的资源转移边疆。同样，对于19世纪末西亚马孙地区最初制作橡胶泡沫的匠人而言，扎帕罗部落（Zaparo）的领土就是资源转移边疆，而且，当扎帕罗部落因此被削弱之后，他们的长期竞争对手华欧拉尼部落（Huaorani）也迁入了这个地区。[2]在现代世界，资源转移边疆无处不在：石油钻探、利用水力压裂法开采页岩天然气、在原始森林中伐木、大屠杀等。暴政也是资源转移边疆的特征之一。

地理边疆代表着人类在到达该边疆之后发现了以前未知的资源。地理边疆的根本性质是零和的，因为地球上的空间是有限的，终将被人类全部发现。技术边疆是通过人类的聪明才智创造资源。技术边疆从发展时序上看是非零和的，更准确地说，是正和的，而且这似乎是一个永久的状态。但是，技术边疆也存在物理限制：例如，单个电子是在晶体管中从一种状态转变为另一种状态所必需的理论最小值。资源转移边疆是从其他人类种群那里窃取资源。与所有其他边疆一样，资源转移边疆最终也是零和的。“盗窃”不可能完全不受限制，即便是小偷也必须遵守物理定律。

那么，除了继续探寻新领域、追求更大的增长之外，我们还有什么选择吗？如果说，人类“痴迷于增长”只是一种普遍模式在人类身上的体现，这种模式是所有曾经生活在地球上的物种的共同特征，那么这是否意味着人类注定只能沿着这条破坏性轨迹走到最后了呢？

我们之所以要写这本书，主要是因为我们相信上面这个问题的答案是否定的。

人类之所以痴迷于增长，是因为只有增长才能维系规模更大的种群。不出意外的话，更大的种群在灭绝之前可以维持更长时间。但是，如果人口数量的增长所依赖的资源数量有限，那么规模庞大的种群也会对自身造成危害。在这种情况下，“适度”是关键，但只有当人类的增长渴望（个人对增长的感知）已经可持续地得到满足时，人们才会考虑“适度”。

人类即将耗尽地理边疆。同时，时而令人眼花缭乱，时而令人失望的技术边疆开拓，则伴随着风险（当心切斯特顿栅栏），并最终受到了可用资源的限制。资源转移边疆则是不道德的，会破坏稳定。那么，我们该怎么办呢？去哪里寻找解决方法？简单来说，意识就是我们的救星。意识可以指明通往第四边疆的道路。

再说一遍：人类的生态位就是生态位转换，意识就是解决新奇性问题的方法。在一个资源有限的星球上可持续地生活是一件非常困难的事，但是我们可以而且必须想办法生存下去，我们别无选择。各种各样的新奇性问题都迫切需要人类关注，它们不是靠个人的善意或努力就能解决的。

现代人已经对人类自身的持续存在造成了威胁。但是人类天生就擅长探寻如何在不同生存模式之间切换。现在，是时候将这种能力上升到集体意识并设计出摆脱这种困境的方法了，至少要拿出一个原型来。

我们面临着一些巨大的障碍。人类和其他生物一样，痴迷于增长。人类完全有能力在追求增长的过程中将自己推上灭绝之路。尽管我们必须接受均衡，这在逻辑上是显而易见的，但人类天生就不是为了满足于均衡而存在的，因为在过去的几十亿年里，不满足于均衡一直是一个很好的策略。

人类在个体层面的一个性格特征可能对我们找到第四边疆至关重要。或者更确切地说，它的“适应性山麓”也许会引导我们找到一个全社会层面的解决方案，那就是，以工匠精神为荣。当一位工匠以自己作品的质量和耐用性为荣时，也就拥有了部分“第四边疆心态”。在这种心态下，产品的寿命与它的功能是同等重要的。本地的能工巧匠制作的桌子或餐具柜之所以特别受欢迎，不仅因为它们比用宜家的预制件组装的桌子或餐具柜更加漂亮，更因为人们可以将这样一件既可爱又耐用的匠心之作传给自己的孩子，或赠送给亲友。因此，我们也希望能够留给下一代一个既可爱又耐用的世界。

因此，第四边疆是一个框架，可以借助进化工具包来理解。第四边疆不是一项政策建议。它的理念是：**我们可以设计出一个无限期的稳定状态，让人们感觉自己就像生活在一个永久增长的时期，但这种状态仍将遵守世间万物都遵守的物理定律和博弈理论。**读者不妨这样想象，这就类似于一种气候控制机制，当外界的气温在令人不适的极端冷暖之间变化时，它可以使家里的温度一直保持像春天一般宜人。为人类设计一个无限期的稳定状态并不容易，但势在必行。

文明的衰老

人类正走向崩溃。就在我们周围，文明变得越来越不连贯了。我们知道是什么因素导致生物体衰老，即随着年龄的增长而变得虚弱。这是一种拮抗多效性（antagonistic pleiotropy），即自然选择通常“偏爱”那些在生命早期就能带来好处的遗传性状，尽管这些性状在生命后期注定会令生物体付出代价。[3]“晚年受些伤害是可以接受的”这种意愿之所以会形成，是因为自然选择只能更清楚地看到生命早期得到的好处，根本原因在于个体往往在伤害完全显现之前就完成繁衍并且死去了。

对于文明的衰老，我们也可以给出类似的论证。人类社会的经济和政治制度以及人类当下对增长的渴望共同造就了这样的局面：很多政策和行为起初看起来并不疯狂，非常温和且理性，但是当我们真正意识到它们造成的后果时，它们通常已经对人类自身和地球造成了伤害，并且这些伤害是不可逆转的。人类正生活在“傻瓜的蠢行”式不幸的现实中，因此我们再一次强调：短期利益持续集中化的趋势不仅掩盖了风险和长期成本，而且即便在分析显示净收益为负时，仍能吸引人们接受它们。

例如，人类刚开始生产规格材时，所有人都认为它有百利而无一害。然而谁又能预料到，生活在一个几乎所有转角的形状都由规格材决定的世界里，真的会改变我们的视角。又如，当第一次有人把石油馏出物放进马达并带动马达转动时，如果你说你们不应该这样做，那就显得太疯狂了。即使看上去完全无害的商品，通常也存在风险。能够在不打扰他人的情况下欣赏音乐是有礼貌的行为，但是，我们现在已经逐渐了解到，使用耳机（尤其是使用耳塞）听音乐时，人们往往会将音量调高到可能会伤害耳朵的程度。我们“想要”的，以及市场乐意售卖给我们的，是短期满足，但它们通常不会考虑哪些东西从长期看对我们最有利。一个不受监管的市场往往会体现自然主义谬误，这是一种错误的观念，认为自然界中的“是什么”等同于“应该是什么”。当我们听任这种不受监管的市场主导一切时，就会直接陷入自然主义谬误。因为，你能够做某件事，并不代表你应该做某事。

不受监管的市场带来的问题，还因为如下事实进一步复杂化了：人类已经完全适应了相互操纵，并且这种适应已经在目前没有广为人知的超新奇领域发挥作用。从人类历史上看，相互操纵通常发生在彼此相互依存的小群体中。在以往，共同的命运就是规则，规则令人们步调一致。在小群体中，占他人的便宜通常是一个糟糕的主意，因为他人的命运与你自己的命运紧密相连，而且那些喜欢占便宜的人很快就会名声扫地。但是在当今这个世界中，人类不再生活在相互依存的小群体中了。我们依赖的许多最关键的系统都是全球性的，而且这些系统的参与者几乎总是匿名的。匿名性，再加上对共同命运的迷失感，使得操纵大行其道，在很大程度上，恶意的市场力量就是这种操纵的表现。

所有这些都对人类很不利。那么面对困境，人类该如何前行呢？我们现在了解的文明将会衰老，因为那些使人类取得成功的东西最终会毁灭人类。考虑到这一点，答案就非常清晰了，那就是，我们要有意识地建立一个"抗衰老"的系统。当然，要实现这个目标很困难、很复杂。但是我们必须马上开始行动，以下是我们的一些想法。

下面是构建"抗衰老"系统的关键：

- **不要对单一价值进行优化。**从数学的角度看，只要你试图优化单一价值，无论这种价值是多么值得尊崇，比如为了追求自由或正义，解决无家可归的人的问题，以及解决教育的公平性问题，那么所有其他价值和所有其他参数都会崩溃。最大化正义，就会有很多人挨饿。你或许会争辩说，正义可以使每个人的挨饿程度都相同，但那只是一个不足称道的回报。
- **先为你的系统创建一个原型。**然后，持续改进这个原型。不要想象你从一开始就知道这个系统最终会是什么样子的。

- **认识到第四边疆本质上是一个稳定状态，其特征要由我们来定义。**

  我们应该努力创建一个具备如下特征的系统：

  自由性（也就是说，能够让人们自由地去做有回报的、有意思的、令人欣喜的事情）；反脆弱性；抗俘获性；不会进化成违背自身核心价值观的东西。或者，用进化论的语言来说就是，我们需要的是这样一个系统，它是一个进化稳定策略，即一个无法被竞争对手入侵的策略。

以玛雅人为镜

从很多方面来看，我们现在面临的问题都可以说就是人类祖先以前曾经面对过的问题。人类历史上的每一种文化都离不开合作和竞争，它们曾经做出令身为人类的我们深感自豪的壮举，也曾经做出过令我们感觉无比羞耻的恶行。光荣的壮举和可怕的恶行都广为流传。

回顾历史时，我们应该承认上面说的这一事实，也应该认识到，人类祖先的胜利，不管是合法的，还是非法的，都给了人类与生俱来的优势。然而，我们不应该沿袭祖先的做法。

欧洲人当年确实从美洲土著手中“偷”走了土地，而且采用的卑鄙手段往往令人毛骨悚然。然而，这些被征服的美洲土著，在新世界中也有一段战争和征服的历史，他们也互相争夺土地。并且我们知道，他们也不是进入新世界之后才这样做的，他们在数千年前经由白令陆桥越过白令海峡时就把这些带进了新世界。

我们要小心，不要将任何个人或任何历史时期浪漫化，尝试从整体上理解人性，并努力为每个人提供平等的机会。

在本书中，我们向读者分享了一个进化工具包，但它是用来理解人类状况的，而不是用来证明人类状况的合理性的。从某种意义上说，一方面，人类是残暴的猿类动物，无视人类的本质并不会给我们带来什么好处。但是另一方面，误认为“残暴的猿性”就是人类唯一的本性，也同样不会给我们带来什么好处。人类也是具有爱心、慷慨、能够进行合作的物种。我们是带着进化的“包袱”和相当多智识上的混乱进入21世纪的。了解这些“包袱”从而减少混乱，能够最大限度地增加人类走向繁荣的概率。

为了实现这个目标，我们来看看玛雅人的经历。

玛雅人在中美洲繁衍生息超过2 500年，他们在面对干旱、四面受敌和其他难以忍受的极端环境时幸存了下来。在现存的玛雅古老城邦遗址中，比如在蒂卡尔、埃克巴拉姆（Ek'Balam）、查乔本（Chacchoben）等城邦遗址中，石头金字塔和神庙在树木的掩映下依然清晰可见。古建筑散布在丛林中，刺豚鼠、蜥蜴以及偶尔闪现的豹猫穿梭于这些建筑间的小路上。城邦与城邦之间则用玛雅人称之为“白路”（sacbes）的更坚固的道路连接起来。大多数玛雅城邦早在罗马帝国出现之前就已经形成了不可忽视的政治、经济和文化力量。玛雅人和罗马人在完全不知道对方存在的情况下，在公元后第一个千年的早期，同时进入了各自的鼎盛时期，并且在第二个千年的初期开始走向衰落。

早在欧洲启蒙运动之前，玛雅人自己的“启蒙运动”就已经开始了。但是我们永远无法得知它的影响范围了，因为玛雅人的绝大部分书籍都被欧洲人毁掉了。玛雅文明在尤卡坦半岛广泛传播，并向南延伸穿过现代的伯利兹和危地马拉，差一点进入洪都拉斯。2 500多年来，玛雅人在这些地区一直占据着主导地位，但是他们的发展并不是单调上升型的，他们的成功在时间和空间上都出现过多次起伏。许多城邦崩溃了，干旱迫使玛雅人废弃了很多以前相当肥沃的土地。虽然有些地区重新变成了玛雅人的定居地，但大部分地区则被永久废弃了。[4]

玛雅人是集约型农业专家。虽然他们在贫瘠的热带土壤上耕作，但是通过精细的土地管理，他们还是成功地在很长一段时间内保持了土壤的肥沃。在他们居住的大部分地区，丘陵斜坡无处不在，为了利用这些土地，玛雅人开发出了至少6种不同类型的梯田系统。他们还修建了包括水库在内的复杂灌溉系统，以应对一年一度的旱季，并竭尽所能抵抗不可预测的更长的干旱时期。然而，在他们将森林砍伐殆尽的那些地方，土地普遍退化，土壤质量下降，那也是不可否认的事实。[5]

当西班牙人来到玛雅人的家园时，玛雅人已经走向衰落。此时，玛雅人已经存在了相当长的一段时间了，究竟是什么导致了他们的衰落，至今仍然有待考证。不过，虽然玛雅文化在一定程度上已经消失了，但是玛雅人仍然存在。玛雅人不是脆弱的民族，玛雅文化也不是脆弱的文化。相反，这两者都堪称“坚固耐用”。玛雅人是“长跑者”，他们所用的一个时间单位就可以充分地说明这一点。玛雅人的历法是按白克顿（baktun）来计算周期的，1白克顿等于144 000天，即差不多400年。玛雅人用白克顿来跟踪时间的流逝，说明他们这个民族是非常长寿的，并且习惯于在很长的时间尺度上思考问题，这实在令人惊叹。

玛雅文化的持久性也证明了有意识的、“定向”启蒙的巨大潜力。这种启蒙试图达到的目标是，掌握人类自身进化状态的主动权。像玛雅人一样，现代人也需要找到方法揭开一直困扰着各个时代所有种群的繁荣—萧条周期之谜。我们认为，玛雅人是通过如下机制来做到这一点的：保证不会将剩余的资源用在扩大族群规模或其他转瞬即逝的事物上，而是用于建设大型公共工程项目。今天我们看到的大量神庙、金字塔，都是当年玛雅人的公共工程项目。他们就像种洋葱一样“种下”它们，在丰收的年景，就多建几层。我们认为，在富足的年代，由于食物过剩，人们往往会选择生更多孩子，而这会导致人口增加，从而使得在贫瘠的年代不可避免地发生饥饿和冲突。而玛雅人则将剩余的资源变成了金字塔。他们创造了壮丽而实用的公共空间，让所有人都能乐在其中。当农业繁荣时期被萧条时期取代时，由于神庙和金字塔不需要营养，人们便可以挨过困难时期。

西方文明繁荣兴旺的时间几乎与玛雅文明一样长久。当玛雅文化衰落后，来自大洋彼岸的敌人加速了它的崩溃。现在，我们的文化也正在瓦解。我们需要一种全新的稳定状态，一个进化稳定的策略。我们需要找到第四边疆。

第四边疆的障碍

许多因素都会成为人类找到第四边疆的障碍。首先，即便人们普遍认识到了应该找到第四边疆，权衡依然会持续存在；其次，对增长的痴迷，阻碍了看上去或听起来不那么像增长的进步；最后，市场监管很难做到准确无误。这些障碍都是可以克服的，但是克服起来会很困难。在接下来的三个小节中，我们就来依次讨论这三大障碍。

社会中的权衡

正如没有任何一只鸟能够做到既快速又灵活一样，也没有任何一个社会可以做到既自由又正义。自由与正义永远处于权衡之中。我们不应该试图将这两个“滑块”中的任何一个推至端点。

当然不可否认，许多社会既不自由，也不正义。另外，在大多数情况下，我们还没有达到增长的可能极限，即经济学家所说的有效边界，并且仍有可能同时向更为自由和更为正义的方向迈进，直到达到该极限为止。然而，接受自由和正义不可能同时实现最大化这个事实，是进行对话的关键步骤。想象一个完全自由、完全公正的世界，就是幻想一个乌托邦。那是一个完美的静态世界，一个不需要权衡的世界。但是，乌托邦是不可能存在的，而且乌托邦式幻想的持续存在本身就非常危险。

在一些国家中，导致民众政治感情分裂的一个原因（并不是唯一原因）是自由派与保守派的对立。自由主义者和保守主义者往往都有明显的盲点，特别是他们都会误解权衡或者轻易地忘记权衡。

要想更加有效地讨论人类的未来，各个政治派别都必须理解收益递减、非意图后果、负外部性（negative externalities）以及资源的有限性等关键事实。自由主义者（我们在政治上的“近亲”）特别容易低估收益递减和非意图后果，而保守主义者则特别容易低估负外部性和资源的有限性。

根据收益递减的经济规律，当你增加在给定变量上的投入时（同时保持其他变量不变），那么你的收益增长实际是停滞的。每个复杂的自适应系统都会出现收益递减的情况。理解了这一点，我们就更有动力去提出一些灵活的、不断发展的策略，而不是固守那些笨拙的、一成不变的策略。任何一个试图最大化单个参数的乌托邦式愿景，都必定成为收益递减定律的牺牲品。如果我们一直固执地追求一个静态的目标，就需要投入越来越多的资源才能实现这一目标，而收益却越来越少，这时我们就极大地限制了其他目标的实现。不跳到下一条收益递减曲线上的机会成本是非常惊人的（见图 13–1）。

非意图后果是切斯特顿栅栏的一个变体：弄乱一个你不完全了解的古老的系统可能会产生无法预见的问题。一方面，自由主义者倾向于制定各种各样的法规，而这些法规会扰乱正常运行的系统。举例来说，将教育拨款与考试成绩挂钩会导致一个意想不到的后果，即会创造出一个恶性的反馈循环。在这个循环中，分数低会导致得到的教育拨款减少，而教育拨款减少又会导致分数进一步降低。

另一方面，保守主义者倾向于放松监管以促进新产品的创新，但是新产品本身可能会扰乱现有的正常运行的系统。例如，放松废弃物管制（目的是降低运营成本）会造成污染，这实际上是将废弃物的管理成本外部化。而污染会破坏人类自古以来依赖的无数自然系统的稳定性：由于有毒而无法食用的鱼类和贝类、不适合鱼类种群生存的河流、导致哮喘和发育迟缓的糟糕的空气质量。简而言之，自由主义者的解决方案和保守主义者对市场创新的鼓励，都会促成非意图后果。

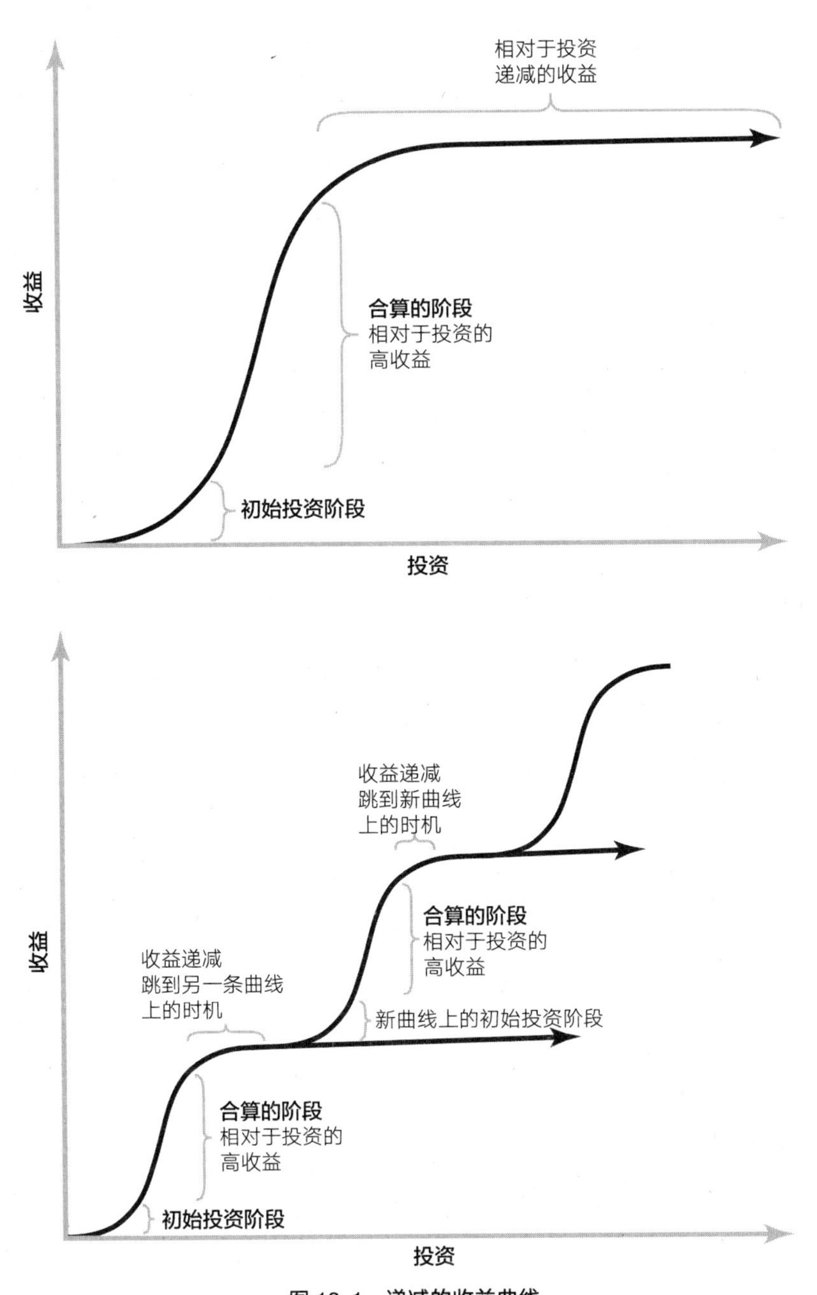

图 13-1　递减的收益曲线

当做出决策或制造产品的个体不必承担这些决策的全部成本时，就会出现负外部性。以安卡拉那为例，它是马达加斯加北部一个偏远但风景秀丽的自然保护区。这个保护区是一个拥有 1.5 亿年历史的石灰岩高原，其锋利的屋顶式山脊在一些地方发生了坍塌，形成了一个有地下河流穿过的洞穴网络。这些洞穴又通向一系列彼此相互隔离的小片森林，里面生活着冕狐猴和壁虎。这里有不同于地球上任何其他地方的景观和生物群。安卡拉那保护区不仅是众多动物的栖息地，而且是大量蓝宝石矿床的所在地。20 世纪 90 年代初，当我们来到这里时，这些蓝宝石矿床已经被大规模开采过了，开采的目的是提炼珠宝和获得工业用砂。尽管开采者明知道这样做会对环境造成破坏，但他们还是这样做了。无论提炼出来的蓝宝石最终流向什么地方，有一点是可以肯定的，那就是使用或拥有这些宝石的人中，很少有人知道开采过程造成的损害。这就是一种负外部性，而且它是可以传播的，因为货币具有可替代性，从而使造成的伤害与其价值分离。发生在安卡拉那保护区的开采事件，清楚地展示了什么是负外部性，但是说到底，负外部性其实是无处不在的。为了获得能源燃烧煤炭，这种做法造成的空气污染会影响所有人，但是利润却归少数人所有；深夜播放嘈杂的音乐，你得到了一时之快，而邻居却因久久无法入眠而恼怒不已……负外部性在我们所处的世界中随处可见。

资源的有限性应该是显而易见的。虽然有一些资源实际上是近乎无限的，最显而易见的例子就是氧气和阳光。但是地球上的绝大多数资源都是有限的，比如，橡胶、木材、石油、铜、锂、蓝宝石等。

西方政治的党派性，让我们觉得人们似乎永远无法形成一套共同的价值观，但是，只要意识到人们有很多共同点，就有机会形成集体意识，而且这是唯一的途径。人类只有一个地球。然而，人类的行为却好像自己生活在一个拥有无限财富的世界中。“傻瓜的蠢行”蒙蔽了我们的双眼。人类天生追求增长，但是我们落后于时代的文化无法完美解决现今这个时代出现的问题。虽然欧米伽原则表明我们的文化不可能是任意的，但是它并不能保证我们的文化在应对超新奇性方面是合格的。成功应对超新奇性，属于意识发挥作用的领域。

对增长的痴迷

美国梦是虚构的，但也可以说并不完全是虚构的。它具有第四边疆的元素，但也有基于对无限增长的乌托邦式幻想。我们现在面临的一场重大的文化斗争，虽然一些人非常清楚所谓的“无限的增长”无法持续，而另一些人却是坚定不移的丰饶主义者。

所有进化型生物都需要感受到增长。从进化的角度看，增长就是获胜的感觉。我们每个人，地球上存在的每一个世系，都经历过一个充满振荡的增长周期，他们要填补生态位，还会遇到资源用尽的状况，即从非零和世界来到零和世界。[6] 达不到这个极限的感觉很糟糕，而富足则可以让人类蓬勃发展。

一味地追逐增长，就好像它永远都能实现，是一件愚蠢的事情。机会有时是存在的，有时则根本不存在。对永远增长的期望在很多方面类似于追求永恒的幸福，而那正是通往苦难的道路。

我们对增长的痴迷以及这种痴迷所塑造的经济思维方式，催生了一个吞吐量社会（throughput society），即一个基于商品和服务的产出数量来评估文明健康程度的社会，它认为消费越多越好。这个框架现在已经深深植根于人类的认知中了，它似乎是完全合乎逻辑的。当然，只要我们深入思考它的含义，就会发现事实并非如此。

请想象一下，现在推出了一款新型冰箱，它的使用寿命比其他型号的冰箱长得多，而且成本相近，性能也相当。一个健康的社会应该会认为这是一件好事，大多数人也会如此，因为这种冰箱减少了浪费和污染、节约了能源和材料，并有可能降低了因严重依赖外国供应商而产生的战略脆弱性。但是，这种耐用的冰箱对国内生产总值的影响是负面的，因此这就说明现在的社会存在问题。现在再想象一下，我们在所有消费品的耐用性方面都做出了类似的改进。由于商品不再需要频繁更换，我们将面临大规模的经济收缩：工作岗位会减少，人们的收入会降低，政府税收收入也会下降。简而言之，这将会破坏人类社会整个系统的运行能力。

当人们持理性态度，从而不再沉迷于需求时，都会出现类似的被某些人称为“荒谬”的情况。如果人们对他们拥有的东西更满意并且不太容易受到营销的影响，难道不是好事吗？如果人们更愿意适度饮食而不暴饮暴食，难道不是好事吗？如果人们花更多的时间创作艺术、欣赏音乐、培养独立思考的能力，而不再一味地追求、购买和炫耀所谓的时尚品，难道不是好事吗？这些当然是好事。所有这些都将会推动人类生活方式的重大升级。但是，我们痴迷于增长的经济心态则会声称它们都不是好事。我们的“吞吐量社会”严重依赖于人们的不安全感和暴饮暴食倾向，以及对所谓的过时商品进行有计划的淘汰。这已经成了许多人维系希望的一种方式。

因此，我们对增长的痴迷可谓喜忧参半。它让人类走到今天，当然也让人类付出了痛苦的代价，承受了大量的苦难。然而关键是，地球上的人口总数已经有数十亿，我们不能继续把消费作为衡量幸福的标准。如果人类想生存下去，可持续性必须取代增长，成为衡量成功的指标。

2019 年夏天，我们在加利福尼亚州北部的三一山远足，发现那里鲜有动物出没。在 3 小时的徒步旅行中，我们只看到了几只鸟。当时是夏季，在公路上开车，挡风玻璃早就不会再沾满昆虫尸体了，汽车撞上动物的机会也变得微乎其微。2020 年初，当我们来到亚苏尼（Yasuní）野外考察时，发现昆虫比以前少了，鸟类也少了，尽管亚苏尼向来被称为厄瓜多尔西部亚马孙国家公园的明珠，也被认为是地球上最具生物多样性的地方。[7] 我们怀疑，除了其他一些原因之外，鸟类和昆虫的死亡主要应归咎于亚马孙河上游或更远的地方对杀虫剂的大量使用。杀虫剂雾化后进入河流，然后从安第斯山脉下游流出，毒杀了昆虫。一旦昆虫消失，食虫的鸟类、蝙蝠和蜥蜴就会随之消失，而一旦这些动物消失，食肉动物的踪迹自然也就难觅了。该地区的白头鼬、短耳犬和美洲虎就这样消失了。在这个问题上，雷切尔·卡森（Rachel Carson）说得没错，只不过，北温带寂静的春天已经扩大到了热带，它预示着更大的危险即将到来。

看到了这些分析之后，有些人可能仍然会不以为然，他们会争辩称："当然啦，问题肯定是存在的。但是，不是一直有人预测世界末日即将来临吗？他们还从来没有说对过呢。"是的，末日尚未降临，但是这一点并不能证明这些人的思考方式是正确的。

"世界末日"通常并不是指整个地球的毁灭，而是指"我们的世界"的毁灭，或者更准确地说，它实际上是指人类坚持到未来的能力的丧失。如果以这种方式来讨论这个问题，那么很多预测世界末日即将来临的人的观点肯定是对的。毕竟，许多人的生存确实面临着严重的威胁，而且其中有很多人确实未能做好迎接挑战的准备。我们确信，人类对自身继续生存所面临的威胁的敏感性，是人类由来已久的一种适应性特征；我们也确信，当前人类的人口规模、相互联系程度以及现在拥有的技术，都对人类这个物种构成了威胁，这与人类的祖先曾经面临过的威胁类似。问题是旧的，影响范围是新的。

监管难题

要制定好的法律法规非常困难。简单而一成不变的法律要么从一开始就是错误的，要么"保质期"极短。如果系统是可以随时升级的，那么保质期短也是可以接受的。但是，如果系统是一成不变的，那么法律体系就有可能被人玩弄，也必定被人玩弄。

随着时间的推移而持续进化的系统，通常是复杂的、功能性的，我们在修补它们时应该贯彻预防原则。因为不能确知其用途而将功能性器官移除，无疑是不明智的。因此，那些曾经建议要切除人们体内健康大肠的医生，现在都遭到了嘲笑，但是我们现在也犯了很多类似的错误。考虑到我们这个时代的超新奇性，如果你想当然地认定我们目前做的事情在未来肯定不会被认为是可笑的，甚至是疯狂的，那无疑会创下傲慢的新高度。

当今社会的人沉迷于短期安全，因为短期危害很容易被发现，而且对它的监管也相对简单。长期危害则是另一回事，更难发现，也更难证明。让各种屏幕占据你大部时间，接受教育水平测试，摄入阿斯巴甜或使用新烟碱类杀虫剂，所有这一切，其长期影响是什么？我们不知道。但是，由于没有人愿意生活在一个严格的安全测试会导致每一项创新都无法进入市场的世界中，我们在不知不觉中变得过于鲁莽了。我们愚蠢地假设长期危害不存在，直到它们不再被继续忽视为止，到那个时候，我们才会对以往关于安全的错误预估感到震惊。

监管在很多领域内都声名狼藉。确实，监管的效果通常都很差。而且，当监管的效果很好时，它往往会使需要解决的问题变得很小或完全不可见。因此，许多人认为监管本身构成了一个不必要的障碍，而没有意识到它带来的好处。一个良好的监管体制应该是高效且举重若轻的，几乎是隐形的。虽然监管的本质是要施加限制，但它的实际结果其实应该是帮助被监管对象摆脱限制。这样一来，我们既能够收获创新的好处，又不必担心各种隐藏的后果。

良好的监管是任何功能复杂的系统的关键因素。例如，我们的身体在许多方面都受到了严格的监管，包括体温。为了让体温保持在最佳范围内，有无数个系统在不间断地调整着热量产生和流失之间的平衡，让血液流进和流出四肢和毛细血管。如果没有良好的调节机制，那么体温就没有什么意义了。关键是，所有这些监管过程都非常有效，以至于我们几乎完全察觉不到，这样一来，我们可以自由地做任何事情，比如在凉爽的河流中游泳，或顶着烈日踢足球，而无须过多考虑体温过低或中暑的风险。

没有任何人造系统能够像人体内的监管系统那样优雅，但是我们确实也可以举出一些好的例子。商业航空旅行也许是最安全的旅行方式。商业航空旅行的安全，依赖于它在各个方面受到的监管，包括针对不幸发生的罕见事故所进行的系统调查。人们可能会抱怨，商业航空的监管规则导致成本高昂和效率低下，但是必须结合具体情境去理解这些反对意见。不要忘记，正是这些规则，使得世界上相当一部分人能够在 24 小时内到达地球上的几乎任何地方，而且比开车去机场还要安全得多。与它们创造的自由相比，监管法规对应的成本简直不值一提，这正是我们应该在每一个行业努力实现的目标。

总之，超出了个人可控范围的任何大型系统都需要加以监管。如果没有大规模监管，我们就无法解决核安全、石油开采或栖息地丧失等问题。

获得新生

我们要让尽可能多的人来参与这个讨论。有太多的人需要真正成长为成年人，并摒弃他们的乌托邦式迷思。我们要让人们接受这样的观念：人类必须广泛地接受和追求一些价值观，同时要真切地认识到，要想实现一个美好的、让所有人都过上体面生活的未来，仅仅在事先准确地把它描述出来是远远不够的。要想实现它，我们必须先就这样一个理想的、合理的世界应该具备哪些特征达成一致，随后必须进行原型设计、结果评估，然后重新进行原型设计……也就是说，我们必须先找到山麓，并在那里找到到达目的地的路径。起初，一切都是不确定的，犹如在迷雾中航行。我们将在没有蓝图的情况下开始设计，而且必须现在就开始行动。不要等到危险变得极其明显，足够让所有人意识到必须立即采取行动的那一天，因为那肯定为时已晚了。

人类现在正处于可持续发展危机的阵痛之中。尽管迟早会有一件事让人类"如梦方醒"，那可能是气候变化，也可能是卡林顿事件（Carrington Event），即太阳风暴大爆发，或是财富不平等、难民危机或核战争。这几种情况都有非常现实的可能性。因此，我们必须全神贯注，着手处理一系列危险性事务。我们必须寻找下一个边疆，那将是一个事件视界（event horizon），超过这个事件视界我们将无法看清事件的本质。一旦进入它，我们便无法回头，只有穿过它，我们才有可能得救。

白令人并没有察觉到新世界的存在，但是他们已经无法留在旧世界了。他们向东前行，奋勇走入未知之地，进入了一个由岩石和冰块、波涛汹涌的大海和危险的地形组成的令人生畏的区域……但是最终，他们来到了两片广袤而富饶的大陆。

波利尼西亚人离开了他们世世代代生存的家园，穿越了广阔的海洋，许多人都死在了途中，但是最终有一些人发现并成功抵达夏威夷。还有其他一些人则向西穿过印度洋（而不是向东穿过太平洋），发现并开发了马达加斯加岛。

人类出现以来，就一直在发现各种各样的新世界，但是人类现在已经开发了所有地理边疆。现在我们必须再次发现一个全新的新世界，让自己获得新生。我们必须找到比人类现在所处的山峰更高、更有希望的山峰的山麓。我们必须超越最好的自己，并在这个过程中拯救自己。

- **为了更美好的人生，学会破解并重新拼装自己的心理架构。**尽可能让市场远离你的动机结构，不要让别人的利润动机决定你想要什么或要做什么。
- **尽可能让儿童远离商业活动。**成长过程中就高度重视交易的那些孩子，长大后会成为忠诚的消费者。与重视创造、发现、治愈、生产、体验、交流的人相比，消费者的观察力、冥想力和深思熟虑后再行动的能力都更低。
- **静下心来，实现自我升级。**少依赖指标，多依赖经验、假说，并根据第一性原理推导出真相和意义。减少对静态规则的依赖，并做到真正理解这些规则适用的背景。
- **摒弃任何以单一价值的乌托邦式愿景为基础的东西。**

    - 一旦有人透露他们试图最大化某个单一价值（如，公正），你就应该知道他们不是真正的成年人。
    - 自由不是单一价值，它是由于解决了其他问题（例如，公正、安全、创新、稳定、共同体 / 友情）而产生的结果。

在整个社会范围内，我们应该：

- 像玛雅人一样，将剩余资源投入公共工程，变得反脆弱。
- 设计原型、原型、原型。
- 养成预防心态，学会调整，有效地监管各行各业，最大限度地减少负外部性。

- 考虑各式各样的切斯特顿栅栏。

从我们的祖先获得了生态优势的那一刻起，种群之间的竞争就一直是人类的主要选择力量。[8] 数百万年的进化已经完善了人类进行这种竞争的大脑回路，并让它成了人类在软件层面上的默认设置。然而到了今天，在如下三件事情的共同作用下，这种将人类带到了今天的力量，反过来对人类的未来生存构成了威胁：一是，全球人口达到了前所未有的规模；二是，我们可以使用的工具具有前所未有的强大力量；三是，我们依赖的各种系统（全球经济、生态和技术）呈现前所未有的关联互通性。

理解人类软件的重要性迫在眉睫。我们面临的问题是进化动力学的产物。所有可行的解决方案都与我们对这些动力学机制的认识密切相关。

既然问题是进化的，解决方案也必须如此。

传统以及改变

在我们家，庆祝光明节（Hanukkah）是一个一年一度的仪式。光明节是在北方冬至到来之前或冬至前后举行的一个犹太教灯节。光明节到来时，我们遵照传统，点亮烛台，每晚讨论一个新增的原则（它尚未成为传统）。

我们家的光明节新原则如下：

- 第 1 天，人类的所有事业都应该是可持续和可逆的。
- 第 2 天，黄金法则——为别人做你希望他们为你做的事。
- 第 3 天，为那些对世界做出积极贡献的人变得富有的系统提供支持。
- 第 4 天，不要不尊重那些值得尊崇的系统。
- 第 5 天，人们应该对古老的智慧持适当的怀疑态度，并有意识地、明确地以强有力的推理来处理新问题。

- 第 6 天，绝不能让机会集中在世系内部。
- 第 7 天，预防原则——当行动的成本未知时，在做出改变之前要谨慎行事。
- 第 8 天，社会有权向所有人提出一定要求，但是作为回报，社会对他们有自然的义务。

A HUNTER-
GATHERER'S GUIDE TO
THE 21ST CENTURY

致 谢

我们站在了巨人的肩膀上。在我们有幸认识并向其学习的人当中，要特别感谢理查德·亚历山大（Richard Alexander）、阿诺德·克鲁格(Arndd Kluge)、格里·史密斯（Gerry Smith）、芭芭拉·斯穆茨（Barbara Smuts）和罗伯特·特里弗斯。比尔·汉密尔顿（Bill Hamilton）和乔治·威廉姆斯（George Williams）对我们的影响很深，还有我们同时代的许多人也是如此，包括黛比·西泽克（Debbie Ciszek）和戴维·拉赫蒂（David Lahti）。在我（布雷特）与乔丹·霍尔（Jordan Hall）和吉姆·鲁特（Jim Rutt）的早期对话中，他们设想了一个范式，可以替代我们当前这个“破碎的”范式，他们称之为 Game~B 范式，第四边疆是该范式的一个变体。后来，在参与迈克·布朗（Mike Brown）举办的一次“科学营”时，我们中的一些成员继续推进了这场对话。

我们还要感谢常青州立学院的学生，他们提出的建议帮助我们进一步完善了我们的想法。本书中的许多想法他们都学到过，特别是修读了适应性、动物行为、动物行为与动物学、发展与进化、跨纬度进化与生态学、进化与人类状况、进化生态学、日常体验非凡科学、黑客行为背后的人性、脊椎动物进化等课程的许多学生，他们展现了智慧、挑战精神和洞察力，帮助了我们完善了本书中的概念以及这些概念之间的联系。

德鲁·施奈德勒是我们众多优秀学生中一位。他是本书的研究助理，也是我们一直以来的好友。我们在 2007 年认识了德鲁，后来他和希瑟一起参加了她在常青州立学院创办的第一个国外考察项目。德鲁在多个领域的表现都非常出色，他的才华令本书增色不少。他是我们真正的合作者。德鲁一次又一次在我们山穷水尽之时，让我们看到了柳暗花明。

我们还要感谢本书早期手稿的读者，他们无比慷慨地付出了大量时间精力并展现了极高的学识，他们是佐伊·阿莱希尔（Zowie Aleshire）、霍莉·M.（Holly M.）和史蒂文·沃西凯维奇（Steven Wojcikiewicz）。

本书的出版，离不开很多人的帮助与支持。在常青州立学院，我们的支持者包括但不限于：本杰明·博伊斯（Benjamin Boyce）、斯泰西·布朗（Stacey Brown）、奥黛特·芬恩（Odette Finn）、安德里亚·古利克森（Andrea Gullickson）、柯丝廷·赫马森（Kirstin Humason）、唐纳德·莫里萨托（Donald Morisato）、黛安·尼尔森（Diane Nelsen）、迈克·帕罗斯（Mike Paros）、彼得·罗宾逊（Peter Robinson）、安德里亚·西伯特（Andrea Seabert）和迈克尔·齐默曼（Michael Zimmerman）。在常青州立学院之外，我们也有很多支持者，不过在这里只能列出其中很小一部分人的名字，他们是：尼古拉斯·克里斯塔基斯（Nicholas Christakis）、杰瑞·科恩（Jerry Coyne）、乔纳森·海特、山姆·哈里斯（Sam Harris）、格伦·洛瑞（Glenn Loury）、迈克尔·莫伊尼汉（Michael Moynihan）、帕梅拉·帕瑞斯基（Pamela Paresky）、乔·罗根（Joe Rogan）、戴夫·鲁宾（Dave Rubin）、罗伯特·萨波尔斯基（Robert Sapolsky）、克里斯蒂娜·霍夫·萨默斯（Christina Hoff Sommers）、巴里·韦斯（Bari Weiss）和罗伯特·伍德森（Robert Woodson）。我们还要特别感谢乔丹·彼得森（Jordan Peterson）。

在众多支持我们的朋友中，最坚定和无畏的一个人是我的兄弟埃里克·韦恩斯坦（Eric Weinstein），我们无比感谢他。

我们还要特别感谢罗比·乔治（Robby George）和普林斯顿大学“美

国理想与制度詹姆斯·麦迪逊”项目（James Madison Program in American Ideals and Institutions）。

感谢我们的经纪人，来自尹罗斯经纪公司（Yoon Ross Agency）的霍华德·尹（Howard Yoon）。我们讨论过好几个项目，然后一起意识到写现在这本书，也就是从进化的角度讨论所有事情是正确的，而且我们多年来确实一直打算写这样一本书。刚提交了写作方案，Portfolio/Penguin 出版社的编辑海伦·希利（Helen Healey）就立即与我们取得了联系。霍华德和海伦在我们写作本书的整个过程中一直都坚定地支持我们，并且提出了许多宝贵的意见。

本书的初稿是在位于厄瓜多尔亚马孙地区的蒂普蒂尼生物多样性考察站完成的，感谢写作本书让我们有了几周的喘息机会，并令我们对一些事物有了更深刻的认识。凯利·斯温（Kelly Swing）既是蒂普蒂尼生物多样性考察站的创办人，也是我们的好朋友，他与一批优秀的员工一起，正在世界上最偏远的地区之一努力保护自然环境。我相信他们必定会成功。

此外，我们还要感谢我们的孩子扎克和托比，他们在本书英文版出版时分别是 17 岁和 15 岁。扎克和托比从小就和我们一起从太平洋西北部到亚马孙地区四处探索各种景观，而且他们在很久以前就能够与我们对话了。读者不难看出，这些对话中有不少内容都纳入了本书。我们从来不想让他们过早接触现代社会中的人性弱点和残酷现实，但是他们的表现可圈可点。我们真的非常幸运，能拥有如此出色的后代。

重要术语

本书中，一些术语的定义部分或全部借用了罗杰·J. 林肯（R. J. Lincoln）、杰夫·A. 博克斯夏尔（Geoff A. Boxshall）和保罗·克拉克（P. F. Clark）主编的《生态学、进化论和系统学词典》（*A Dictionary of Ecology, Evolution and Systematics*）中的相关定义。

适应（adaptation）：一个过程，在此过程中，对可遗传性状（sensu lato）的选择提高了利用一定机会的能力。

适应性景观（adaptive landscape）：一个用于对选择和适应如何发挥作用进行概念化的隐喻框架，最早由西沃尔·赖特（Sewall Wright）于1932年提出[1]（本书第3章的注释19给出了一个简短的解释）。

替代父母抚养（alloparenting）：成年人对非其直系后代提供像父母一样的照顾行为。

拮抗多效性（antagonistic pleiotropy）：多效性的一种形式（多效性指一个基因对多个性状有影响），其中不同的适合度效应彼此相反。例如对于衰老，一个基因的某一种效应在生命早期是有益的，而另一种效应在生命晚期是有害的。

反脆弱（antifragile）：当受到压力或伤害时能力增强的状态，这个概念由纳西姆·塔勒布（Nassim Taleb）在2012年提出。[2]

白令陆桥（Beringia）：冰川期海平面下降时在白令海峡范围内出现的一块陆地，它很可能是新世界所有亚北极土著人祖先的栖息地。

承载能力（carrying capacity）：在均衡状态下，给定的时空机会可以稳定支持的最多个体数量。例如，1900 年黄石公园中可以存活的狼的数量 *X*。

切斯特顿栅栏（Chesterton's fence）：一种原则，指应谨慎对待那些尚未被完全了解的系统，不要轻易改动。该原则最初由 G. K. 切斯特顿于 1929 年提出。[3]

进化枝（clade）：一个祖先物种及其所有后代。与单系群（monophyletic group）同义；在理想情况下，与分类单元（taxon）同义。其中一些例子包括：鸟类、哺乳动物、脊椎动物、灵长目动物和鲸类动物（包括海豚）。

意识（consciousness）：就本书中的模型而言，特指与"文化"意义相对的"意识"，即为个体之间的交流而封装的那部分认知（即可以交流的思想）。

文化（culture）：就本书中的模型而言，特指与"意识"意义相对的"文化"：在基因组之外传播的适应性信念和行为模式的封装包。大多数文化是垂直传递的；然而，文化不同于基因，文化还可以横向传递。

达尔文主义（Darwinian）：对可遗传性状的不同成功做出反应的适应倾向。请参考达尔文的论述，他首先明确提出了自然选择和性选择。

进化适应环境（environment of evolutionary adaptedness）：有利于给定适应性特征的进化环境。人类有许多进化适应环境，而不限于我们早期的狩猎采集祖先居住过的非洲大草原和海岸地区。

表观遗传（epigenetics）：狭义的或严格意义上的表观遗传，指基因表达调节器未在 DNA 序列本身中编码，例如，DNA 甲基化；广义的或宽泛意义上的表观遗传，指任何不直接由于其 DNA 序列的变化引起的可遗传性状，也包括（严格意义上的）表观遗传现象，比如文化。

真社会性（eusociality）：一种社会系统，其中一些个体为了促进其他个体的再生产而放弃自己的再生产。真社会性群体是作为超级有机体运行的，具有共同的利益和命运。

进化稳定策略（evolutionarily stable strategy）：一种策略，一旦被大多数人采用，就不会被与该策略竞争的其他策略取代。

第一性原理（first principles）：与某个领域相关的最基本和最安全的假设（类似于数学中的公理）。

边疆（frontier）：就本书中的模型而言，指某个种群的非零和机会。现有的三类边疆是：地理边疆、技术边疆、资源转移边疆。

配子（gamete）：成熟的生殖细胞，可以与另一个生殖细胞融合形成受精卵。

博弈论（game theory）：对两个或多个个体之间的策略性互动进行研究和建模的理论。当最优策略取决于最有可能被其他人采用的行动时，博弈论的作用尤为突出。

通才（generalist）：具有广泛耐受性或适应非常广泛的生态位的物种或个体，相对于“专家”。

基因型（genotype）：个体的遗传构成，相对于“表型”。

可遗传的（heritable）：广义上的，即早期生物学家采用的和本书中所采用的：信息在个体或世系之间传递的能力。在严格意义上，“可遗传的”仅指遗传信息的垂直传递。

雌雄同体（hermaphroditism）：在同一个体中同时具有雄性和雌性生殖器官的状态。同时雌雄同体（simultaneous hermaphrodites），指同一时间表现为雄性和雌性。连续雌雄同体（sequential hermaphrodites），指成为一种性别之后再变成另一种性别。

假说（hypothesis）：对观察到的模式的可证伪的解释。对假说进行检验，可以生成数据，以确定假说的预测是否可证明。正确的科学是假说驱动的，而不是数据驱动的。

直觉（intuition）：可以“告知”有意识心智的无意识结论。

交配制度（mate system）：群体中个体之间的交配模式，特指通常情况下，每种性别成员同时交配的对象数量。

一夫一妻制（monogamy）：一种交配制度，其中，一个雄性与一个雌性交配，无论是在繁殖季节还是在一生中都如此。相对于“一夫多妻制”。

最近的共同祖先（most recent common ancestor）：两个进化枝最密切相关的祖先生物。

自然主义谬误（naturalistic fallacy）：一种观念，认为如果某个事物是自然的，那么它就应该是那样的，经常用于道德判断，或认为道德判断应从自然中推断出来。这个谬误与“是—应该谬误”（is-ought fallacy）和“诉诸自然谬误”（appeal to nature fallacy）密切相关，而且对于大多数不是哲学家的普通人来说，这几个术语是可以互换的。

生态位（niche）：生物体适应的一组环境。

非零和（non-zero-sum）：一种机会，其中某个个体的收益不一定需要同种成员付出成本，相对于“零和”。

欧米伽原则（Omega principle）：这是由本书作者提出的一个原理，它有两方面含义：（1）表观遗传现象（广义的）在进化上要优于遗传现象——在表观遗传现象适应得更快时；（2）表观遗传现象（广义的）是遗传现象的下游，因此最终是由遗传控制的。

悖论（paradox）：无法调和的两个观察结果。在宇宙中，所有事实都必定是以某种方式共存的，因此悖论的出现表明某个假设出了错，或者存在理解上的错误。所有的真理必定是相互调和的。

表型（phenotype）：个体可观察到的结构和功能特性，与“基因型”相对。

可塑性（plasticity）：生物体由于环境变化或波动而在形态上、生理上或行为上做出相应改变的能力。

一夫多妻制（polygyny）：一种交配制度，其中一个雄性与多个雌性交配，通常也被通俗地称为多配制（polygamy）。但是严格来说，多配制可以指任何方向上的性伴侣数量的不对称，因此包括一夫多妻制（一个雄性，许多雌性，这在脊椎动物中较常见）和一妻多夫制［（polyandry），一个雌性，许多雄性，这种情况非常罕见）。与“一夫一妻制”相对。

近因解释（proximate）：机械层面上的解释，解决给定的结构或过程如何运行的问题。与“终极因解释”相对。

选择（selection）：导致一种模式比另一种备选模式更常见的过程。选择并非天生就是生物层面的。

专家（expert）：一个物种或个体的“耐受面”很窄，或者只适应于一个非常狭窄的生态位。与“通才”相对。

傻瓜的蠢行（sucker’s folly）：短期利益持续集中化的趋势不仅掩盖了风险和长期成本，而且即便是在净收益为负时也能推动人们接受它们。

心智理论（theory of mind）：推断他人的心理状态（例如信念、情感或知识）的能力，尤其是当这些与自己的心理状态不同时。

权衡（trade-off）：两个可欲特征之间的必然负相关关系。权衡有三种类型：分配权衡、设计约束和统计权衡。

终极因解释（ultimate）：进化层面上的解释，说明为什么给定的结构或过程是它现在这个样子。与“近因解释”相对。

零和（zero-sum）：指一种机会，在这种机会中，一个个体的收益会导致其同种成员承担同等数额的成本。

推荐阅读

第 1 章　人类生态位

Dawkins, R., 1976. *The Selfish Gene*. New York：Oxford University Press.

Mann, C. C., 2005. *1491: New Revelations of the Americas before Columbus*. New York：Alfred A. Knopf.

Meltzer, D. J., 2009. *First Peoples in a New World: Colonizing Ice Age America*. Berkeley：University of California Press.

第 2 章　人类的进化树

Dawkins, R., Wong, Y., 2004. *The Ancestor's Tale: A Pilgrimage to the Dawn of Evolution*. New York：Houghton Mifflin.

Shostak, M., 2009. *Nisa: The Life and Words of a !Kung Woman*. Cambridge, MA：Harvard University Press.

Shubin, N., 2008. *Your Inner Fish: A Journey into the 3.5-Billion-Year History of the Human Body*. New York：Vintage.

第 3 章　古老的身体，现代的世界 / 第 4 章　医　药

Burr, C., 2004. *The Emperor of Scent: A True Story of Perfume and Obsession*. New York：Random House.

Lieberman, D., 2014. *The Story of the Human Body: Evolution, Health, and Disease*. New York：Vintage.

Muller, J. Z., 2018. *The Tyranny of Metrics*. Princeton, NJ：Princeton University Press.

Nesse, R. M., and Williams, G. C., 1996. *Why We Get Sick: The New Science of Darwinian Medicine*. New York：Vintage.

第5章　饮　食

Nabhan, G. P., 2013. *Food, Genes, and Culture: Eating Right for Your Origins*. Washington, D.C.：Island Press.

Pollan, M., 2006. *The Omnivore's Dilemma: A Natural History of Four Meals*. New York：Penguin Press.

Wrangham, R., 2009. *Catching Fire: How Cooking Made Us Human*. New York：Basic Books.

第6章　睡　眠

Walker, M., 2017. *Why We Sleep: Unlocking the Power of Sleep and Dreams*. New York：Scribner.

第7章　性与性别

Buss, D. M., 2016. *The Evolution of Desire: Strategies of Human Mating*. New York：Basic Books.

Low, B. S., 2015. *Why Sex Matters: A Darwinian Look at Human Behavior*. Princeton, NJ：Princeton University Press.

第8章　为人父母与亲子关系

Hrdy, S. B., 1999. *Mother Nature: A History of Mothers, Infants, and Natural Selection*. New York：Pantheon.

Junger, S., 2016. *Tribe: On Homecoming and Belonging*. New York：Twelve.

Shenk, J. W., 2014. *Powers of Two: How Relationships Drive Creativity*. New York：Houghton Mifflin Harcourt.

第9章　童　年

Gray, P., 2013. *Free to Learn: Why Unleashing the Instinct to Play Will Make Our Children Happier, More SelfReliant, and Better Students for Life*. New York：Basic Books.

Lancy, D. F., 2014. *The Anthropology of Childhood: Cherubs, Chattel, Changelings*. Cambridge：Cambridge University Press.

第10章 学 校

Crawford, M. B., 2009. *Shop Class as Soulcraft: An Inquiry into the Value of Work*. New York：Penguin Press.

Gatto, J. T., 2010. *Weapons of Mass Instruction: A Schoolteacher's Journey through the Dark World of Compulsory Schooling*. Gabriola Island：New Society Publishers.

Jensen, D., 2005. *Walking on Water: Reading, Writing, and Revolution*. White River Junction, VT：Chelsea Green Publishing.

第11章 成长为成年人

de Waal, F., 2019. *Mama's Last Hug: Animal Emotions and What They Tell Us about Ourselves*. New York：W. W. Norton.

Kotler, S., and Wheal, J., 2017. *Stealing Fire: How Silicon Valley, the Navy SEALs, and Maverick Scientists Are Revolutionizing the Way We Live and Work*. New York：Harper-Collins.

Lukianoff, G., and Haidt, J., 2019. *The Coddling of the American Mind: How Good Intentions and Bad Ideas Are Setting Up a Generation for Failure*. New York：Penguin Books.

第12章 文化与意识

Cheney, D. L., and Seyfarth, R. M., 2008. *Baboon Metaphysics: The Evolution of a Social Mind*. Chicago：University of Chicago Press.

Ehrenreich, B., 2007. *Dancing in the Streets: A History of Collective Joy*. New York：Metropolitan Books.

第13章 第四边疆

Alexander, R. D., 1990. *How Did Humans Evolve? Reflections on the Uniquely Unique Species*. Ann Arbor, MI：Museum of Zoology, University of Michigan, Special Publication No. 1.

Diamond, J. M., 1998. *Guns, Germs and Steel: A Short History of Everybody for the Last 13,000 Years*. New York：Random House.

Sapolsky, R. M., 2017. *Behave: The Biology of Humans at Our Best and Worst*. New York：Penguin Press.

此外，读者如有兴趣，还可以阅读如下技术性更强但同样非常优秀的作品：

Jablonka, E., and Lamb, M. J., 2014. *Evolution in Four Dimensions: Genetic, Epigenetic, Behavioral, and Symbolic Variation in the History of Life*. Revised edition. Cambridge, MA：MIT Press.

WestEberhard, M. J., 2003. *Developmental Plasticity and Evolution*. New York：Oxford University Press.

注 释

引 言 人类进化的真相

1. 参见 Weinstein E. 2021 年 4 月 2 日在 YouTube 上发布的视频“A Portal Special Presentation — Geometric Unity: A First Look.”。

2. 这里实际上存在三个密切相关的逻辑谬误，哲学家喜欢责备我们普通人在使用它们时没有准确把握它们之间的区别：自然主义谬误、诉诸自然谬误和是—应该谬误。

第 1 章 人类生态位

1. Tamm, E., et al., 2007. Beringian standstill and spread of Native American founders. *PloS One*, 2(9): e829.

2. 这仍然是一个颇有争议的说法，不过下面这篇论文很好地阐述了一些证据：Wade, L., 2017. On the trail of ancient mariners. *Science*, 357(6351): 542–545。

3. Carrara, P. E., Ager, T. A., Baichtal, J. F., 2007. Possible refugia in the Alexander Archipelago of southeastern Alaska during the late Wisconsin glaciation. *Canadian Journal of Earth Sciences*, 44(2): 229–244.

4. 美洲最早有人居住是在什么时候这个问题，目前只有传说，并没有确切的答案。以下三篇经过同行评审的论文，分别使用不同的证据证明至少 1.6 万年前白令人就来到了这个新世界。

Dillehay, T. D., et al., 2015. New archaeological evidence for an early human presence at Monte Verde, Chile. *PloS One*, 10(11): e0141923; Llamas, B., et al., 2016. Ancient mitochondrial DNA provides high-resolution time scale of the peopling of the Americas. *Science Advances*, 2(4): e1501385; Davis, L. G., et al., 2019. Late Upper Paleolithic occupation at Cooper' s Ferry, Idaho, USA, ~16 000 years ago. *Science*, 365(6456): 891–897.

5. 美洲更早有人居住的一些证据，来自墨西哥高海拔洞穴出土的文物：Ardelean, C. F., et al., 2020. Evidence of human occupation in Mexico around the Last Glacial Maximum. *Nature*, 584(7819): 87–92; Becerra-Valdivia, L., and Higham, T., 2020. The timing and effect of the earliest human arrivals in North America: *Nature*, 584(7819): 93–97。

6. 毫无疑问，这些早期的美洲人在从白令陆桥沿着海岸向南航行时曾经在寒冷的海水中捕过鱼，但是现在，他们中的许多人都在陆地上生活，掌握了新技能，发明了新技术。也许他们当初是会沿着海岸不断迁移，在选定永久定居点之前，分散在海岸的各处，形成像扇子一样的分布。也许他们在某些季节会暂时停下来，并在更容易迁移的季节，当在食物更丰富、气候不那么危险的时候，继续迁移。对他们来说，淡水也许只能有限供应，但对所有生命来说，淡水都是必不可少的。因此这些人也很可能会聚集在湖泊和溪流周围。

他们也会遇到每年一到特定季节就会出现大量鲑鱼的河流。白令人很可能早在生活在白令陆桥时就开始捕捞鲑鱼了，也许他们是在北部较平坦的地区掌握了捕鱼技术，然后沿着北美西海岸前行途中一路以鱼为食。也许，在冰盖较薄的那些地方，鲑鱼种群是洄游到河流，而不是洄游向大海的。无论如何，正是鲑鱼带领着白令人向南迁移。这不是信仰发生了突变，而是求生本能：只要有鱼，就能活着。或者，也许随着他们向南迁移，技术也发生了变化，因为地质条件和河流形态都会随着纬度的变化而变化，有些人可能暂时忘记了捕捞鲑鱼的方法。也许，捕捞鲑鱼的文化记忆是潜藏着的，就在意识表面之下。

7. 源于 *Groats-worth of Witte, Bought with a Million of Repentance*，这是一本于 1592 年以已故剧作家罗伯特·格林（Robert Greene）的名义出版的小册子。

8. 人类以非同凡响的方式证明了自己的非同凡响，以独一无二的方式展现了自己的独一无二：Alexander, R. D., 1990. *How Did Humans Evolve? Reflections on the Uniquely Unique Species*. Ann Arbor, MI: Museum of Zoology, University of Michigan, Special Publication No. 1。

9. 悖论的有趣之处在于，在很大意义上，它们不可能是真的。宇宙结构中不可能存在任何真正的矛盾——所有真相都必须以某种方式相互调和。这是支撑一切科学发现的假设。科学就是尝试寻找能够调和悖论的见解。正如尼尔斯·玻尔（Niels Bohr）所说："我们遇到了一个悖论，这真是太棒了。现在我们有很大希望取得进展了。"

10. 例如，可以参考米哈里·希斯赞特米哈伊（Mihály Csíkszentmihályi）的任何一本讨论"心流"的著作。

11. "傻瓜的蠢行"这一概念与经济学中的"贴现"概念有关，也与"进步陷阱"这一概念有关：O' Leary, D. B., 2007. *Escaping the Progress Trap*. Montreal: Geozone Communications。

12. 在某种程度上，人们之所以反对用进化论来解释行为或文化，是因为进化论被提出后不久，就被"盗用"了，即在伪科学"社会达尔文主义"的保护伞下为倒退的社会论调和社会政策辩护。与此类似，“世系”（血统）这个术语也被用于达成一些令人讨厌的目的。这种思维上的错误导致了很多不好的后果。例如，它使得镀金时代的富人相信他们的财富是其进化优势的标志，它推动了一个多世纪的全美强制绝育，它也为纳粹主义辩护。这些错误表明，自然主义谬误确确实实存在：理解人类是进化的产物，这是正确的，但是容易在此基础上走出错误的一步，即当权者声称他们目前拥有的权力证明了他们的优越性（错误一），而且不仅仅是现在，是永远如此（错误二）。N. K. Nittle, 2021. The government's role in sterilizing women of color. ThoughtCo.

13. 个体与种群之间的这个区分是至关重要的。作为某个种群（女性、欧洲人、右撇子）中的一员，个体并不能提供多少关于个体的“硬性规定”，同时也不会使该种群的个体成员有更多或更少具备许多其他特征的可能性。

14. Dawkins, R. 1976. *The Selfish Gene* (30th anniversary ed. [2006]). New York: Oxford University Press, 192.

15. 应彼得·鲍曼（Peter Baumann）的邀请，我们于 2014 年 7 月在旧金山参加了鲍曼基金会组织的“成为人”活动，并首次在课堂之外介绍了欧米伽原则的概念。我们的演讲持续了两天，长达 9 小时，介绍了本书中包含的许多想法。我们在 2015 年 4 月向利基基金会（The Leakey Foundation）提交的论文中也阐述了欧米伽原则。我们至今仍然非常感激这两个基金会提供的机会。

第 2 章 人类的进化树

1. Brown, D., 1991. "The Universal People." In *Human Universals*. New York: McGraw Hill.

2. Brunet, T., and King, N., 2017. The origin of animal multicellularity and cell differentiation. *Developmental Cell*, 43(2): 124–140.

3. 古颚类动物（Paleognath 的字面意思就是“古老的颚”）包括了大多数不会飞的鸟类进化枝，但是分子证据表明有“不会飞的鸟类”有好几个进化途径，它们并不都是从不会飞的祖先进化而来的。Mitchell, K. J., et al., 2014. Ancient DNA reveals elephant birds and kiwi are sister taxa and clarifies ratite bird evolution. *Science*, 344(6186): 898–900.

4. Espinasa, L., Rivas-Manzano, P., and Perez, H. E., 2001. A new blind cave fish population of genus *Astyanax*: Geography, morphology and behavior. *Environmental Biology of Fishes*, 62(1–3): 339–344.

5. Welch, D. B. M., and Meselson, M., 2000. Evidence for the evolution of bdelloid rotifers without sexual reproduction or genetic exchange. *Science*, 288(5469): 1211–1215.

6. Gladyshev, E., and Meselson, M., 2008. Extreme resistance of bdelloid rotifers to ionizing radiation. *Proceedings of the National Academy of Sciences*, 105(13): 5139–5144.

7. 事实上，人类所属的世系开始有性生殖的时间很可能要早得多——许多研究者估计，那是在距今 20 亿～ 10 亿年前。5 亿年前是一个比较保守的估计，大体上相当于脊椎动物最早出现的时间。

8. Dunn, C. W., et al., 2014. Animal phylogeny and its evolutionary implications. *Annual Review of Ecology, Evolution, and Systematics*, 45: 371–395.

9. Dunn et al., 2014.

10. Zhu, M., et al., 2013. A Silurian placoderm with osteichthyan-like marginal jaw bones. *Nature*, 502(7470): 188–193.

11. 关于这种思考方式的更多解释：Weinstein, B., 2016. On being a fish. *Inference: International Review of Science,* 2(3): September 2016。

12. Springer, M. S., et al., 2003. Placental mammal diversification and the Cretaceous-Tertiary boundary. *Proceedings of the National Academy of Sciences*, 100(3): 1056–1061; Foley, N. M., Springer, M. S., and Teeling, E. C., 2016. Mammal madness: Is the mammal tree of life not yet resolved? *Philosophical Transactions of the Royal Society B: Biological Sciences*, 371(1699): 1056–1061.

13. "特征"（character）是系统学（systematics）中的一个专业术语。系统学是一门探索有机体关系的深层历史的科学。通俗地说，"特性"（characteristic）是对"特征"的一种不完美近似。

14. 这些早期哺乳动物的其中一些适应包括：四腔心脏（循环系统）、横膈膜（呼吸系统）、旁矢状步态（运动系统）、内耳（听觉）——内耳的独特解剖结构与人类的下颌只有一块骨头有关，结合颞骨开窗作为下颌肌肉的附着点，可以产生更强的咬合力，以及肾脏中的亨氏袢，它可以改善我们对含氮废物的排泄。

15. Renne, P. R., et al., 2015. State shift in Deccan volcanism at the Cretaceous-Paleogene boundary, possibly induced by impact. *Science*, 350(6256): 76–78.

16. Silcox, M. T., and Lopez-Torres, S., 2017. Major questions in the study of primate origins. *Annual Review of Earth and Planetary Sciences*, 45: 113–137.

17. 但布雷特对此不是很确定。

18. Steiper, M. E., and Young, N. M., 2006. Primate molecular divergence dates. *Molecular Phylogenetics and Evolution*, 41(2): 384–394; Stevens, N. J., et al., 2013. Palaeontological

evidence for an Oligocene divergence between Old World monkeys and apes. *Nature*, 497(7451): 611.

19. Wilkinson, R. D., et al., 2010. Dating primate divergences through an integrated analysis of palaeontological and molecular data. *Systematic Biology*, 60(1): 16–31.

20. Hobbes, T., 1651. *Leviathan*. Chapter XIII: "Of the Natural Condition of Mankind as Concerning Their Felicity and Misery."

21. Niemitz, C., 2010. The evolution of the upright posture and gait — a review and a new synthesis. *Naturwissenschaften*, 97(3): 241–263.

22. Preuschoft, H., 2004. Mechanisms for the acquisition of habitual bipedality: Are there biomechanical reasons for the acquisition of upright bipedal posture? *Journal of Anatomy*, 204(5): 363–384.

23. Hewes, G. W., 1961. Food transport and the origin of hominid bipedalism. *American Anthropologist*, 63(4): 687–710.

24. Provine, R. R., 2017. Laughter as an approach to vocal evolution: The bipedal theory. *Psychonomic Bulletin & Review*, 24(1): 238–244.

25. Alexander, R. D., 1990. *How Did Humans Evolve? Reflections on the Uniquely Unique Species*. Ann Arbor, MI: Museum of Zoology, University of Michigan. Special Publication No. 1.

26. Conard, N. J., 2005. "An Overview of the Patterns of Behavioural Change in Africa and Eurasia during the Middle and Late Pleistocene." In *From Tools to Symbols: From Early Hominids to Modern Humans*, d'Errico, F., Backwell, L., and Malauzat, B., eds. New York: NYU Press, 294–332.

27. Aubert, M., et al., 2014. Pleistocene cave art from Sulawesi, Indonesia. *Nature*, 514 (7521): 223.

28. Hoffmann, D. L., et al., 2018. U-Th dating of carbonate crusts reveals Neandertal origin of Iberian cave art. *Science*, 359(6378): 912–915.

29. Lynch, T. F., 1989. Chobshi cave in retrospect. *Andean Past*, 2(1): 4.

30. Stephens, L., et al., 2019. Archaeological assessment reveals Earth's early transformation through land use. *Science*, 365(6456): 897–902.

31. 科学家们最近利用出生和死亡记录（足够出名的人会留下出生时间和死亡时间的记录），绘制出了自罗马帝国时代以来的文化中心图。Schich, M., et al., 2014. A network

framework of cultural history. *Science*, 345(6196): 558–562.

第3章 古老的身体，现代的世界

1. Segall, M., Campbell, D., and Herskovits, M. J., 1966. *The Influence of Culture on Visual Perception*. New York: Bobbs-Merrill.

2. Hubel, D. H., and Wiesel, T. N., 1964. Effects of monocular deprivation in kittens. *Naunyn-Schmiedebergs Archiv for Experimentelle Pathologie und Pharmakologie,* 248: 492–497.

3. Henrich, J., Heine, S. J., and Norenzayan, A., 2010. The weirdest people in the world? *Behavioral and Brain Sciences*, 33(2–3): 61–83; Gurven, M. D., and Lieberman, D. E., 2020. WEIRD bodies: Mismatch, medicine and missing diversity. *Evolution and Human Behavior,* 41(2020): 330–340.

4. Holden, C., and Mace, R., 1997. Phylogenetic analysis of the evolution of lactose digestion in adults. *Human Biology*, 81(5/ 6): 597–620.

5. Flatz, G., 1987. "Genetics of Lactose Digestion in Humans." In *Advances in Human Genetics*. Boston: Springer, 1–77.

6. Segall, Campbell, and Herskovits, *Influence of Culture*, 32.

7. Owen, N., Bauman, A., and Brown, W., 2009. Too much sitting: A novel and important predictor of chronic disease risk? *British Journal of Sports Medicine*, 43(2): 81–83.

8. Metchnikoff, E., 1903. *The Nature of Man*, as cited in Keith, A., 1912. The functional nature of the caecum and appendix. *British Medical Journal,* 2: 1599–1602.

9. Keith, Functional nature of the caecum and appendix.

10. 对于北极熊来说，白色的优势肯定会导致它们皮毛中色素的流失。而对于裸鼹鼠来说，没有毛发可能提供了一种优势，例如对寄生虫的抵抗力，或者这也可能是受“节省”机制驱动的，因为裸鼹鼠生活在与外界隔绝的地下环境中。

11. Berry, R. J. A., 1900. The true caecal apex, or the vermiform appendix: Its minute and comparative anatomy. *Journal of Anatomy and Physiology,* 35(Part 1): 83–105.

12. Laurin, M., Everett, M. L., and Parker, W., 2011. The cecal appendix: One more immune component with a function disturbed by post-industrial culture. *Anatomical Record: Advances in Integrative Anatomy and Evolutionary Biology*, 294(4): 567–579.

13. Bollinger, R. R., et al., 2007. Biofilms in the large bowel suggest an apparent function of the human vermiform appendix. *Journal of Theoretical Biology*, 249(4): 826–831.

14. Boschi-Pinto, C., Velebit, L., and Shibuya, K., 2008. Estimating child mortality due to diarrhoea in developing countries. *Bulletin of the World Health Organization*, 86: 710–717.
15. Laurin, Everett, and Parker, The cecal appendix, 569.
16. Bickler, S. W., and DeMaio, A., 2008. Western diseases: Current concepts and implications for pediatric surgery research and practice. *Pediatric Surgery International*, 24(3): 251–255.
17. Rook, G. A., 2009. Review series on helminths, immune modulation and the hygiene hypothesis: The broader implications of the hygiene hypothesis. *Immunology*, 126(1): 3–11.
18. Chesterton, G. K., 1929. "The Drift from Domesticity." In *The Thing*. Aeterna Press.
19. 适应性景观这个比喻通常被描述为包括若干峰和谷。但是，如果我们想象一下池塘表面的透明冰层，就更容易理解它们在进化上的含义。漂浮在水中的气泡被困在了冰层下，但是在重力的作用下，它们会“找到”高点。于是：这些高点（峰）代表生态机会，气泡则代表为了利用这些机会，而不断进化的生物。重力代表了选择的力量，它可以“精炼”有机体，使它们适应自己的生态位。峰值越大，代表的生态机会就越大。厚厚的冰“山谷”代表阻止气泡在峰之间移动的障碍物。这个比喻在概念化进化动力学方面非常有用，特别是在该过程违反直觉的情况下。例如，想一想一个小气泡被困在一个高峰旁边的低峰中的情况。更高的峰代表了更好的机会，因此你预期选择会将事物从较低的峰移到较高的峰，但是这种预期是错误的。选择并不能为了改善生物而使生物变得更糟，就像重力不能将气泡移入水中更深处以使其在其他地方升得更高一样。必须有其他某种“力”对所有下坡运动负责——就像有人在冰上跳跃一样。此外，气泡从低峰移动到高峰的可能性与两座峰之间的高度差无关(你可能会认为有关)。恰恰相反，这种可能性与分隔它们的谷的深度有关。谷越深，发现机会的障碍就越大。这个比喻最早是由西沃尔·赖特提出的：Wright, S. 1932. The roles of mutation, inbreeding, crossbreeding, and selection in evolution. *Proceedings of the Sixth International Congress of Genetics*, 1: 356–366.
20. 事实上，还有第三种类型的权衡，即统计权衡，不过它并不是真正的权衡。相反，我们观察到，具有多个不常见特征的个体比只具有单个不常见特征的个体更为罕见。你想要一只灰狗吗？那没什么难的。你想要一只大狗吗？肯定可以得到。你想要一只巨大的灰狗吗？那比大狗或灰狗都更难得到。在将适应性景观隐喻应用于权衡时，如何对该隐喻进行进一步扩展，包括将景观重新想象为一个体积会随着个体发现机会而得到填充的模型，从而使景观能够解释形式的多样化和对新空间的探索（字面意义上的以及比喻意义上的）：Weinstein, B. S., 2009. "Evolutionary Trade-

offs: Emergent Constraints and Their Adaptive Consequences." A dissertation submitted in partial fulfillment of the requirements for the degree of Doctor of Philosophy (Biology), University of Michigan。

21. 在这里，我们指的是真正的鱼类（如鲑鱼、神仙鱼、虾虎鱼等），以区别于所有鱼类，那是人类所属的一个进化枝。参见第 2 章以及：Weinstein, B., On being a fish. *Inference: International Review of Science*, 2(3): September 2016。

22. Schrank, A. J., Webb, P. W., and Mayberry, S., 1999. How do body and paired-fin positions affect the ability of three teleost fishes to maneuver around bends? *Canadian Journal of Zoology*, 77(2): 203–210.

23. 关键是，即便是两种看似没有任何联系的"品质"，它们之间也会存在权衡关系。Weinstein, "Evolutionary Trade-offs."

24. "扩展表型"这个术语最早出现在理查德·道金斯的作品中：Dawkins, R., 1982. *The Extended Phenotype*. Oxford: Oxford University Press。

25. 另一种类型的光合作用 C4 光合作用，则是在空间上实现分开（CAM 光合作用是在时间上分开），同时与 CAM 光合作用一样，适应炎热干燥的条件，但比 C3 光合作用的代谢成本更高。

26. 这是我们的教授乔治·埃斯塔布鲁克（George Estabrook）在多年前告诉布雷特的。

27. 一个精彩的科学故事：Burr, C., 2004. *The Emperor of Scent: A True Story of Perfume and Obsession*. New York: Random House。

28. Feinstein, J. S., et al., 2013. Fear and panic in humans with bilateral amygdala damage. *Nature Neuroscience,* 16(3): 270–272.

第 4 章　医　药

1. 已经成为经典的一个相对较早的论述：Nesse, R., and Williams, G., 1996. *Why We Get Sick: The New Science of Darwinian Medicine*. New York: Vintage。

2. Tenger-Trolander, A., et al., 2019. Contemporary loss of migration in monarch butterflies. *Proceedings of the National Academy of Sciences*, 116(29): 14671–14676.

3. Britt, A., et al., 2002. Diet and feeding behaviour of *Indri indri* in a low-altitude rain forest. *Folia Primatologica*, 73(5): 225–239.

4. 哈耶克有关该主题的早期著作：Hayek, F. V., 1942. Scientism and the study of society. Part I. *Economica*, 9(35): 267–291. See also Hayek, F. A., 1945. The use of knowledge in

society. *The American Economic Review*, 35(4): 519–530。

5. Aviv, R., 2019. Bitter pill. *New Yorker*, April 8, 2019.

6. Choi, K. W., et al., 2020. Physical activity offsets genetic risk for incident depression assessed via electronic health records in a biobank cohort study. *Depression and Anxiety*, 37(2): 106–114.

7. Tomasi, D., Gates, S., and Reyns, E., 2019. Positive patient response to a structured exercise program delivered in inpatient psychiatry. *Global Advances in Health and Medicine*, 8: 1–10.

8. Mann, C., 2020. Is there still a good case for water fluoridation?, *Atlantic*, April 2020.

9. Choi, A. L., et al., 2015. Association of lifetime exposure to fluoride and cognitive functions in Chinese children: A pilot study. *Neurotoxicology and Teratology*, 47: 96–101.

10. Malin, A. J., et al., 2018. Fluoride exposure and thyroid function among adults living in Canada: Effect modification by iodine status. *Environment International*, 121: 667–674.

11. Damkaer, D. M., and Dey, D. B., 1989. Evidence for fluoride effects on salmon passage at John Day Dam, Columbia River, 1982–1986. *North American Journal of Fisheries Management*, 9(2): 154–162.

12. Abdelli, L. S., Samsam, A., and Naser, S. A., 2019. Propionic acid induces gliosis and neuro-inflammation through modulation of PTEN/ AKT pathway in autism spectrum disorder. *Scientific Reports*, 9(1): 1–12.

13. Autier, P., et al., 2014. Vitamin D status and ill health: A systematic review. *Lancet Diabetes & Endocrinology,* 2(1): 76–89.

14. Jacobsen, R., 2019. Is sunscreen the new margarine? *Outside Magazine*, January 10, 2019.

15. Lindqvist, P. G., et al., 2016. Avoidance of sun exposure as a risk factor for major causes of death: A competing risk analysis of the melanoma in southern Sweden cohort. *Journal of Internal Medicine*, 280(4): 375–387.

16. Marchant, J., 2018. When antibiotics turn toxic. *Nature*, 555(7697): 431–433.

17. Mayr, E., 1961. Cause and effect in biology. *Science*, 134(3489): 1501–1506.

18. Dobzhansky, D., 1973. Nothing in Biology Makes Sense except in the Light of Evolution. *The American Biology Teacher*, 35(3): 125–129.

19. 针对这种令人困惑的政治言论，我们于 2020 年 3 月下旬开始直播，前两个月主要讨论与新型冠状病毒肺炎疫情相关的话题。“进化的镜头”（The Evolutionary Lens）是布雷特的“黑马”播客（DarkHorse，由我们共同主持）的一个栏目，每周都会播出我们从进化的视角对这个和其他当代话题做出的思考。

20. 除了许多其他原因之外，还因为有越来越多的证据表明运动可以缓解某些情绪障碍。Choi, K. W., et al., 2020. Physical activity offsets genetic risk for incident depression assessed via electronic health records in a biobank cohort study. *Depression and Anxiety*, 37(2): 106–114.

21. Holowka, N. B., et al., 2019. Foot callus thickness does not trade off protection for tactile sensitivity during walking. *Nature*, 571(7764): 261–264.

22. Jacka, F. N., et al., 2017. A randomised controlled trial of dietary improvement for adults with major depression (the ("SMILES" trial). *BMC Medicine*, 15(1): 23.

23. Lieberman, D., 2014. *The Story of the Human Body: Evolution, Health, and Disease*. New York: Vintage.

第5章　饮　食

1. Wrangham, R., 2009. *Catching Fire: How Cooking Made Us Human*. New York: Basic Books, 80.

2. Craig, W. J., 2009. Health effects of vegan diets. *American Journal of Clinical Nutrition*, 89(5): 1627S–1633S.

3. Wadley, L., et al., 2020. Cooked starchy rhizomes in Africa 170 thousand years ago. *Science*, 367(6473): 87–91.

4. Field, H., 1932. Ancient wheat and barley from Kish, Mesopotamia. *American Anthropologist*, 34(2): 303–309.

5. Kaniewski, D., et al., 2012. Primary domestication and early uses of the emblematic olive tree: Palaeobotanical, historical and molecular evidence from the Middle East. *Biological Reviews*, 87(4): 885–899.

6. Bellwood, P. S., 2005. *First Farmers: The Origins of Agricultural Societies*. Oxford: Blackwell Publishing, 97.

7. Struhsaker, T. T., and Hunkeler, P., 1971. Evidence of tool-using by chimpanzees in the Ivory Coast. *Folia Primatologica*, 15(3–4): 212–219.

8. Goodall, J., 1964. Tool-using and aimed throwing in a community of free-living chimpanzees. *Nature*, 201(4926): 1264–1266.

9. Marlowe, F. W., et al., 2014. Honey, Hadza, hunter-gatherers, and human evolution.

Journal of Human Evolution, 71: 119–128.

10. Harmand, S., et al., 2015. 3.3-million-year-old stone tools from Lomekwi 3, west Turkana, Kenya. *Nature*, 521(7552): 310–326.

11. De Heinzelin, J., et al., 1999. Environment and behavior of 2.5-million-year-old Bouri hominids. *Science*, 284(5414): 625–629.

12. Bellomo, R. V., 1994. Methods of determining early hominid behavioral activities associated with the controlled use of fire at FxJj 20 Main, Koobi Fora, Kenya. *Journal of Human Evolution*, 27(1–3): 173–195. Also see Wrangham, R. W., et al., 1999. The raw and the stolen: Cooking and the ecology of human origins. *Current Anthropology*, 40(5): 567–594.

13. Tylor, E. B., 1870. *Researches into the Early History of Mankind and the Development of Civilization*. London: John Murray, 231–239.

14. Darwin, C., 1871. *The Descent of Man, and Selection in Relation to Sex*. London: Murray, 415.

15. Wrangham, *Catching Fire*.

16. 1860年，一些在澳大利亚探险的欧洲探险家在快要饿死时，向当地的土著扬德鲁万达人（Yandruwandha）寻求帮助。扬德鲁万达人告诉欧洲探险家们，当地有一种十分常见的、名为nardoo的植物，它的根可以食用。当地人将其捣成粉状、清洗然后煮熟来吃。有两个欧洲探险家没有清洗和煮熟就吃了，结果身体变得很虚弱，最终不幸身亡。他们的一位同伴则学着像扬德鲁万达人那样洗净煮熟后再吃，10周后当他获救时，他的身体状况良好。Wrangham, *Catching Fire*, 35.

17. Wrangham, *Catching Fire*, 138–142.

18. Tylor, Researches into the Early History of Mankind, 233.

19. Tylor, Researches into the Early History of Mankind, 263.

20. 这种进化警句（“种子不想被吃掉”）可能会让一些人觉得奇怪，好像我们认为意识或意志是由种子产生的。这当然不是我们的本意。一个意思相同但更冗长的版本是：“植物产生种子，目的不是让它们被吃掉。”

21. Toniello, G., et al., 2019. 11,500 y of human-clam relationships provide long-term context for intertidal management in the Salish Sea, British Columbia. *Proceedings of the National Academy of Sciences*, 116(44): 22106–22114.

22. Bellwood, *First Farmers*.

23. Arranz-Otaegui, A., et al., 2018. Archaeobotanical evidence reveals the origins of bread 14,400 years ago in northeastern Jordan. *Proceedings of the National Academy of Sciences*, 115(31): 7295–7930.

24. Brown, D., 1991. *Human Universals*. New York: McGraw Hill.

25. Wu, X., et al., 2012. Early pottery at 20,000 years ago in Xianrendong Cave, China. *Science* 336(6089): 1696–1700.

26. Braun, D. R., et al., 2010. Early hominin diet included diverse terrestrial and aquatic animals 1.95 Ma in East Turkana, Kenya. *Proceedings of the National Academy of Sciences*, 107(22): 10002–10007.

27. Archer, W., et al., 2014. Early Pleistocene aquatic resource use in the Turkana Basin. *Journal of Human Evolution*, 77(2014): 74–87.

28. Marean, C. W., et al., 2007. Early human use of marine resources and pigment in South Africa during the Middle Pleistocene. *Nature*, 449(7164): 905–908.

29. Koops, K., et al., 2019. Crab-fishing by chimpanzees in the Nimba Mountains, Guinea. *Journal of Human Evolution,* 133: 230–241.

30. Pollan, M., 2006. *The Omnivore's Dilemma: A Natural History of Four Meals*. New York: Penguin Press.

31. 正如迈克尔·波伦（Michael Pollan）在《杂食者的两难》（*The Omnivore's Dilemma*）一书中所说，如果你的祖母不承认某种食物是食物，那么它就不是。然而，对于孕妇来说，由于胎儿很容易受到来自真正的食物和健康成年人通常可以吃的食物中病原体的影响，所以需要考虑的因素就更多了。怀孕的时候，就不是吃奶酪、意大利腊肠或大多数熟肉的时候。

32. 采集野生蜂蜜在各个文化中都是一项高度男性化的活动：Murdock, G. P., and Provost, C., 1973. Factors in the division of labor by sex: A cross-cultural analysis. *Ethnology*, 12(2): 203–225, as well as in Marlowe et al., Honey, Hadza, hunter-gatherers.

第6章 睡 眠

1. Walker, M., 2017. *Why We Sleep: Unlocking the Power of Sleep and Dreams*. New York: Scribner, 56–57.

2. 那些“潮汐锁定”的行星，因为行星的一半总是面朝恒星，所以一半永远是白昼，另一半永远是黑夜。这种行星不太可能支持生命的存在。这类行星的两个半球之间的差异非常极端，因此上面不太可能存在可居住带。

3. Walker, *Why We Sleep*, 46-49. 不同的研究者对睡眠的分类不同。在该书中，Walker 使用了“快速眼动睡眠”和“非快速眼睡眠”对睡眠类型进行区分，并且对“非快速眼动睡眠”的4个阶段进一步细分：阶段3和阶段4是“慢波睡眠”，阶段1和阶段2是入睡和浅睡。

4. Shein-Idelson, M., et al., 2016. Slow waves, sharp waves, ripples, and REM in sleeping dragons. *Science*, 352(6285): 590-595.

5. Martin-Ordas, G., and Call, J., 2011. Memory processing in great apes: The effect of time and sleep. *Biology Letters*, 7(6): 829-832.

6. Walker, *Why We Sleep*, 133.

7. Wright, G. A., et al., 2013. Caffeine in floral nectar enhances a pollinator's memory of reward. *Science*, 339(6124): 1202-1204.

8. Phillips, A. J. K., et al., 2019. High sensitivity and interindividual variability in the response of the human circadian system to evening light. *Proceedings of the National Academy of Sciences*, 116(24): 12019-12024.

9. Stevens, R. G., et al., 2013. Adverse health effects of nighttime lighting: Comments on American Medical Association policy statement. *American Journal of Preventive Medicine*, 45(3): 343-346.

10. Hsiao, H. S., 1973. Flight paths of night-flying moths to light. *Journal of Insect Physiology*, 19(10): 1971-1976.

11. Le Tallec, T., Perret, M., and Thery, M., 2013. Light pollution modifies the expression of daily rhythms and behavior patterns in a nocturnal primate. *PloS One*, 8(11): e79250.

12. Gaston, K. J., et al., 2013. The ecological impacts of nighttime light pollution: A mechanistic appraisal. *Biological Reviews*, 88(4): 912-927.

13. Navara, K. J., and Nelson, R. J., 2007. The dark side of light at night: Physiological, epidemiological, and ecological consequences. *Journal of Pineal Research*, 43(3): 215-224.

14. Olini, N., Kurth, S., and Huber, R., 2013. The effects of caffeine on sleep and maturational markers in the rat. *PloS One*, 8(9): e72539.

15. 关于人造光在保持人类健康方面的局限性，有一篇非常不错的综述文章：Wurtman, R. J., 1975. The effects of light on the human body. *Scientific American*, 233(1): 68-79.

16. Park, Y. M. M., et al., 2019. Association of exposure to artificial light at night while sleeping with risk of obesity in women. *JAMA Internal Medicine*, 179(8): 1061–1071.
17. Kernbach, M. E., et al., 2018. Dim light at night: Physiological effects and ecological consequences for infectious disease. *Integrative and Comparative Biology*, 58(5): 995–1007.

第 7 章 性与性别

1. Association of American Medical Colleges, 2019. *2019 Physician Specialty Data Report: Active Physicians by Sex and Specialty*. Washington, D.C.
2. Bureau of Labor Statistics, US Department of Labor. Labor Force Statistics from the Current Population Survey. 18. Employed persons by detailed industry, sex, race, and Hispanic or Latino ethnicity.
3. Bureau of Labor Statistics. Labor Force Statistics.
4. Eme, L., et al., 2014. On the age of eukaryotes: Evaluating evidence from fossils and molecular clocks. *Cold Spring Harbor Perspectives in Biology*, 6(8): a016139.
5. 当然，这样说可能有点过于简单化了。即便不存在静态环境，无性繁殖的生物体实际上自己也可以做得相当不错。它们通过突变和更高的繁殖率来应对随机性。有性繁殖的生物依靠久经考验的基因重组来保持相对于环境的适应性变化率。突变仍然是新奇性的（最终）来源，但是突变的成本会分散到整个种群中去，好的突变会到处传播，而不是仅限于每个单独的世系。这完全是为了保持相对于环境的适应性变化率：如果你很简单，克隆和突变会起作用；如果你很复杂，性是一个更好的选择。两者完成的是相同的事情，即允许足够的变化来匹配环境的历史稳定性。
6. 值得注意的例外是单孔目动物，哺乳动物树根部的那 5 个物种，包括针鼹和鸭嘴兽等，它们有 9 或 10 条性染色体。Zhou, Y., et al., 2021. Platypus and echidna genomes reveal mammalian biology and evolution. *Nature*, 2021: 1–7.
7. 鸟类也有遗传性别决定（genetic sex determination），但它们的系统是独立进化的，且与哺乳动物的范式相反：雄性是 ZZ（同配），雌性是 ZW（异配）。
8. Arnold, A. P., 2017. "Sex Differences in the Age of Genetics." In *Hormones, Brain and Behavior*, 3rd ed., Pfaff, D. W., and Joels, M., eds. Cambridge, UK: Academic Press, 33–48.
9. Ferretti, M. T., et al., 2018. Sex differences in Alzheimer disease — the gateway to precision medicine. *Nature Reviews Neurology,* 14: 457–469.
10. Vetvik, K. G., and MacGregor, E. A., 2017. Sex differences in the epidemiology, clinical

features, and pathophysiology of migraine. *Lancet Neurology*, 16(1): 76–87.

11. Lynch, W. J., Roth, M. E., and Carroll, M. E., 2002. Biological basis of sex differences in drug abuse: Preclinical and clinical studies. *Psychopharmacology*, 164(2): 121–137.

12. Szewczyk-Krolikowski, K., et al., 2014. The influence of age and gender on motor and non-motor features of early Parkinson's disease: Initial findings from the Oxford Parkinson Disease Center (OPDC) discovery cohort. *Parkinsonism & Related Disorders*, 20(1): 99–105.

13. Allen, J. S., et al., 2003. Sexual dimorphism and asymmetries in the gray–white composition of the human cerebrum. *Neuroimage*, 18(4): 880–894; Ingalhalikar, M., et al., 2014. Sex differences in the structural connectome of the human brain. *Proceedings of the National Academy of Sciences*, 111(2): 823–828.

14. Kaiser, T., 2019. Nature and evoked culture: Sex differences in personality are uniquely correlated with ecological stress. *Personality and Individual Differences*, 148: 67–72.

15. Chapman, B. P., et al., 2007. Gender differences in Five Factor Model personality traits in an elderly cohort. *Personality and Individual Differences*, 43(6): 1594–1603.

16. Arnett, A. B., et al., 2015. Sex differences in ADHD symptom severity. *Journal of Child Psychology and Psychiatry*, 56(6): 632–639.

17. Altemus, M., Sarvaiya, N., and Epperson, C. N., 2014. Sex differences in anxiety and depression clinical perspectives. *Frontiers in Neuroendocrinology*, 35(3): 320–330; McLean, C. P., et al., 2011. Gender differences in anxiety disorders: Prevalence, course of illness, comorbidity and burden of illness. *Journal of Psychiatric Research*, 45(8): 1027–1035.

18. Su, R., Rounds, J., and Armstrong, P. I., 2009. Men and things, women and people: A meta-analysis of sex differences in interests. *Psychological Bulletin*, 135(6): 859–884.

19. Brown, D., 1991. *Human Universals*. New York: McGraw Hill, 133.

20. 请参阅综述文章：Neaves, W. B., and Baumann, P., 2011. Unisexual reproduction among vertebrates. *Trends in Genetics*, 27(3): 81–88。

21. Watts, P. C., et al., 2006. Parthenogenesis in Komodo dragons. *Nature,* 444(7122): 1021–1022.

22. 火焰仙是夏威夷特有的珊瑚鱼，而不是像我们的一位读者想象的和可能希望的那样，是来自中土世界的、穿着长袍、会射击的两足动物。在它这里，“多”就是遗憾。

23. Sullivan, B. K., et al., 1996. Natural hermaphroditic toad (*Bufo microscaphus* × *Bufo woodhousii*). *Copeia*, 1996(2): 470–472.

24. Grafe, T. U., and Linsenmair, K. E., 1989. Protogynous sex change in the reed frog *Hyperolius viridiflavus*. *Copeia*, 1989(4): 1024–1029.

25. Endler, J. A., Endler, L. C., and Doerr, N. R., 2010. Great bowerbirds create theaters with forced perspective when seen by their audience. *Current Biology*, 20(18): 1679–1684.

26. Alexander, R. D., and Borgia, G., 1979. "On the Origin and Basis of the Male-Female Phenomenon." In *Sexual Selection and Reproductive Competition in Insects*, Blum, M. S., and Blum, N. A., eds. New York: Academic Press. 417–440.

27. Jenni, D. A., and Betts, B. J., 1978. Sex differences in nest construction, incubation, and parental behaviour in the polyandrous American jacana (*Jacana spinosa*). *Animal Behaviour*, 1978(26): 207–218.

28. Claus, R., Hoppen, H. O., and Karg, H., 1981. The secret of truffles: A steroidal pheromone? *Experientia*, 37(11): 1178–1179.

29. Low, B. S., 1979. "Sexual Selection and Human Ornamentation." In *Evolutionary Biology and Human Social Behavior*, Chagnon, N., and Irons, W., eds. Belmont, CA: Duxbury Press, 462–487.

30. Lancaster, J. B., and Lancaster, C. S., 1983. "Parental investment: The hominid adaptation." In *How Humans Adapt: A Biocultural Odyssey*, Ortner, D. J., ed. Washington, D.C.: Smithsonian Institution Press, 33–56.

31. Buikstra, J. E., Konigsberg, L. W., and Bullington, J., 1986. Fertility and the development of agriculture in the prehistoric Midwest. *American Antiquity*, 51(3): 528–546.

32. Su, Rounds, and Armstrong, Men and things.

33. Su, Rounds, and Armstrong, Men and things.

34. Reilly, D., 2012. Gender, culture, and sex-typed cognitive abilities. *PloS One*, 7(7): e39904.

35. Deary, I. J., et al., 2003. Population sex differences in IQ at age 11: The Scottish mental survey 1932. *Intelligence*, 31: 533–542.

36. Herrera, A. Y., Wang, J., and Mather, M., 2019. The gist and details of sex differences in cognition and the brain: How parallels in sex differences across domains are shaped by the locus coeruleus and catecholamine systems. *Progress in Neurobiology*, 176: 120–133.

37. Connellan, J., et al., 2000. Sex differences in human neonatal social perception. *Infant Behavior and Development*, 23(1): 113–118.

38. Lancy, D. F., 2014. *The Anthropology of Childhood: Cherubs, Chattel, Changelings*.

Cambridge: Cambridge University Press, 258–259.

39. Murdock, G. P., and Provost, C., 1973. Factors in the division of labor by sex: A cross-cultural analysis. *Ethnology*, 12(2): 203–225.

40. Kantner, J., et al., 2019. Reconstructing sexual divisions of labor from fingerprints on Ancestral Puebloan pottery. *Proceedings of the National Academy of Sciences*, 116(25): 12220–12225.

41. Buss, D. M., 1989. Sex differences in human mate preferences: Evolutionary hypotheses tested in 37 cultures. *Behavioral and Brain Sciences*, 12(1): 1–14.

42. Schneider, D. M., and Gough, K., eds., 1961. *Matrilineal Kinship*. Oakland: University of California Press. In particular: Gough, K., "Nayar: Central Kerala," 298–384; Schneider, D. M., "Introduction: The Distinctive Features of Matrilineal Descent Groups," 1–29.

43. Trivers, R., 1972. "Parental Investment and Sexual Selection." In *Sexual Selection and the Descent of Man*, Campbell, B., ed. New York: Aldine De-Gruyter, 136–179.

44. Buss, D. M., Sex differences in human mate preferences.

45. 有许多研究都支持这个观点，其中两项研究是：Littman, L., 2018. Rapid-onset gender dysphoria in adolescents and young adults: A study of parental reports. *PloS One*, 13(8): e0202330; Shrier, A., 2020. *Irreversible Damage: The Transgender Craze Seducing our Daughters*. Washington, D.C.: Regnery Publishing。

46. Hayes, T. B., et al., 2002. Hermaphroditic, demasculinized frogs after exposure to the herbicide atrazine at low ecologically relevant doses. *Proceedings of the National Academy of Sciences*, 99(8): 5476–5480; Reeder, A. L., et al., 1998. Forms and prevalence of intersexuality and effects of environmental contaminants on sexuality in cricket frogs (*Acris crepitans*). *Environmental Health Perspectives*, 106(5): 261–266.

第8章 为人父母与亲子关系

1. 这与早熟（precociality）相反。早熟是幼崽和新生儿在早期就实现了自给自足，它在语言上与我们的"早熟"（precocious）儿童的概念有相关性，但并不完全相同。

2. Cornwallis, C. K., et al., 2010. Promiscuity and the evolutionary transition to complex societies. *Nature*, 466(7309): 969–972.

3. 关于资源在空间和时间上的分布如何影响交配制度的经典研究：Emlen, S. T., and Oring, L. W., 1977. Ecology, sexual selection, and the evolution of mating systems. *Science*,

197(4300): 215–223。

4. Madge, S., and Burn, H. 1988. *Waterfowl: An Identification Guide to the Ducks, Geese, and Swans of the World*. Boston: Houghton Mifflin.

5. Larsen, C. S., 2003. Equality for the sexes in human evolution? Early hominid sexual dimorphism and implications for mating systems and social behavior. *Proceedings of the National Academy of Sciences*, 100(16): 9103–9104.

6. Schillaci, M. A., 2006. Sexual selection and the evolution of brain size in primates. *PLoS One*, 1(1): e62.

7. von Bayern, A. M., et al., 2007. The role of food-and object-sharing in the development of social bonds in juvenile jackdaws (*Corvus monedula*). *Behaviour*, 144(6): 711–733.

8. Holmes, R. T., 1973. Social behaviour of breeding western sandpipers *Calidris mauri*. *Ibis*, 115(1): 107–123.

9. Rogers, W., 1988. Parental investment and division of labor in the Midas cichlid (*Cichlasoma citrinellum*). *Ethology*, 79(2): 126–142.

10. Eisenberg, J. F., and Redford, K. H., 1989. *Mammals of the Neotropics, Volume 2: The Southern Cone: Chile, Argentina, Uruguay, Paraguay*. Chicago: University of Chicago Press.

11. Haig, D., 1993. Genetic conflicts in human pregnancy. *Quarterly Review of Biology*, 68(4): 495–532.

12. Emlen and Oring, Ecology, sexual selection, and the evolution of mating systems.

13. Tertilt, M., 2005. Polygyny, fertility, and savings. *Journal of Political Economy*, 113(6): 1341–1371.

14. Insel, T. R., et al., 1998. "Oxytocin, Vasopressin, and the Neuroendocrine Basis of Pair Bond Formation." In *Vasopressin and Oxytocin*, Zingg, H. H., et al., eds. New York: Plenum Press, 215–224.

15. Ricklefs, R. E., and Finch, C. E., 1995. *Aging: A Natural History*. New York: Scientific American Library.

16. 本书作者与乔治·埃斯塔布鲁克于 1997 年的通信，也请参阅埃斯塔布鲁克的论文：Estabrook, G. F., 1998. Maintenance of fertility of shale soils in a traditional agricultural system in central interior Portugal. *Journal of Ethnobiology*, 18(1): 15–33。

17. Maiani, G. *Tsunami: Interview with a Moken of Andaman Sea*. January 2006.

18. 关于狗的早期驯化，现在的证据越来越多了，请参阅如下两篇论文：Freedman,

A. H., et al., 2014. Genome sequencing highlights the dynamic early history of dogs. *PLoS Genetics*, 10(1): e1004016; Bergstrom, A., et al., 2020. Origins and genetic legacy of prehistoric dogs. *Science*, 370(6516): 557–564。

19. de Waal, F., 2019. *Mama's Last Hug: Animal Emotions and What They Tell Us about Ourselves*. New York: W. W. Norton.

20. Palmer, B., 1998. The influence of breastfeeding on the development of the oral cavity: A commentary. *Journal of Human Lactation*, 14(2): 93–98.

21. 感谢我们的学生乔西·贾维斯（Josie Jarvis），她发展了这个假说。

第9章 童 年

1. de Waal, F., 2019. *Mama's Last Hug: Animal Emotions and What They Tell Us about Ourselves*. New York: W. W. Norton, 97.

2. Fraser, O. N., and Bugnyar, T., 2011. Ravens reconcile after aggressive conflicts with valuable partners. *PLoS One*, 6(3): e18118.

3. Kawai, M., 1965. Newly-acquired pre-cultural behavior of the natural troop of Japanese monkeys on Koshima Islet. *Primates*, 6(1): 1–30.

4. "最白的白板"这种说法，最早出现在布雷特主持的一个教学项目中，出自他的一名学生之口。

5. 亚洲象和非洲象第一次繁殖的年龄都与人类相似，但是它们开始独立生活的年龄——从某种意义上说是童年期的结束，则要早得多：分别是5岁和8岁。类人猿、海豚、鹦鹉等则要更早。

6. 现在，让孩子学会多门语言也成了育儿的一种时尚，但是我们可能要追问一句：这样做的成本你了解吗？社会效益也许是显而易见的，但是迫使大脑保持史无前例的语言能力和复杂性真的好吗？在这个过程中，权衡也在起作用。

7. Benoit-Bird, K. J., and Au, W. W., 2009. Cooperative prey herding by the pelagic dolphin, *Stenella longirostris*. *Journal of the Acoustical Society of America*, 125(1): 125–137.

8. Rutz, C., et al., 2012. Automated mapping of social networks in wild birds. *Current Biology*, 22(17): R669–R671.

9. Goldenberg, S. Z., and Wittemyer, G., 2020. Elephant behavior toward the dead: A review and insights from field observations. *Primates*, 61(1): 119–128.

10. Sutherland, W. J., 1998. Evidence for flexibility and constraint in migration systems.

Journal of Avian Biology, 29(4): 441–446.

11. 在这个方面，可以说童年有点像有性繁殖。它们两者都是对一个不断变化的世界的适应性反应。

12. Lancy, D. F., 2014. *The Anthropology of Childhood: Cherubs, Chattel, Changelings*. Cambridge: Cambridge University Press, 209–212.

13. Gray, P., and Feldman, J., 2004. Playing in the zone of proximal development: Qualities of self-directed age mixing between adolescents and young children at a democratic school. *American Journal of Education*, 110(2): 108–146. Also Peter Gray, personal communication, September 2020.

14. 例如，请参阅卓越的研究者玛丽·玛蒂妮（Mary Martini）对南太平洋幼儿的描述：Gray, P., 2013. *Free to Learn: Why Unleashing the Instinct to Play Will Make Our Children Happier, More Self-reliant, and Better Students for Life*. New York: Basic Books, 208–209。

15. 本书是在新型冠状病毒肺炎疫情导致的封锁一年多之后付印的，这也就意味着许多孩子在很长一段时间内不能上学，也没有什么娱乐。与此相比，孩子之间的任何形式的游戏都将是一种进步。

16. 与大多数权威育儿书籍相比，这本著作非常出色：Skenazy, L., 2009. *Free-Range Kids: How to Raise Safe, Self-Reliant Children (Without Going Nuts with Worry)*. New York: John Wiley & Sons。

17. 单个基因型可产生的可能表型范围被称作反应规范。

18. West-Eberhard, M. J., 2003. *Developmental Plasticity and Evolution*. New York: Oxford University Press, 41.

19. Lieberman, D., 2014. *The Story of the Human Body: Evolution, Health, and Disease*. New York: Vintage, 163.

20. Pfennig, D. W., 1992. Polyphenism in spadefoot toad tadpoles as a locally adjusted Evolutionarily Stable Strategy. *Evolution*, 46(5): 1408–1420, and indeed everything out of the Pfennig lab.

21. Mariette, M. M., and Buchanan, K. L., 2016. Prenatal acoustic communication programs offspring for high posthatching temperatures in a songbird. *Science*, 353(6301): 812–814.

22. West-Eberhard, *Developmental Plasticity and Evolution* 50–55.

23. 可塑性有多种形式。其中一种形式是，形态发育与生殖发育脱钩，例如，许多种蝾螈在生殖成熟时仍然会保留幼体特征，即如果水中的生态条件比陆地上更好，它们会保留鳃和蹼足。随时间流逝而变化则反映了另一种可塑性，例如，在某些热带树蛙中，如果卵从兄弟姐妹那里收到了一条蛇正在吃它们的信号，它们就会提前孵化成蝌蚪。又如，在卵经历低温或高温时，鳄鱼胚胎会变成雌性，而在中等温度下，它们会变成雄性。许多珊瑚鱼是连续雌雄同体的，以至于许多个体在死前既是雌性又是雄性，这也是一种可塑性形式。植物具有趋向性——它们向光生长、抵抗重力或对触摸做出反应，并且它们会在昼长、温度或降雨量“告诉”它们该开花时开花。植物组织也往往能比动物组织保持更多的可塑性，将叶子长成光隙状或根长成镁带状，都是这方面的例子。限制会迫使机会被创造出来。

24. Karasik, L. B., et al., 2018. The ties that bind: Cradling in Tajikistan. *PloS One*, 13(10): e0204428.

25. WHO Multicentre Growth Reference Study Group and de Onis, M., 2006. WHO Motor Development Study: Windows of achievement for six gross motor development milestones. *Acta paediatrica*, 95, supplement 450: 86–95.

26. Gupta, S., September 14, 2019. Culture helps shape when babies learn to walk. *Science News,* 196(5).

27. 肯尼亚妈妈会积极地教她们的孩子坐，然后教走路：Super, C. M., 1976. Environmental effects on motor development: The case of “African infant precocity.” *Developmental Medicine & Child Neurology*, 18(5): 561–567。

28. Taleb, N. N., 2012. *Antifragile: How to Live in a World We Don't Understand,* vol. 3. London: Allen Lane.

29. Wilcox, A. J., et al., 1988. Incidence of early loss of pregnancy. *New England Journal of Medicine*, 319(4): 189–194; Rice, W. R., 2018. The high abortion cost of human reproduction. *bioRxiv* (preprint).

30. 关于依恋理论（亲密育儿法）的历史，请参阅这篇论文出色的描述：Bretherton, I., 1992. The origins of attachment theory: John Bowlby and Mary Ainsworth. *Developmental Psychology*, 28(5): 759–775。

31. 关于第7章提到的基因印记：Haig, D., 1993. Genetic conflicts in human pregnancy, *Quarterly Review of Biology*, 68(4): 495–532。

32. Trivers, R. L., 1974. Parent-offspring conflict. *Integrative and Comparative Biology*, 14(1): 249–264.

33. Spinka, M., Newberry, R. C., and Bekoff, M., 2001. Mammalian play: Training for the

unexpected. *Quarterly Review of Biology*, 76(2): 141–168.

34. De Oliveira, C. R., et al., 2003. Play behavior in juvenile golden lion tamarins (Callitrichidae: Primates): Organization in relation to costs. *Ethology*, 109(7): 593–612.

35. Gray, P., 2011. The special value of children's age-mixed play. *American Journal of Play*, 3(4): 500–522.

36. CDC's Autism and Developmental Disabilities Monitoring (ADDM) Network site.

37. Cheney, D. L., and Seyfarth, R. M., 2007. *Baboon Metaphysics: The Evolution of a Social Mind*. Chicago: University of Chicago Press, 155, 176–177, 197.

38. Whitaker, R., 2015. *Anatomy of an Epidemic: Magic Bullets, Psychiatric Drugs, and the Astonishing Rise of Mental Illness in America*. 2nd ed. New York: Broadway Books. Chapter 11: "The Epidemic Spreads to Children."

39. Sommers, C. H., 2001. *The War against Boys: How Misguided Feminism Is Harming Our Young Men*. New York: Simon & Schuster.

40. 左撇子比右撇子赢得了更多的格斗：Richardson, T., and Gilman, T., 2019. Left-handedness is associated with greater fighting success in humans. *Scientific Reports*, 9(1): 1–6。

41. 发展心理学家让·皮亚杰（Jean Piaget）是第一个证明儿童自己玩耍时比在成人积极指导下玩耍时能够更好地掌握规则的人：Piaget, J., 1932. *The Moral Judgment of the Child.* Reprint ed. 2013. Abingdon-on-Thames, UK: Routledge。

42. Frank, M. G., Issa, N. P., and Stryker, M. P., 2001. Sleep enhances plasticity in the developing visual cortex. *Neuron*, 30(1): 275–287.

第 10 章 学 校

1. Lancy, D. F., 2015. *The Anthropology of Childhood: Cherubs, Chattel, Changelings*, 2nd ed. Cambridge: Cambridge University Press, 327–328.

2. Gatto, J. T., 2001. *A Different Kind of Teacher: Solving the Crisis of American Schooling*. Berkeley: Berkeley Hills Books.

3. 资料源于如下论文第 4 页：Finer, M., et al., 2009. Ecuador's Yasuni Biosphere Reserve: A brief modern history and conservation challenges. *Environmental Research Letters*, 4(3): 034005。

4. Heying, H., 2019. "The Boat Accident." Self-published on Medium.

5. 教学的定义：当个体 A 仅在不具备相关知识的个体 B 面前改变其行为时，A 需要付出代价或无法立即获得利益，从而使得B比其他人更早、更有效或更快地获得知识。Caro, T. M., and Hauser, M. D., 1992. Is there teaching in nonhuman animals? *Quarterly Review of Biology*, 67(2): 151–174.

6. Leadbeater, E., and Chittka, L., 2007. Social learning in insects — from miniature brains to consensus building. *Current Biology*, 17(16): R703–R713.

7. Franks, N. R., and Richardson, T., 2006. Teaching in tandem-running ants. *Nature*, 439(7073): 153.

8. Thornton, A., and McAuliffe, K., 2006. Teaching in wild meerkats. *Science*, 313(5784): 227–229.

9. Bender, C. E., Herzing, D. L., and Bjorklund, D. F., 2009. Evidence of teaching in Atlantic spotted dolphins (*Stenella frontalis*) by mother dolphins foraging in the presence of their calves. *Animal Cognition*, 12(1): 43–53.

10. 很多例子（从猫到哺乳动物）出自这篇综述文章：Hoppitt, W. J., et al., 2008. Lessons from animal teaching. *Trends in Ecology & Evolution*, 23(9): 486–493。

11. Hill, J. F., and Plath, D. W., 1998. "Moneyed Knowledge: How Women Become Commercial Shellfish Divers." In *Learning in Likely Places: Varieties of Apprenticeship in Japan,* Singleton, J., ed. Cambridge: Cambridge University Press, 211–225.

12. Lancy, *Anthropology of Childhood,* 209–212.

13. Lake, E., 2014. Beyond true and false: Buddhist philosophy is full of contradictions. Now modern logic is learning why that might be a good thing. *Aeon*, May 5, 2014.

14. Borges, J. L., 1944. *Funes the Memorious*. Reprinted in several collections, including Borges, J. L., 1964. *Labyrinths: Selected Stories and Other Writings*. New York: New Directions.

15. Gatto, J. T., 2010. *Weapons of Mass Instruction: A Schoolteacher's Journey through the Dark World of Compulsory Schooling*. Gabriola Island: New Society Publishers.

16. 就像德瑞克·詹森（Derrick Jensen）在他2004年出版的一本书中所说：*Walking on Water: Reading, Writing, and Revolution*. White River Junction, VT: Chelsea Green Publishing, 41。

17. 关于适应性景观的简单解释，见本书第3章的注释19。

18. 范式转移的经典论述：Kuhn, T. S., 1962. *The Structure of Scientific Revolutions*. Chicago: University of Chicago Press。

19. Muller, J. Z., 2018. *The Tyranny of Metrics*. Princeton, NJ: Princeton University Press. See especially chapter 7, "Colleges and Universities," 67–88, and chapter 8, "School," 89–102.
20. Heying, H. E., and Weinstein, B., 2015. "Don't Look It Up," *Proceedings of the 2015 Symposium on Field Studies at Colorado College*, 47–49.
21. 出自泰勒的简介：Lahey, J., 2016. Teaching: Just like performing magic. *Atlantic*, January 21, 2016。
22. 适应性景观的隐喻也适用于学习：一旦达到了某个适应性的峰之后，无论在理论分析中还是社交空间中，都几乎不可能从那个峰向下移动（即先退到一个适应性不那么高的形式），即便你能看到附近有一个更高的峰。那些重新进入景观的人将上升到他们附近的某个峰，而不受已经被占据的峰的限制。而那些已经在地图上的人已经处于稳定状态了。
23. Heying, H., 2019. On college presidents. *Academic Questions*, 32(1): 19–28.
24. Haidt, J. "How two incompatible sacred values are driving conflict and confusion in American universities." Lecture, Duke University, Durham, NC, October 6, 2016.
25. Heying, H. "Orthodoxy and heterodoxy: A conflict at the core of education." Invited talk, Academic Freedom Under Threat: What's to Be Done?, Pembroke College, Oxford University, May 9–10, 2019.

第 11 章　成长为成年人

1. McWhorter, L. V., 2008. *Yellow Wolf, His Own Story*. Caldwell, ID: Caxton Press, 297–300. Originally published in 1940.
2. Markstrom, C. A., and Iborra, A., 2003. Adolescent identity formation and rites of passage: The Navajo Kinaalda ceremony for girls. *Journal of Research on Adolescence*, 13(4): 399–425.
3. Becker, A. E., 2004. Television, disordered eating, and young women in Fiji: Negotiating body image and identity during rapid social change. *Culture, Medicine and Psychiatry*, 28(4): 533–559.
4. 关于后现代主义及其思想产物——后结构主义和批判性种族理论是如何入侵学术界的，已经有论著给出了精彩的描述：Pluckrose, H., Lindsay, J. and Boghossian, P., 2018. Academic grievance studies and the corruption of scholarship. *Areo*, February 10, 2018; and Pluckrose, H., and Lindsay, J., 2020. *Cynical Theories: How Activist Scholarship Made*

Everything about Race, Gender, and Identity — and Why This Harms Everybody. Durham, NC: Pitchstone Publishing。

5. 关于后现代主义启发的“激进主义”如何破坏良好的制度，已经有了很多精彩的描述：Murray, D., 2019. *The Madness of Crowds: Gender, Race and Identity. London:* Bloomsbury Publishing; Daum, M., 2019. *The Problem with Everything: My Journey through the New Culture Wars*. New York: Gallery Books; Asher, L., 2018. How Ed schools became a menace. *The Chronicle of Higher Education*, April 2018。

6. Dawkins, R., 1998. Postmodernism disrobed. *Nature,* 394(6689): 141-143.

7. 然而，通过横行霸道的行径并利用人们对社会一致性的期待，这些“社会建构者”正在以跨性别活动家的面貌（请不要与真正的跨性别者混淆）侵入体育领域，他们已经改变了好几项运动，即让男子参加女子运动中的比赛，这显然是不公平和不符合体育精神的。Hilton, E. N., and Lundberg, T. R., 2021. Transgender women in the female category of sport: Perspectives on testosterone suppression and performance advantage. *Sports Medicine*, 51(2021): 199-214.

8. Crawford, M. B., 2015. *The World Beyond Your Head: On Becoming an Individual in an Age of Distraction*. New York: Farrar, Straus and Giroux, 48-49.

9. Heying, H., 2018. “Nature Is Risky. That’ s Why Students Need It.” *New York Times*, April 30, 2018.

10. Lukianoff, G., and Haidt, J., 2019. *The Coddling of the American Mind: How Good Intentions and Bad Ideas Are Setting Up a Generation for Failure*. New York: Penguin Books.

11. Estabrook, G. F., 1994. Choice of fuel for bagaco stills helps maintain biological diversity in a traditional Portuguese agricultural system. *Journal of Ethnobiology*, 14(1): 43-57.

12. Heying, H., 2019. “The Boat Accident.” Self-published on Medium.

13. 为便于读者了解事件全貌，推荐阅读我们于 2017 年 12 月 12 日发表在《华盛顿观察家报》(*Washington Examiner*) 上的文章 (“Bonfire of the Academies: Two Professors on How Leftist Intolerance Is Killing Higher Education”)；另外，在 YouTube 上，还可以观看迈克·奈纳（Mike Nayna）录制的一部纪录片（它分成了三节），以及本杰明·博伊斯（Benjamin Boyce）关于常青州立学院事件的系列报道。

14. 最初出自：Richard D. Alexander in his book *The Biology of Moral Systems.* Hawthorne, NY: Aldine de Gruyter, 1987。

15. Lahti, D. C., and Weinstein, B. S., 2005. The better angels of our nature: Group stability

and the evolution of moral tension. *Evolution and Human Behavior*, 26(1): 47–63.
16. Cheney, D. L., and Seyfarth, R. M., 2007. *Baboon Metaphysics: The Evolution of a Social Mind*. Chicago: University of Chicago Press.
17. Brosnan, S. F., and de Waal, F. B., 2003. Monkeys reject unequal pay. *Nature*, 425(6955): 297–299.
18. Bardo, M., et al., 2001. Environmental enrichment decreases intravenous selfadministration of amphetamine in female and male rats. *Psychopharmacology*, 155(3): 278–284.
19. 对此，特里斯坦·哈里斯（Tristan Harris）多年来一直在敲响警钟。下面是他于 2016 年接受的访谈：Bosker, B., 2016. The binge breaker: Tristan Harris believes Silicon Valley is addicting us to our phones: He's determined to make it stop. *Atlantic*, November 2016。读者还可收听 2021 年 2 月 25 日“黑马”播客中播出的特里斯坦与布雷特的对话。

第 12 章　文化与意识

1. 在发表于 1974 年的文章（What is it like to be a bat? *Philosophical Review*, 83(4): 435–450）中，哲学家托马斯·内格尔（Thomas Nagel）认为，有意识的心智的标志是有能力考虑自己。我们的阐述对他的观点进行了扩展，而且与他的观点并不矛盾。我们的补充是：有意识的心智在考虑过了自己之后，还可以将这种考虑传达给同类的其他人。
2. Cheney, D. L., and Seyfarth, R. M., 2007. *Baboon Metaphysics: The Evolution of a Social Mind*. Chicago: University of Chicago Press.
3. 事实上，有证据表明，仅仅在中国就有至少两个（也许更多）独立的农业起源——潮湿炎热的南方的水稻，以及寒冷干旱的北方的谷子。Barton, L., et al., 2009. Agricultural origins and the isotopic identity of domestication in northern China. *Proceedings of the National Academy of Sciences*, 106(14): 5523–5528.
4. 阿希最初的从众性实验和相关成果：Asch, S. E., 1955. Opinions and social pressure. *Scientific American*, 193(5): 31–35。
5. Mori, K., and Arai, M., 2010. No need to fake it: Reproduction of the Asch experiment without confederates. *International Journal of Psychology*, 45(5): 390–397.
6. Morales, H., and Perfecto, I., 2000. Traditional knowledge and pest management in the Guatemalan highlands. *Agriculture and Human Values*, 17(1): 49–63.
7. Estabrook, G. F., 1994. Choice of fuel for bagaco stills helps maintain biological diversity

in a traditional Portuguese agricultural system. *Journal of Ethnobiology,* 14(1): 43-57.
8. Boland, M. R., et al., 2015. Birth month affects lifetime disease risk: A phenomewide method. *Journal of the American Medical Informatics Association*, 22(5): 1042-1053. 还有大量其他研究关注出生月份对健康和生理的影响，包括一项发现出生月份与近视之间存在明显联系的研究：Mandel, Y., et al., 2008. Season of birth, natural light, and myopia. *Ophthalmology*, 115(4): 686-692。
9. Smith, N. J. H., 1981. *Man, Fishes, and the Amazon*. New York: Columbia University Press, 87.
10. Ruud, J., 1960. *Taboo: A Study of Malagasy Customs and Beliefs*. Oslo: Oslo University Press, 109. Ruud calls it a "tufted umbrette," but this species is more usually referred to as a hamerkop.
11. Ruud, *Taboo*. Mutton, 85; hedgehogs, 239; pumpkin, 242; house construction, 120.
12. 一个迂回的引用：Ruud, *Taboo*, 1。
13. Ruud, *Taboo*. Landslide, 115; rabies, 87; divorce, 246.
14. Campbell, J. *The Hero's Journey: Joseph Campbell on His Life and Work*. Novato, CA: New World Library, 90.
15. Ehrenreich, B., 2007. *Dancing in the Streets: A History of Collective Joy*. New York: Metropolitan Books.
16. Chen, Y., and VanderWeele, T. J., 2018. Associations of religious upbringing with subsequent health and well-being from adolescence to young adulthood: An outcomewide analysis. *American Journal of Epidemiology*, 187(11): 2355-2364.
17. Whitehouse, H., et al., 2019. Complex societies precede moralizing gods throughout world history. *Nature*, 568(7751): 226-299.

第 13 章 第四边疆

1. Mann, C. C., 2005. *1491: New Revelations of the Americas before Columbus*. New York: Alfred A. Knopf.
2. Cabodevilla, M. A., 1994. Los Huaorani en la historia de los pueblos del Oriente. Cicame; as cited by Finer, M., et al., 2009. Ecuador's Yasuni Biosphere Reserve: A brief modern history and conservation challenges. *Environmental Research Letters*, 4(2009): 1-15.
3. Williams, G. C., 1957. Pleiotropy, natural selection, and the evolution of senescence.

Evolution, 11(4): 398–411; Weinstein, B. S., and Ciszek, D., 2002. The reserve-capacity hypothesis: Evolutionary origins and modern implications of the trade-off between tumor-suppression and tissue-repair. *Experimental Gerontology*, 37(5): 615–627.

4. Dunning, N. P., Beach, T. P., and Luzzadder-Beach, S., 2012. Kax and kol: Collapse and resilience in lowland Maya civilization. *Proceedings of the National Academy of Sciences*, 109(10): 3652–3657.

5. Beach, T., et al., 2006. Impacts of the ancient Maya on soils and soil erosion in the central Maya Lowlands. *Catena*, 65(2): 166–178.

6. Wright, R., 2001. *Nonzero: The Logic of Human Destiny*. New York: Vintage.

7. Blake, J. G., and Loiselle, B. A., 2016. Long-term changes in composition of bird communities at an "undisturbed" site in eastern Ecuador. *Wilson Journal of Ornithology*, 128(2): 255–267.

8. Alexander, R. D., 1990. *How Did Humans Evolve? Reflections on the Uniquely Unique Species*. Ann Arbor, MI: Museum of Zoology, University of Michigan. Special Publication No. 1.

重要术语

1. Wright, S. 1932. The roles of mutation, inbreeding, crossbreeding and selection in evolution. *Proceedings of the Sixth International Congress of Genetics*, 1: 356–366.

2. Taleb, N. N., 2012. *Antifragile: How to Live in a World We Don't Understand* (vol. 3). London: Allen Lane.

3. Chesterton, G. K., 1929. "The Drift from Domesticity." In *The Thing*. Aeterna Press.

译后记

这是一本相当激进的书，充分体现了两位作者的杰出才华，但是它可能也会带来不小的争议。

本书的两位作者希瑟·海英和布雷特·韦恩斯坦是夫妻，都是进化生物学家，也是自己秉持的进步信念的践行者。

在本书中，希瑟·海英和布雷特·韦恩斯坦认为，我们身处的现代世界是一个“超新奇”世界。人类原本是非常适应变化的，并做好了迎接变化的准备。但是，在当今这个超新奇世界里，变化的速度是如此之快，以至于人类的大脑、身体和社会系统永远无法做到与变化同步。我们不得不努力适应在一个瞬息万变的社会中谋生的现实，但是这种努力所导致的认知失调，正在把我们变成无法“自食其力”的人。换句话说，正因为现在变化速度超过了人类的适应能力，我们正在以前所未有的、不断加速的速度制造着新问题，导致我们问题百出——身体上的、心理上的、社交上的以及环境上的。如果我们不能想出有效的办法，解决加速涌现的新奇性所导致的问题，人类就会走向灭亡，即成为人类自身的成功的受害者（我们有许多遗传和文化特征，它们在我们进化的过程中发挥了重要的作用，但世界已经发生了如此大的变化，以至于我们无法确定哪些特征仍然是必要的，哪些特征是可以抛弃的）。他们的主要建议是，要尊重、借鉴甚至“重归”狩猎采集者的生活方式和行为规则。

同时，他们也强调，另一个无可辩驳的进化真理是，人类非常擅长应对变化和适应未知事物。我们天生就是探索者和创新者。正是这同一种冲动，不仅造成了我们现代社会的种种麻烦，而且也是拯救现代社会的唯一希望。

本书的观点非常有冲击性，两位作者给出的具体建议也多有值得称道之处。不过，作为译者，有以下两点不得不简单地提一下，请读者阅读时注意。

第一，两位作者在行文中没能一贯清晰地说明，有据可依的科学事实与他们自己（可能带有一定偏见的）观点之间的分界线在哪里。例如，他们对于现代医学的看法有些偏颇。他们正确地说明了现代医学的一些缺点，但是他们的讨论却似乎在引导读者相信，现代医学的少数失败案例，比它拯救了千百万人的成就更值得关注（他们显然过分强调了自己的家人不遵医嘱而保持身体健康的故事）。

第二，这本书几乎从头到底都在批评“怪异”国家中的“怪异人群”的生活方式，但是两位作者给出的建议中，有一些却恰恰是只有这种“怪异人群”才有机会去付诸实施的。例如，他们认为，最好的教学方式是让教师和学生一起周游世界几个月，这令我们这些不属于“怪异人群”的人有“何不食肉糜”之慨。

此外，也许是跟他们的自身经历有关，两位作者在这本书中的不少章节中显得过于“火力全开”了（例如对理查德·道金斯的批评），尽管整本书采取的是一种对话式、叙述性的风格。

与往常一样，此书得以完成，我最感谢的是我的太太傅瑞蓉，感谢她为我们的家庭的付出和对我的工作的支持和帮助。同时感谢小儿贾岚晴，他每天都在成长，带给我激情和动力。

感谢湛庐文化，我们之间的合作一直非常愉快。

我还要特别感谢我现在就职的农夫山泉股份有限公司和钟睒睒先生。农夫山泉公司使我衣食无忧；它一贯注重品质、强调利他，正与我的追求相契合。钟睒睒先生既是我的老板，也是我的良师和益友，感谢他为我创造了非常难得的读书、译书、写作的空间。

译者水平所限，书中定有很多错误和不足之处，敬请读者批评指正！

贾拥民

于杭州耑谷阁

未来，属于终身学习者

我这辈子遇到的聪明人（来自各行各业的聪明人）没有不每天阅读的——没有，一个都没有。巴菲特读书之多，我读书之多，可能会让你感到吃惊。孩子们都笑话我。他们觉得我是一本长了两条腿的书。

——查理·芒格

互联网改变了信息连接的方式；指数型技术在迅速颠覆着现有的商业世界；人工智能已经开始抢占人类的工作岗位……

未来，到底需要什么样的人才？

改变命运唯一的策略是你要变成终身学习者。未来世界将不再需要单一的技能型人才，而是需要具备完善的知识结构、极强逻辑思考力和高感知力的复合型人才。优秀的人往往通过阅读建立足够强大的抽象思维能力，获得异于众人的思考和整合能力。未来，将属于终身学习者！而阅读必定和终身学习形影不离。

很多人读书，追求的是干货，寻求的是立刻行之有效的解决方案。其实这是一种留在舒适区的阅读方法。在这个充满不确定性的年代，答案不会简单地出现在书里，因为生活根本就没有标准确切的答案，你也不能期望过去的经验能解决未来的问题。

而真正的阅读，应该在书中与智者同行思考，借他们的视角看到世界的多元性，提出比答案更重要的好问题，在不确定的时代中领先起跑。

湛庐阅读 App：与最聪明的人共同进化

有人常常把成本支出的焦点放在书价上，把读完一本书当作阅读的终结。其实不然。

时间是读者付出的最大阅读成本

怎么读是读者面临的最大阅读障碍

“读书破万卷”不仅仅在“万”，更重要的是在“破”！

现在，我们构建了全新的“湛庐阅读”App。它将成为你“破万卷”的新居所。在这里：

- 不用考虑读什么，你可以便捷找到纸书、电子书、有声书和各种声音产品；
- 你可以学会怎么读，你将发现集泛读、通读、精读于一体的阅读解决方案；
- 你会与作者、译者、专家、推荐人和阅读教练相遇，他们是优质思想的发源地；
- 你会与优秀的读者和终身学习者为伍，他们对阅读和学习有着持久的热情和源源不绝的内驱力。

本书阅读资料包

给你便捷、高效、全面的阅读体验

本书参考资料

湛庐独家策划

- 参考文献
  为了环保、节约纸张，部分图书的参考文献以电子版方式提供
- 主题书单
  编辑精心推荐的延伸阅读书单，助你开启主题式阅读
- 图片资料
  提供部分图片的高清彩色原版大图，方便保存和分享

相关阅读服务

终身学习者必备

- 电子书
  便捷、高效，方便检索，易于携带，随时更新
- 有声书
  保护视力，随时随地，有温度、有情感地听本书
- 精读班
  2~4周，最懂这本书的人带你读完、读懂、读透这本好书
- 课　程
  课程权威专家给你开书单，带你快速浏览一个领域的知识概貌
- 讲　书
  30分钟，大咖给你讲本书，让你挑书不费劲

湛庐编辑为你独家呈现
助你更好获得书里和书外的思想和智慧，请扫码查收！

（阅读资料包的内容因书而异，最终以湛庐阅读App页面为准）

著作权合同登记号：图字：01-2022-6624 号

图书在版编目（CIP）数据

21世纪进化论 / （美）希瑟·海英（Heather Heying），（美）布雷特·韦恩斯坦（Bret Weinstein）著；贾拥民译. --北京：中国纺织出版社有限公司，2023.2
书名原文：A Hunter–Gatherer's Guide to the 21st Century
ISBN 978-7-5180-9867-5

Ⅰ. ①2…　Ⅱ. ①希…　②布…　③贾…　Ⅲ. ①人类进化-普及读物　Ⅳ. ①Q11-49

中国版本图书馆CIP数据核字（2022）第216061号

责任编辑：刘桐妍　　责任校对：高　涵　　责任印制：储志伟

中国纺织出版社有限公司出版发行
地址：北京市朝阳区百子湾东里 A407 号楼　邮政编码：100124
销售电话：010—67004422　传真：010—87155801
http://www.c–textilep. com
中国纺织出版社天猫旗舰店
官方微博 http://weibo.com/2119887771
唐山富达印务有限公司印刷　各地新华书店经销
2023年2月第1版第1次印刷
开本：710×965　1/16　印张：26.5
字数：340千字　定价：129.90元

凡购本书，如有缺页、倒页、脱页，由本社图书营销中心调换